カラー版 徹底図解

パソコンのしくみ

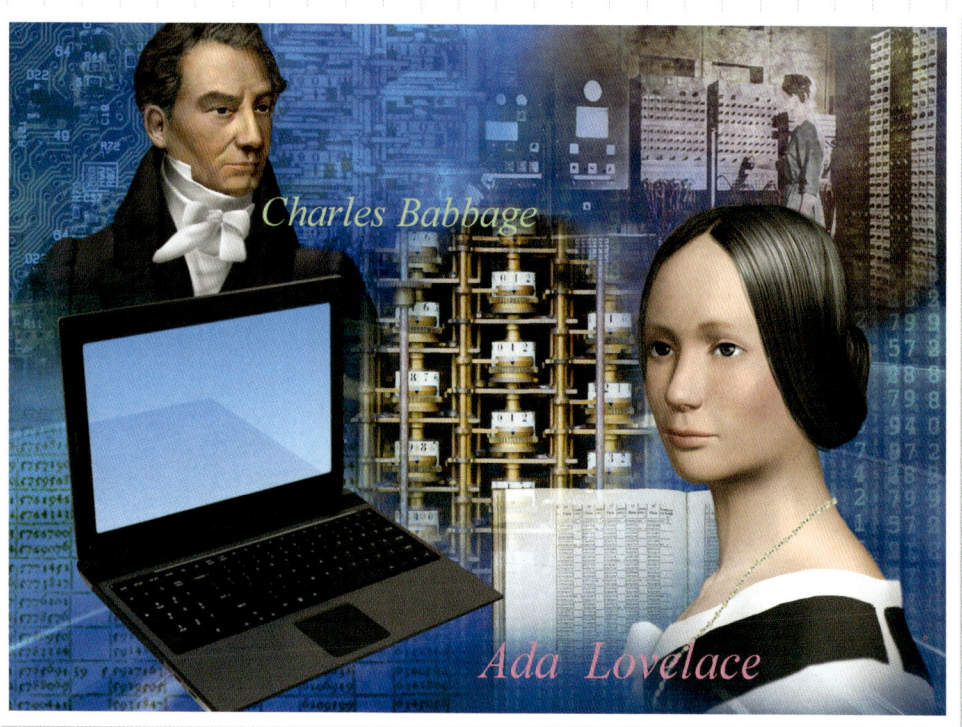

The visual encyclopedia of Personal computer

新星出版社

徹底図解

パソコンのしくみ

もくじ

はじめに ……………………………………………………………… 6

第1章　パソコンの構成　　　　　　　　　　　　　　**7**
パソコンの外観と種類 …………………………………………… 8
パソコンの内部を見る ① ……………………………………… 10
パソコンの内部を見る ② ……………………………………… 12
パソコンが動くしくみ …………………………………………… 14
Column ひときわ注目!! パソコンの節電対策 ……………… 16

第2章　パソコンを取り巻く最先端の技術　**17**
最先端CPU ………………………………………………………… 18
最先端メモリ ……………………………………………………… 20
無線LANルーター ………………………………………………… 22
モバイルWiMAX …………………………………………………… 24
スマートフォンとiPhone ………………………………………… 26
タブレット型端末とiPad ………………………………………… 28
クラウド・コンピューティング ………………………………… 30
Column ひときわ注目!! WiDi（ワイダイ）………………… 32

第3章　パソコン本体のしくみ　　　　　　　**33**
コンピューターの基本構成 ……………………………………… 34
CPUの構造 ………………………………………………………… 36
CPUの処理するしくみ …………………………………………… 38
CPUとクロック …………………………………………………… 40
CPUの進化 ………………………………………………………… 42
メモリ ① …………………………………………………………… 44
メモリ ② …………………………………………………………… 46
キャッシュメモリ ………………………………………………… 48

仮想メモリ……………………………………………50
　　ハードディスク①……………………………………52
　　ハードディスク②……………………………………54
　　マザーボード…………………………………………56
　　バス……………………………………………………58
　　チップセットとシステムバス………………………60
　　拡張スロットとインターフェース…………………62
　　Column ひときわ注目!! ビットとバイト……………64

第4章　入出力装置のしくみ……**65**

　　キーボード……………………………………………66
　　光学式マウス…………………………………………68
　　タッチパッド・タッチパネル………………………70
　　ペンタブレット………………………………………72
　　液晶ディスプレイ……………………………………74
　　有機ELとプラズマディスプレイ……………………76
　　3Dディスプレイ………………………………………78
　　プリンター……………………………………………80
　　スキャナ………………………………………………82
　　Column ひときわ注目!! 電子ペーパー………………84

第5章　外部記憶媒体のしくみ……**85**

　　光ディスク……………………………………………86
　　DVD①…………………………………………………88
　　DVD②…………………………………………………90
　　BD（ブルーレイディスク）…………………………92
　　MO（光磁気ディスク）………………………………94
　　メモリカード…………………………………………96
　　USBメモリ……………………………………………98
　　NAS（ネットワーク対応HDD）……………………100
　　Column ひときわ注目!! SSD…………………………102

第6章　音楽と映像機器のしくみ……**103**

　　パソコンで音楽を聴くしくみ………………………104
　　サウンドカード………………………………………106
　　パソコンでテレビを見るしくみ……………………108
　　地デジチューナー……………………………………110

グラフィックスカード..112
MIDI音源..114
ヘッドセット..115
iPod（アイポッド）..116
デジタルカメラ..118
デジタルビデオカメラ..120
Column ひときわ注目!! 音楽管理サービス......................................122

第7章 OSのしくみ　　　　　　　　　　　　　　　123

OSとは..124
OSの仕事..125
Windows...126
Mac OS..128
Linux...130
日本語入力システム..132
Column ひときわ注目!! デバイスドライバー....................................134

第8章 アプリケーションのしくみ　　　　　　　　135

アプリケーションとは..136
ワープロソフト..138
表計算ソフト..139
データベースソフト..140
ブラウザーとメールソフト..141
グラフィックスソフト..142
Column ひときわ注目!! データファイル..144

第9章 インターネットのしくみ　　　　　　　　　145

ネットワーク..146
無線LAN（Wi-Fi）..148
インターネット回線..150
インターネットの構造..154
通信プロトコルの役割..156
IPアドレス..158
ポート番号..160
ルーターとデータ転送..162
サーバー..164
Webページ閲覧のしくみ..166

メール送受信のしくみ················168
ツイッター·······················170
動画配信························172
ウイルスとスパイウェア················174
セキュリティ対策····················176
Column ひときわ注目!! 最新のハイテク犯罪········178

第10章　パソコンの歴史··················**179**

コンピューターの父、バベッジ·············180
計算機の時代·····················182
コンピューターの誕生·················184
IBMの台頭······················186
パソコンへの道····················188
家庭への進出·····················190
Column ひときわ注目!! CPU進化年表··········192

第11章　プログラムのしくみ··············**195**

プログラムとは····················196
2進数について····················198
低級言語と高級言語··················200
BASIC（ベーシック）·················201
C（シー）言語とC++·················202
HTMLとXML·····················203
Java（ジャバ）····················204
JavaScript（ジャバスクリプト）············205
Perl（パール）····················206
Ruby（ルビー）····················207
Column ひときわ注目!! SQL··············208

第12章　パソコンの未来··················**209**

ウェアラブルコンピューター··············210
光コンピューター···················212
電力線ネットワーク··················214
Column ひときわ注目!! RFIDで実現する未来······216

さくいん························217

はじめに

　本書は、パソコンについて基本的なしくみから最先端技術まで、初心者の方にも無理なく理解していただけるように図やイラストを使ってわかりやすく説明して、ご好評をいただいている「徹底図解　パソコンのしくみ」の改訂版です。

　既刊書の執筆から約5年、パソコンの性能も向上し、光ファイバー回線や無線LANの利用が一般的になるなど、パソコン事情も様変わりしました。そこで、今回は現在の新しい情報を取り入れ、改訂版として出版することになりました。

　例えば、第2章ではパソコンの頭脳といわれるCPUの最先端技術や、話題のスマートフォンやタブレット型端末などを取り上げています。また、映像の3D化に伴い第4章では3Dディスプレイやその他最新の有機EL、プラズマディスプレイなどを取り上げています。さらにパソコンを使っての音楽や映像機器の扱いが増大する昨今、第6章ではiPodやデジタルTVチューナーなども取り上げています。

　その他にも既刊書に引き続きパソコンの歴史から光コンピューターやウェアラブルコンピューターなどパソコンの未来につながる夢のある話題まで提供しています。

　本書は必ずしも順序だてて読む必要はなく、興味深い頁から読んでも構いません。初めて本書を読まれる方だけでなく以前「徹底図解 パソコンのしくみ」を読まれた方にも楽しく読んでいただき、パソコンライフのお役に立てれば幸いです。

第1章
パソコンの構成

The Visual Encyclopedia of Personal Computer

 # パソコンの外観と種類

 デスクトップとノート 机上で使うデスクトップパソコンと持ち運びに適した構成機器を一体化したノートパソコンに分けられる。

1-1 デスクトップパソコン

ディスプレイ
入力情報を文字や絵で表示する出力装置の1つで、現在は液晶が主流。サイズは20型前後が主流で、テレビを見るために大画面で32型ワイドのものもある。

パソコン本体
マウスなどから受けた命令を処理するのがパソコン本体。省スペース型やタワー型などがある。ノートパソコンに比べると機能を追加するスペースがあり、優れた機能の搭載が可能。

リモコン
テレビ機能搭載パソコンにはリモコンが添付される。テレビだけでなくビデオやDVDなどの操作もできる。

キーボード
パソコンの入力装置の1つ。日本語対応キーボードはJIS配列となっていて、アルファベット、かな、数字などのキーを押して文字や数字などを入力する。

マウス
パソコンの入力装置の1つ。マウスを動かしてディスプレイ上で目的の項目やアイコンを視覚的に操作する。

スピーカー
スピーカーが別にあり本体に接続する場合もあるが、ディスプレイに組み込まれていて接続する必要がないことも多い。

知っ得 一時期は映像や音楽などの専門的分野のMac、ビジネス分野のWindowsのようにいわれていたが、それぞれの欠点を克服し長所を取り入れることで現在は近付きつつある。

▶ パソコンの種類

基本的なパソコンの構成は、左図のようにパソコン本体、ディスプレイ、キーボード、マウスなどで構成されていて、このようなパソコンを一般的に**デスクトップパソコン**という。デスクトップパソコンは、机の上などに設置して使用することを前提に作られたパソコンで、本体の内部は物理的にスペースがあり機能を拡張しやすく、様々な機能を搭載することが可能である。また、バッテリーは持たないが、コンセントから取る電源は安定性がある。

これに対して、パソコン本体、ディスプレイ、キーボードなどが一体になったパソコンを**ノートパソコン**という。持ち運び可能で、バッテリーが入っているため電源のないところでも使えるのがノートパソコン最大の特徴である。場所をとらず好きなところで使えるという点は、戸外だけでなく自宅でも十分メリットがある。

なお、机の上で使うのでデスクトップ型の区分ではあるが、ノート型との間に位置するのが**一体型パソコン**。ディスプレイとパソコン本体が一体化されているその形態から、このように呼ばれる。一体型のため拡張性は乏しいが、接続のケーブルが少なく、パソコン周りがすっきりと配置できるのが特徴といえる。

その他、無駄な機能を削ったコンパクトな筐体と低価格のミニノート（またはネットブック）パソコンの登場で、自分の用途に合ったノートパソコンを購入することも可能になった。

1-2 ノートパソコン

タッチパッド
ノートパソコンの標準的な入力装置。

キーボード
デスクトップパソコンに比べると全体的に薄型が特長。数値入力専用のテンキーを備える機種もある。

A4サイズやB5サイズのノートパソコンが一般的である。ディスプレイのサイズは10.5～17型となり、テレビなども見ることができる。タッチパッドだけでなくマウスを使った操作も可能。

1-3 一体型パソコン

ディスプレイ
液晶型テレビのようにハイビジョン、ワイド液晶方式もある。

パソコン本体とディスプレイが一体化されているため、本体はかなり重い。地デジチューナーを内蔵しているタイプでは、フルHD画面でテレビ試聴が可能。

> **なるほど** ミニノートは低価格を実現させるのに、耐久性にやや劣る面があるため携帯電話と同様、ある程度使用したら買い替えるという考え方が無難だ。

# パソコンの内部を見る ①

CPUとマザーボード パソコンの性能はCPUとマザーボードで決まる。CPUの開発はこれに対応したマザーボードの開発と切り離せない。

パソコンの中には何が入っているか？

パソコンの蓋を開けて中を覗くことはほとんどないが、ケースの中にはCPUやメモリを取り付けたマザーボード、ハードディスク、BDやDVDなどを読み書きするための光学ドライブなどパソコンを動かすための必要な部品が入っている。

マザーボード

マザーボードとはパソコンの中心となる基板（板）のことで、メインボードとも呼ばれる。この基板にはCPUを取り付けるスロットをはじめ、パソコンの本体を構成する様々な部品を取り付けるスロットがあり、電気配線がなされてデータの処理や制御するチップセットと各部品とが接続されている。

CPU

パソコンの動作を制御したり、演算計算を行ったりと人間の頭脳に当たるのがCPUである。つまり、与えられた命令をどのように処理するか考えて適切に処理するのがCPUである。

従来、CPUの処理は複数の半導体チップが連携して行っていたが、最近では1個の半導体チップ（LSI）にすべての機能を搭載したMPU（マイクロプロセッサー）がCPUと同じ意味で使われている。

メモリ

メインメモリや**主記憶装置**とも呼ぶ。CPUがハードディスクから読み出したプログラムや処理した結果のデータを一時的に記憶（保存）しておくのがメモリである。つまり、CPUの作業領域といえる。

メモリに保存された情報はパソコンの電源を切ると同時にすべて消滅する**揮発性**の記憶装置である。

ハードディスク

メモリの容量不足を補うという意味から**補助記憶装置**や**外部記憶装置**とも呼ばれる。この中にはWindowsやアプリケーションなどのソフトウェアや作成したデータなどが保存される。

メモリよりは処理速度は遅いが、容量が多く電源を切ってもデータが消えることはない**不揮発性**の記憶装置である。

知っ得　ハードディスクの記憶容量は近年凄まじい勢いで大容量化している。その昔はMB（メガバイト）だったのがGB（ギガバイト）となり、現在はTB（テラバイト）が標準になりつつある。

1-4 デスクトップパソコンの内部

電源ユニット
すべての部品に電源を供給する場所。

カバー

光学ドライブ
CD-ROMやDVD、ブルーレイディスクからアプリケーションや動画を読み込む装置。

CPU
ユーザーが入力した命令を処理する装置のことでパソコンの頭脳に相当する。

電源スイッチ

ハードディスクドライブ
大容量の記憶装置。容量は一般的に数百GBとなる(テレビ録画重視なら1TB以上必要)。必要に応じてCPUはここにアクセスして、ソフトウェアやデータを読み書きする。

拡張スロット
パソコンに機能を追加するために、設けられたスペース。

マザーボード
パソコンが動作する際に必要なほとんどの機器が搭載されている。

チップセット
データのやり取りを管理する集積回路の集まりを指す。

メモリ
CPUが処理した結果としてのデータを記憶する装置。

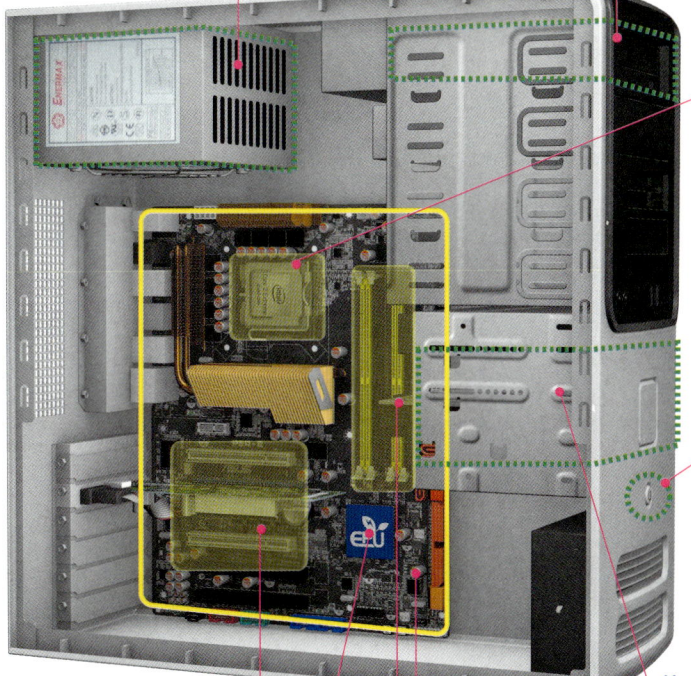

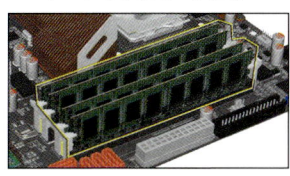

豆知識 Windows7(32ビット)で推奨されているメモリ容量は1GB。しかし、実用性を考慮すると、2GB以上が基準ラインとなるが、メモリの低価格化もあり4GBが一番無難。

パソコンの内部を見る ②

SSD フラッシュメモリをハードディスクの代わりに用いるドライブのこと。Solid State Driveの略。

🔵 ノートパソコン

　ノートパソコンは、上半分のモニター部分に液晶ディスプレイを使い、下半分にキーボードを内蔵した本体部とで構成されており、ユーザーが自由に持ち運んで使用することを目的として作られたため、折り畳み可能な大きさと重量にまとめられている。また、充電式の電池を内蔵したバッテリーは、フルに充電した状態から数時間の駆動ができることが、デスクトップパソコンと比べて大きな特徴となっている。

　液晶ディスプレイ、キーボード、バッテリーを内蔵してもなお、軽量で小型なノートパソコンには様々な工夫がされている。デスクトップパソコンの内部（P11参照）と見比べてみるとわかるように、ノートパソコンには容量の大きな電源ユニットを内蔵していないこと、小型化のために基本的には新たに機能を追加するための拡張スペースを設けていないなどがあげられる。また、マザーボードなどデスクトップのものと比べても、小さくコンパクトに設計された電子パーツが裏表の両面に実装されている。その他、内蔵ハードディスクの代わりに消費電力が低く、一般的なハードディスクよりもサイズが小さい**SSD**（図1-5）を搭載したノートパソコンも増えてきている。

1-5 SSDを搭載するメリット

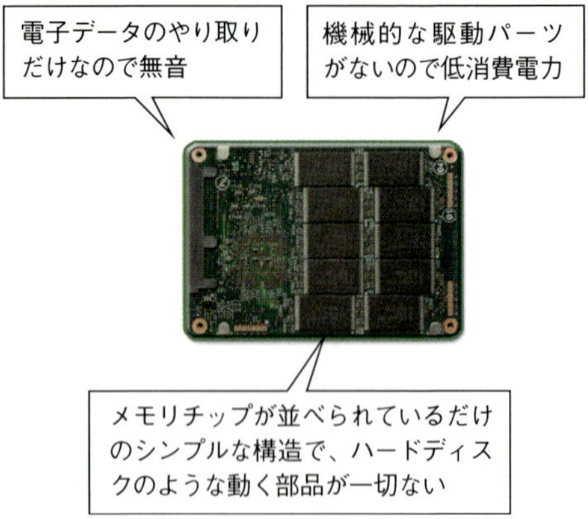

電子データのやり取りだけなので無音

機械的な駆動パーツがないので低消費電力

メモリチップが並べられているだけのシンプルな構造で、ハードディスクのような動く部品が一切ない

🔵 ネットブック

　不必要な機能を省くことで小型・軽量に特化したノートパソコンが、**ネットブック**（またはミニノートパソコン）だ。ネットブックは、基本的なインターネット上のサービスを利用することを主な用途としているため、そのほとんどには、光学ドライブがなく、ハードディスクの容量も少ないため、比較的低価格で購入することができる。性能的には通常のノートパソコンより劣る場合も多いが、インターネットやメールなど使い方を考えれば、十分快適に利用することができる。

知っ得 ノートパソコンの寿命は、持ち運びすることによる衝撃や、開閉による液晶部分が壊れやすいなどの傾向があり、デスクトップパソコンに比べて短いといわれている。

1-6 ノートパソコンの内部

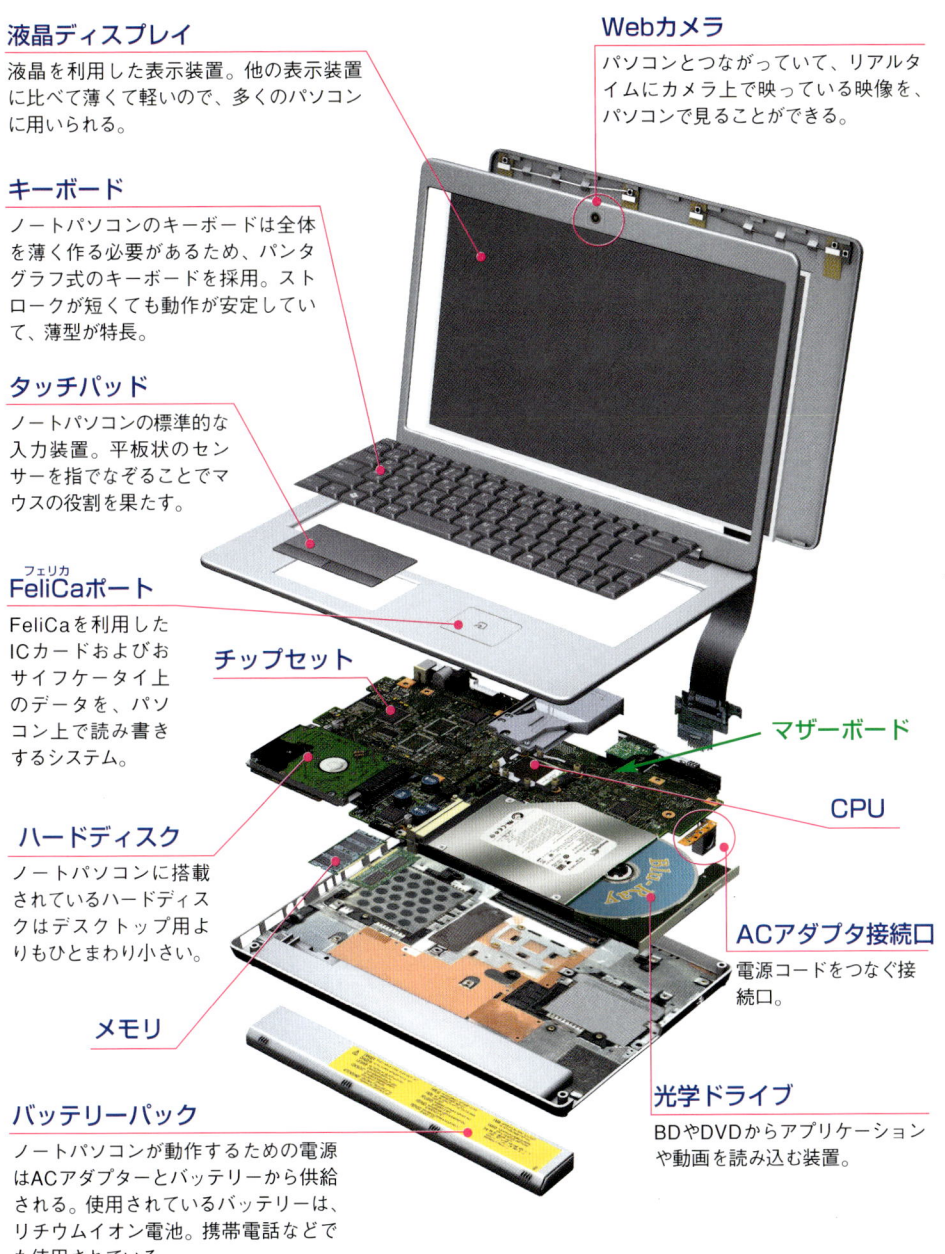

液晶ディスプレイ
液晶を利用した表示装置。他の表示装置に比べて薄くて軽いので、多くのパソコンに用いられる。

キーボード
ノートパソコンのキーボードは全体を薄く作る必要があるため、パンタグラフ式のキーボードを採用。ストロークが短くても動作が安定していて、薄型が特長。

タッチパッド
ノートパソコンの標準的な入力装置。平板状のセンサーを指でなぞることでマウスの役割を果たす。

FeliCaポート
FeliCaを利用したICカードおよびおサイフケータイ上のデータを、パソコン上で読み書きするシステム。

ハードディスク
ノートパソコンに搭載されているハードディスクはデスクトップ用よりもひとまわり小さい。

メモリ

バッテリーパック
ノートパソコンが動作するための電源はACアダプターとバッテリーから供給される。使用されているバッテリーは、リチウムイオン電池。携帯電話などでも使用されている。

Webカメラ
パソコンとつながっていて、リアルタイムにカメラ上で映っている映像を、パソコンで見ることができる。

チップセット

マザーボード

CPU

ACアダプタ接続口
電源コードをつなぐ接続口。

光学ドライブ
BDやDVDからアプリケーションや動画を読み込む装置。

豆知識　省電力のSSDを搭載した機種では、ハードディスクを搭載した機種に比べて一般的にバッテリーの持ち時間が長い製品が多い。

パソコンが動くしくみ

ハードウェアとソフトウェア パソコンはハードウェアとソフトウェアの2つの技術がうまく組み合わさり動く。

ハードウェア

　パソコン本体やディスプレイなどのパソコンを構成する機器、そして本体の中にあるマザーボードやハードディスクなどの機器をハードウェアと呼ぶ。ハードウェアは受け持つ仕事に応じて次のように分けることができる。

　一般的にはCPUの内部にある装置で、読み込んだプログラムによってデータの操作を行う**制御装置**。同じくCPUの内部にあるデータの加工や演算を行う**演算装置**。メモリやハードディスクのようにプログラムやデータを保存する**記憶装置**。キーボードやマウスのようにパソコンに指示を出す**入力装置**。ディスプレイやプリンターのように処理結果の表示や印刷をする**出力装置**に分けることができる。

ソフトウェア

　パソコンは自分で考えて動くわけではなく、処理の手順書に従って動く。この手順書を**プログラム**やソフトウェアといい、これがないとパソコンはただの機器というだけで動かない。

　ソフトウェアを大別するとOSとアプリケーションに分けることができる。

　OSはOperating System（オペレーティングシステム）を略したもので基本ソフトともいう。この名の通りパソコンの基本的な仕事をするために、ハードディスクに最初に入れるソフトウェアである。OSが入ればハードウェアを制御してアプリケーションを入れることもできる。

　アプリケーションとはパソコンで仕事をするための個別のプログラムをいう。

ハードウェアとソフトウェアの関係

　パソコンが動くには、入れ物のハードウェアと、その中にOSやアプリケーションのソフトウェアの両方が揃っていなければならない。これで、パソコンの電源を入れると、Windowsが起動して文書を作成したり、インターネットを使うことができる。一般的にパソコンはこの状態で販売されているので、ケーブルや電源を接続するだけで使うことができる。

　パソコンは使う人が自分に合ったアプリケーションで自由な使い方ができる。

　つまり、ある人は音楽を聴くために使い、ある人は写真を見るために使うといったように同じパソコンを様々に使うことができるのである。

知っ得　異なる機種のコンピューターでも、同じOSがインストールされていればAPIを経由することによって同じアプリケーションを呼び出すことができる。

1-7 ハードウェアの分類

CPU
パソコンの制御と演算を行う処理装置の代表。

メモリ
CPUの処理データを一時保存する、電源なしではデータを保持できない記憶装置。

マウス
画面を見ながら視覚的にパソコンを操作する入力装置。

入力装置

キーボード
キーを押して文字を入力する装置。

ハードディスク
電源なしでもデータが失われない大容量の記憶装置。

制御装置
演算装置
記憶装置

ディスプレイ
パソコンに出した命令の処理結果を表示する出力装置。

出力装置

プリンター
作成したデータを印刷する出力装置。

1-8 ソフトウェア

特定の目的のために作成されたプログラム

アプリケーションソフト
表計算、ワープロ、プレゼン、電子メール、インターネット 等

基本ソフト
Windows、Mac OS、Linux 等

パソコン全体を管理する

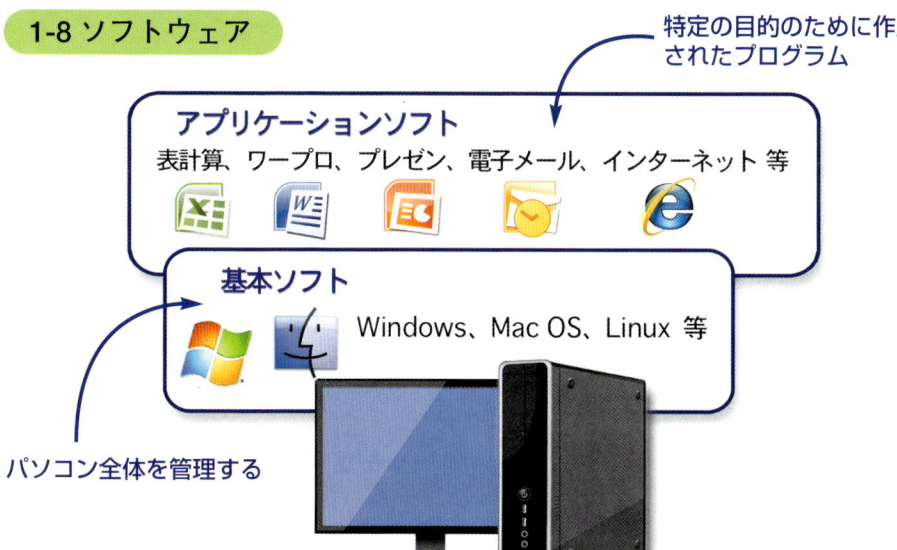

豆知識 入出力装置のことをコンピューターの世界ではI/Oと呼ぶ。I/Oは「Input/Output（入出力）」のことで「アイオー」と読む。

COLUMN

ひときわ注目!! パソコンの節電対策

●すぐに実行できるパソコン節電対策

東日本大震災以後、不足している電力供給を補うため、職場や家庭での使用頻度の高いパソコンも節電対策を行う必要がある。

パソコンの節電とは、こまめに電源を切ることではなく、なるべく起動回数を減らすことにある。パソコンの前を離れてから1時間半程度であれば電源を落とすよりも、パソコン本体の電源を完全には落とさずに、メモリ内容を維持し、素早く復帰できるスリープ機能を使用した方が消費電力は低く押さえられる。また、利用中に効果が高いのは「ディスプレイの明るさ」の設定を100%から40%へすることなどが挙げられている。

日本マイクロソフト株式会社は、これらの節電設定が難しい初心者ユーザー向けに、無償で節電設定を一括適用できる「Windows PC自動節電プログラム」を公開している。この設定により、パソコンの約30%の消費電力削減効果が期待できるといわれている。

節電設定が適用されると、下図のように「電源オプション」画面に節電効果の高い設定が自動的に適用されることになる(ただし、パソコンメーカー独自の節電機能がすでに設定されている場合には、当初の設定が変更されてしまう場合があるため注意が必要)。

マイクロソフトサポートページ
(http://support.microsoft.com/kb/2545427/ja)

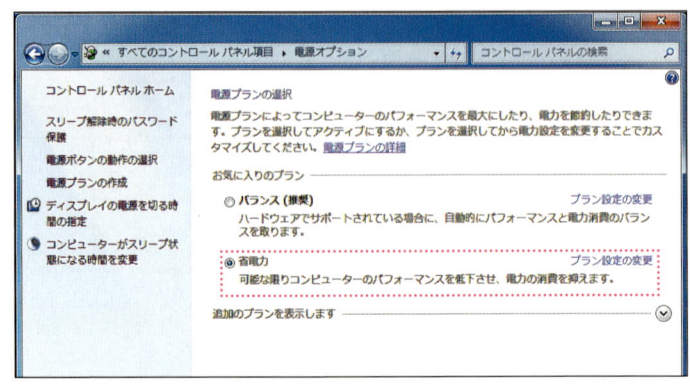

第2章
パソコンを取り巻く最先端の技術

The Visual Encyclopedia of Personal Computer

最先端CPU

Key word **コア** CPUの内部回路の中心部分で、実際に処理を行う演算回路。これを複数搭載することをマルチコア、1つの場合はシングルコアという。

▶ 性能向上の必要性と最先端CPU

パソコンにおけるブロードバンドの普及や地上デジタル放送の受信などで動画コンテンツの視聴や録画という用途が広がる一方、セキュリティ対策としてセキュリティソフトの常駐などもさらに欠かせなくなっている。このような大量のデータを高速に処理したり、複数の作業を並行して円滑に行ったりするため、最優先されるのがCPUの大幅な性能向上である。CPUは誕生から現時点に至るまで弛まぬ進化を続けているが、最先端のCPUは、演算コアを複数搭載し、ハイパー・スレッディングやターボ・ブーストなどのテクノロジー（インテル社）の利用やグラフィックス・コアの内蔵などにより高速化を実現している（詳細は第3章）。

▶ マルチコア

1秒間に動作する回数をクロック周波数といい、CPUはこれまでクロック周波数を上げて処理能力を高めてきたが、これには多くの電力を消費し発熱を伴う。高熱になるとCPUが壊れてしまうため、発熱対策は大きな課題となってきた。この解決策として考えられたのがマルチコアCPU。演算コアを複数搭載することで1台の計算機を複数台に増やすようなものとなり、クロック周波数を上げずに処理能力を上げることができる。まずは演算コアを2つ搭載したデュアルコアから始まり（2005年）、2011年現在では4つ搭載したクアッドコアも一般的となり、最上位のCPUでは6つ（ヘキサコア）搭載したものもある。

▶ 新しいテクノロジー

CPUを高速化させる技術は様々だが、ここではインテル社のCPUに利用されて効果をあげているものを紹介しよう。

★ ハイパー・スレッディング

1つの演算コアを仮想的に2つの演算コアとして扱うことができるようにする技術。4つの演算コアを搭載した場合8スレッドを同時に行うことができる。

★ ターボ・ブースト

複数搭載された演算コアであまり使っていないものがある場合、その分の電力を使われている演算コアに集中させて性能をあげる技術。

★ クイック・シンク・ビデオ

動画をパソコン用の形式に変換させる専用回路を搭載する技術。

知っ得 インテル社のCore iシリーズは2008年に発表され、その後、第2世代となるCore iシリーズが2011年1月に発表されている。

2-1 代表的なマルチコアCPU

● インテル社のCore i シリーズ

写真：
インテル株式会社提供

● AMD社のPhenom II シリーズ

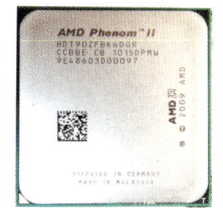

写真：
AMD株式会社提供

2-2 初期のデュアルコアと現行のクアッドコア

● **デュアルコアCPUのダイ**（コアを形成する半導体チップ）

ダイイメージ図
同じ構成のコアが
2つ搭載。

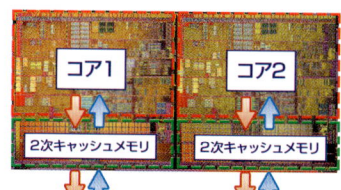

各コアは、個別に命令を処理するため、別のコアの2次キャッシュメモリに使いたい情報があってもメインメモリを介さないと利用できない。

● **クアッドコアCPUのダイ**（第2世代core i シリーズ）

ダイイメージ図
同じ構成のコアが
4つ搭載。

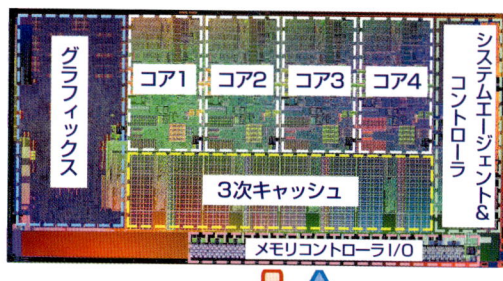

搭載するコア数が増えただけでなく、グラフィックス機能がプロセッサーに統合されたことが大きな改良点となっている。これによりプロセッサー・コアとグラフィック・コアの両方を合わせた電力制御/動作周波数が可能になりグラフィックス性能を引き上げている。また、ラスト・レベル・キャッシュ（LLC:3次キャッシュ）が共有可能になった。

一口メモ　AMD社からはグラフィックス・コア搭載CPUとしてノートパソコン用の「Fusion APU」が2011年1月に発表されている。

最先端メモリ

Key word SDRAM(シンクロナスDRAM) メモリの規格の1つ。外部クロックに同期して動作するように改良されたDRAM。

◆ 大容量化と高速化が求められるメモリ

メモリはCPUが情報を読み書きするために必要な記憶装置で、CPUの動作速度が高速になればメモリも高速な動作が求められる。メモリの進化は、1970年にDRAMが製品化されて以降FPDRAM、EDOと続きCPUがPentiumの時代にはSDRAMが登場した。SDRAMより前のメモリは独自の基準で動作していたので、CPUとのデータ受け渡しのタイミングが難しく、その高速化には限界があった。しかし、SDRAM以降は外部クロックに同期する(タイミングを合わせて動作する)技術でメモリの高速化を実現し、1クロックで1データの転送が可能になったため、データ転送が効率よく行われるようになり、クロック周波数を上げて高速化することも容易になった。

その後、1クロックで2つのデータを送れるように改良されたのがDDR SDRAM、さらに高速化されSDRAMの4倍のデータ転送能力を持つようにしたものがDDR2 SDRAM。そして、8倍に高速化したDDR3 SDRAMが現在最も高速な動作を実現している。

◆ DDR3 SDRAM

現在利用されている最先端のメモリであるDDR3 SDRAMは直前の規格であるDDR2 SDRAMの2倍のデータ通信速度を実現しているだけでなく、動作電源電圧もDDR2 SDRAMが1.8Vに対しDDR3 SDRAMは1.5Vと消費電力の低減や低発熱が実現されている。

さらにCore i7対応のマザーボードからはトリプルチャネルと呼ばれる3枚単位で取り付けられる仕様のものが登場して大容量化に備えている。なお、現状の上位機種のパソコンのメモリ容量は8GB程度となっている。

◆ DDR3 SDRAM以降のメモリ

DDR3 SDRAMの後継としてDDR4 SDRAMが期待され、メモリメーカーからの製品発表もあるが、一般的に利用可能になるのは2014年頃と考えられている。その間つなぎとして登場したのがDDR3L SDRAMだ。DDR3L SDRAMはDDR3 SDRAMの動作電源電圧が1.5Vなのに対し、1.35V/1.25Vと消費電力の低減や低発熱を実現するものであり、その移行は目前である。

豆知識 次世代メモリとしてMRAM(磁気抵抗メモリ)、PRAM(相変化メモリ)、ReRAM(抵抗変化メモリ)などが期待されている。

2-3 メモリの高速化と転送方法の比較

● **SDRAM**（1996年頃～）

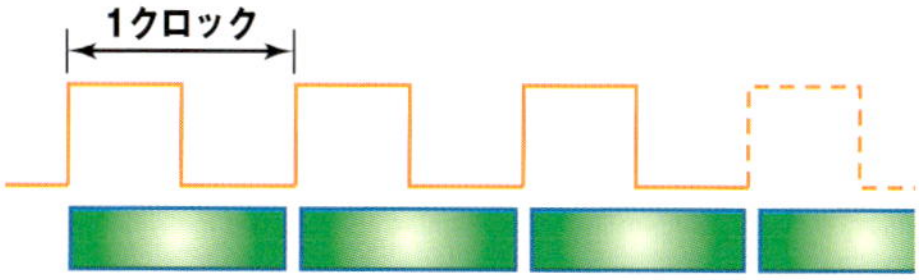

1クロックで1つのデータを転送する

⬇

● **DDR SDRAM**（2001年頃～）

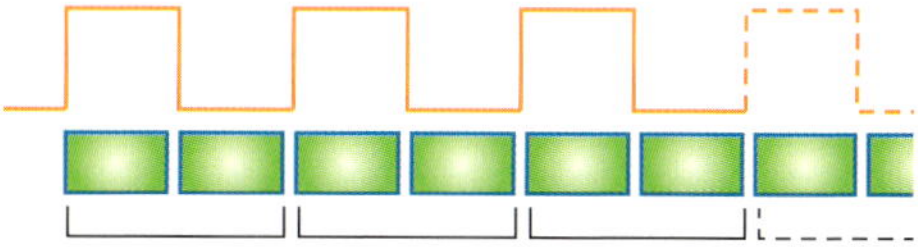

1クロックで2つのデータを転送する

⬇

● **DDR2 SDRAM**（2004年頃～）

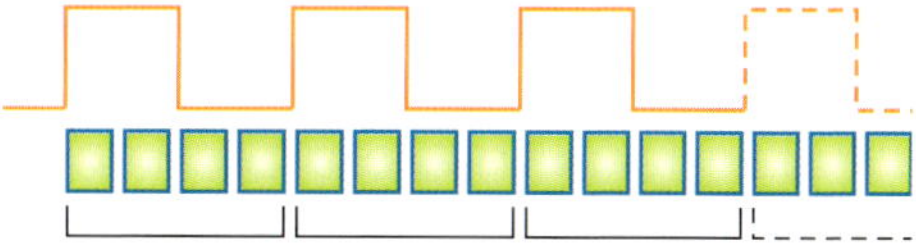

1クロックで4つのデータを転送する

⬇

● **DDR3 SDRAM**（2007年頃～）

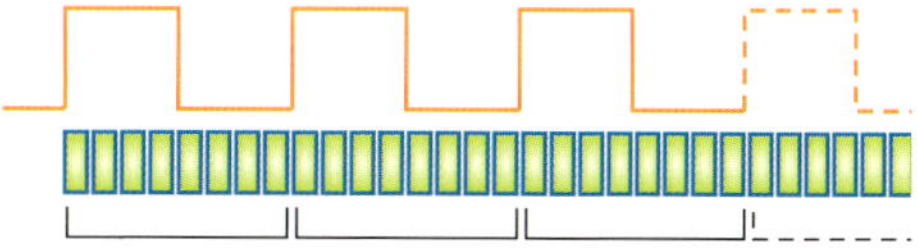

1クロックで8つのデータを転送する

写真：株式会社バッファロー提供

⬇

● **DDR3L SDRAM**
消費電力の低減や低発熱を実現する。

● **DDR4 SDRAM**
消費電力はDDR3の40％減少、転送速度はDDR3の2倍とされる。

2-4 DDR3のトリプルチャネル

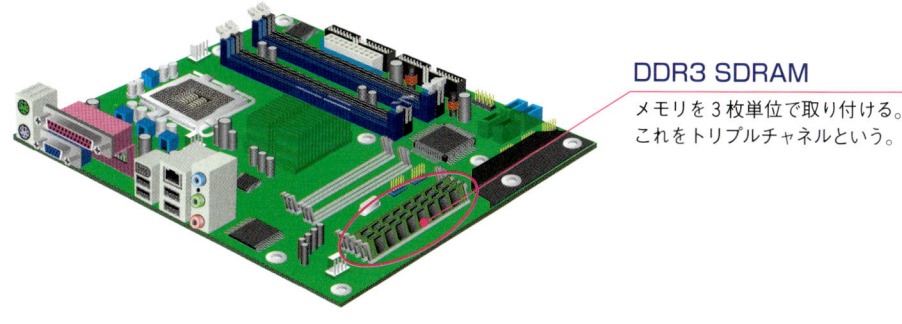

DDR3 SDRAM
メモリを3枚単位で取り付ける。これをトリプルチャネルという。

知っ得　トリプルチャネルの動作条件は、マザーボードとメモリがトリプルチャネルに対応していて、同一容量で同一仕様のメモリを使用することである。

無線LANルーター

 無線LAN 電波を利用して無線でデータの送受信を行う構内ネットワーク（P146参照）。ワイヤレスLANとも呼ばれる。

● 無線LANが普及している理由

ケーブルを利用して構内ネットワークを形成する**有線LAN**に対し、**無線LANルーター**という**親機**（**アクセスポイント**）からの電波で形成された構内ネットワークを無線LANという。従来より無線LANは外出先においてノートパソコンなどで利用されていたが、家庭や職場では有線LANが主流だった。これは、今までの無線LANでは親機と子機の接続設定が煩雑で、互換性やセキュリティ面での不安、通信速度の遅さや不安定さなど、導入や利用に難点が多かったためだ。

しかし、2009年9月に無線LANの新規格「IEEE 802.11n」（以下11n）が正式決定されて以降、従来の規格と互換性があり、高速で電波も安定している11n対応の親機が登場し、無線LANを快適に利用できるようになった。さらに、親機と子機の認証や暗号化など無線LANに不可欠な接続設定がボタン1つで行える自動接続機能対応の機器が増えたこと、iPadやスマートフォンなど話題の情報端末はじめ、プリンターやハードディスクなどの周辺機器、デジカメやテレビ・ブルーレイディスクレコーダーなどのAV機器にも無線LAN搭載や対応の製品が続々と登場していることから、現在、無線LANは急速に普及している。

● 最新の無線LANルーターの機能

家庭や職場で無線LANの普及に大きく貢献しているのが無線LANルーターだ。ここでは、人気の無線LANルーターに共通する便利な機能を3つ紹介しよう。

- 11n規格対応で2.4GHzと5GHzの同時利用が可能
- マルチセキュリティに対応
- 自動接続機能の搭載

1つ目は2つの電波（周波数）を同時利用できる機能だ。無線LANでは2.4GHzと5GHzを利用するが、従来の規格（P145）はいずれか一方にしか対応していない。11nは両周波数に対応しているので、同時利用が可能ならすべての子機を周波数を気にせずにいつでも接続できる。

2つ目は複数のセキュリティに対応できる機能。従来はセキュリティ設定の異なる子機が混在すると、やむを得ず低い子機に合わせて接続していたがマルチセキュリティ対応ならレベルを分けて接続でき、各子機を安全に利用できる。

3つ目の自動接続機能はボタン1つで親機と子機を簡便に接続できる機能だ。

知っ得 無線LANには親機と子機が不可欠だ。家庭では無線LANルーターという親機を用意し、外出先では公衆無線LANサービスやモバイルWi-Fiルーターを親機として利用する。

2-5 無線LANルーターの内部

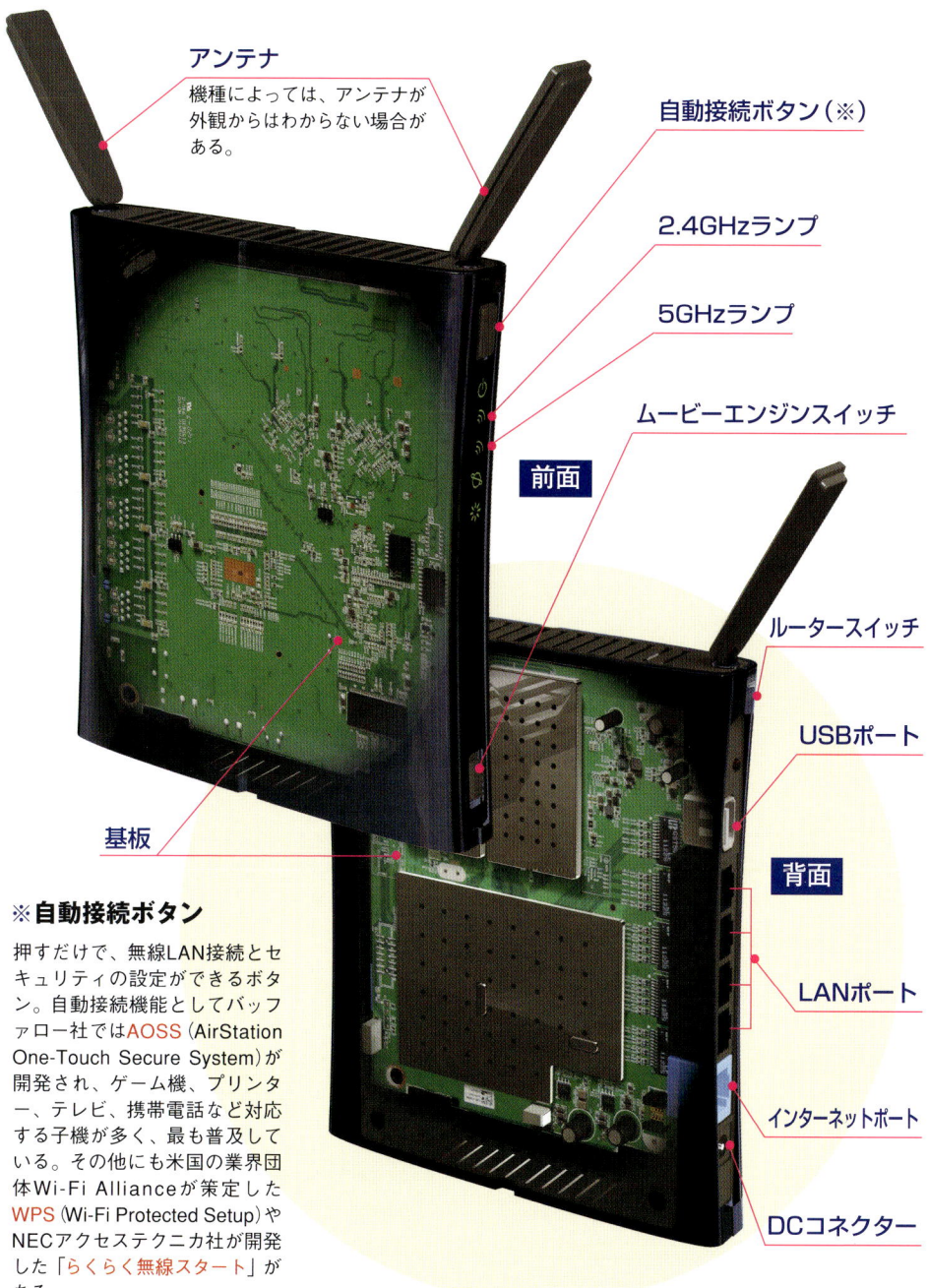

アンテナ
機種によっては、アンテナが外観からはわからない場合がある。

自動接続ボタン（※）

2.4GHzランプ

5GHzランプ

ムービーエンジンスイッチ

前面

基板

ルータースイッチ

USBポート

背面

LANポート

インターネットポート

DCコネクター

※自動接続ボタン

押すだけで、無線LAN接続とセキュリティの設定ができるボタン。自動接続機能としてバッファロー社ではAOSS（AirStation One-Touch Secure System）が開発され、ゲーム機、プリンター、テレビ、携帯電話など対応する子機が多く、最も普及している。その他にも米国の業界団体Wi-Fi Allianceが策定したWPS（Wi-Fi Protected Setup）やNECアクセステクニカ社が開発した「らくらく無線スタート」がある。

なるほど　マルチセキュリティでは複数のSSID（ネットワーク名）や暗号化方式を設定でき、パソコンなどはWPA（P149）、古い機器やゲーム機などはWEPと分けて接続できる。

モバイルWiMAX

Key word　WiMAX (Worldwide Interoperability for Microwave Access) 無線で、どこからでも高速インターネット通信を可能にする技術。

❯ モバイルWiMAXとは

　最近では無線LANが普及する一方、従来のインターネット回線（光ファイバーやADSL）を利用せず、モバイルWiMAX基地局からの電波を利用して、高速インターネット通信を可能にするモバイルWiMAXの利用ユーザーも増えてきた。

　モバイルWiMAXとは、通常のインターネット回線の利用が困難な地域をカバーするための接続手段（ラストワンマイル）として策定されたWiMAXと呼ばれる規格（IEEE802.16-2004）から派生した移動体通信を想定した通信規格（IEEE802.16e-2005）で、120Km/hの移動通信も可能。ただし、現在はモバイルWiMAXも単にWiMAXと呼ばれることが多い。

　日本ではUQ WiMAXが2009年よりサービスの提供を開始し、その特徴は、以下の通りである。

- 下り40Mbps、上り10MbpsとADSLと同程度の高速通信。
- 回線工事やプロバイダー契約が不要で使いたいその時から利用が可能。
- １つの基地局でカバーできる範囲が最大半径3kmと広範囲なので外出先だけでなく移動中でも途切れない通信が可能。

　なお、現在のモバイルWiMAXの後継規格として第４世代移動通信システムの１つとなるモバイルWiMAX2（IEEE802.16m）が2011年３月に承認されUQ WiMAXでも移行する準備が始まっている。

❯ モバイルWiMAXの利用方法

　モバイルWiMAXを利用するためには以下のような方法がある。

　まずは、モバイルWiMAXモジュールを搭載したパソコンやスマートフォンを利用する方法。現在、スマートフォンの対応機種（au htc EVO WiMAXなど）は少ないが将来的に増える見込み。

　次に、使用しているパソコンなどにモバイルWiMAXのデータカードを接続させて利用する方法。

　なお、上記２つの方法で利用すれば外出先でも移動中でも高速インターネット通信を行うことができる。

　さらに家庭やオフィスなどで複数のパソコンやゲーム機などを利用する場合はWiMAX Speed Wi-Fiを利用する方法がある。WiMAX Speed Wi-Fiは無線ルーター機能が付いたモバイルWiMAXの端末でWiMAX基地局からの電波を受け、複数のWi-Fi機器（無線LANで利用できるものと同じ）にデータを送ることができる。なお、持ち運べる小型の機種もある。

豆知識　Wi-Fiとは、業界団体のWi-Fi Allianceによって無線LAN機器の相互接続性を認証されたことを示す名称で、認証された機器がWi-Fi機器と呼ばれる。

2-6 WiMAX Speed Wi-Fiの内部

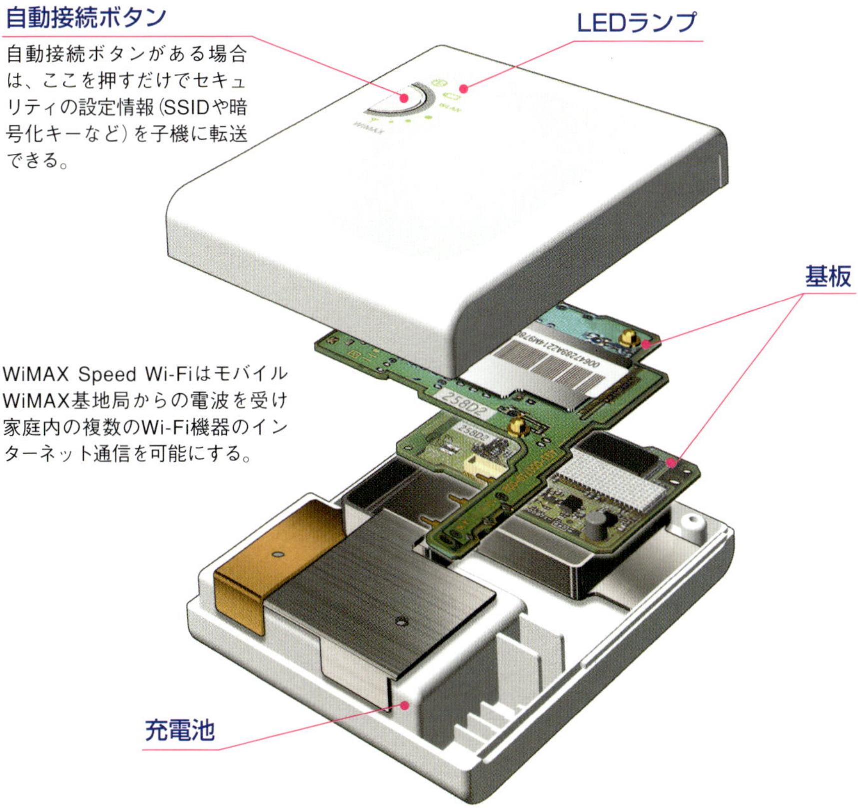

自動接続ボタン
自動接続ボタンがある場合は、ここを押すだけでセキュリティの設定情報（SSIDや暗号化キーなど）を子機に転送できる。
LEDランプ
基板
WiMAX Speed Wi-FiはモバイルWiMAX基地局からの電波を受け家庭内の複数のWi-Fi機器のインターネット通信を可能にする。
充電池

2-7 WiMAX Speed Wi-Fiの利用イメージ

モバイルWiMAX
基地局
無線LAN子機
有線でもOK
WiMAX Speed Wi-Fi

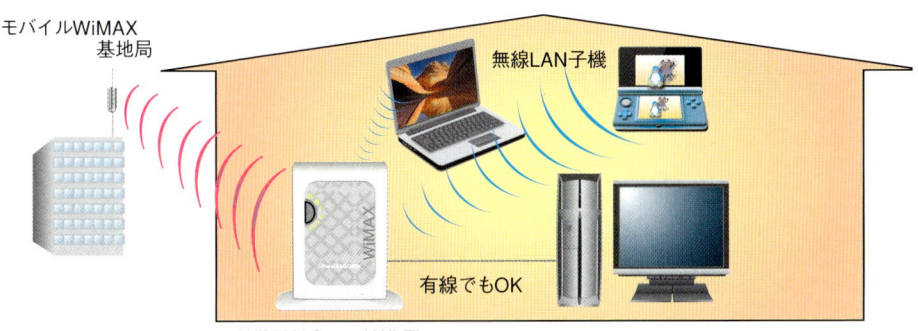

豆知識 WiMAXを利用したシステムは狭い範囲で使用する無線LANと区別し、広域を表す無線MAN（Metropolitan Area Network）と呼ばれる。

スマートフォンとiPhone

 Wi-Fi対応 無線LANを利用してインターネット回線に接続できる機能を搭載していること。

スマートフォンとは

　スマートフォンとは、携帯電話やPHSに携帯情報端末機能を搭載した携帯端末である。通常の３Ｇ回線に対応しているだけでなく無線LAN機能を使ってインターネット回線を利用でき、大容量データの高速通信を可能にしている。

　外見から携帯電話との違いを取り上げるとまず、画面が大きく（4.2インチ程度）かつ鮮明（液晶ディスプレイのみならず有機ELも利用されている）でブラウザー画面や動画などもより見やすくなったことが挙げられる。

　さらに多くの機種で文字入力のためのキーがなく、必要なときに画面上にキーが表示され、それをタッチ操作で入力することも大きな違いとなっている。

　なお、スマートフォンのOSは大きく以下の４つに分類される。

- **iOS**…**iPhone**
- **アンドロイド**…**Xperia**など多数
- **BlackBerry**…**BlackBerry**
- **Windows Phone**…**Windows Phone**

iPhone

　日本ではスマートフォンとしてまっ先に登場したのが2008年７月アップル社のiPhone 3Gで、最近でこそ他のスマートフォンの利用傾向も増えてきたが現在でも代表格の座は揺らいではいない。

　iPhoneの大きな特長は豊富なアプリケーションが用意されていることだ。例えば標準でもメーラーやブラウザー、iPodやカレンダーなど多くのものが搭載されているが、その他はApp Storeからインターネット経由で自由に入手できる。

　特に、音楽管理ソフトのiTunesが搭載されていてパソコンとの同期が簡単にできるというのも大きな特長になっている。同期とは普段パソコンに設定しているメールやブラウザーでのお気に入りなどの設定が、そのままiPhoneへ転送されたりiPhone内にある音楽や写真、ビデオなどのデータをパソコンへ転送するなど、常に同じ状態にすることだ。

　2011年８月現在、最新のOSはiOS 4で、これによりマルチタスキングが可能になった。マルチタスキングとは複数のアプリケーションを同時に動作させる技術で、必要な機能だけをバックグラウンドで動作させているので、複数のアプリケーションをスムースに切り替えて動かすことができる。さらに新機種のiPhone4はFaceTimeというテレビ電話機能により画質の高い映像の受信を実現している。

豆知識 国内のメーカーのスマートフォンが搭載する最もメジャーなOSであるアンドロイドはグーグル社が開発に携わったオープンソースである。

2-8 代表的なスマートフォン

● iPhone
OS:iOS
アップル社が提供する世界で一大ブームとなったお馴染みの端末。

● Xperia

OS:アンドロイド
グーグル社が提供するOSのアンドロイドは国内で販売されているスマートフォンの主流。NTTドコモのXperia以外にもauやソフトバンクモバイルからも多数の機種が発売されている。

※Xperiaにはacro（本画像）とarcの2種類ある。

● BlackBerry

OS:BlackBerry
中央のトラックパッドとキーボードで操作するBlackBerryはカナダのリサーチ・イン・モーション社が開発。

● Windows Phone
OS:Windows Phone
国外では2010年11月から発売され、国内でも2011年8月にauから発売が開始された。

2-9 iPhoneの内部構造

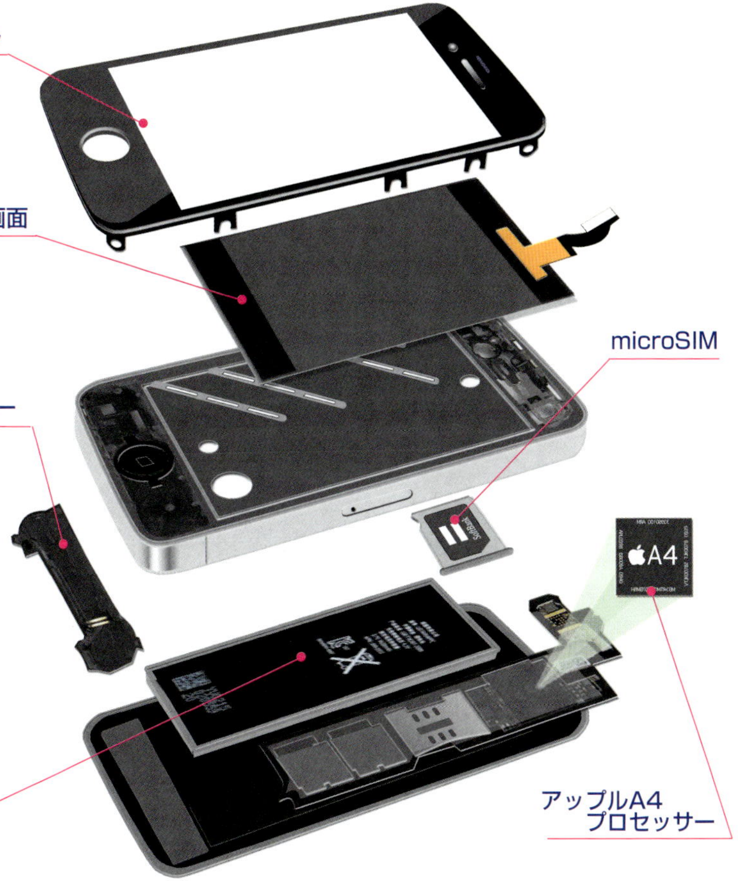

- タッチパネル
- 液晶画面
- マイクとスピーカー
- バッテリー
- microSIM
- アップルA4プロセッサ

一口メモ 日本製のスマートフォンは従来の携帯電話の機能であるワンセグ、おサイフケータイ、赤外線通信などにも対応している。

タブレット型端末とiPad

 タブレット型端末 タッチインターフェースを搭載した液晶ディスプレイを入出力インターフェースとする板状のコンピューターの総称。

▶ タブレット型端末とは

タブレット型端末とは、パソコンとスマートフォンのいいとこどりをしたような情報端末で、電子書籍専用端末と呼ばれる機種もあるが、通話やカメラ機能もある多機能端末としての機種もある。

外観はパソコンとスマートフォンの中間サイズで、重さは200g～1kg、大きさははがき～B5版程度。画面サイズは5～11型。そして、文字入力はキーボードではなくスマートフォンのように必要な場合に画面にキーボードが表示されタッチ操作で入力する。また、スマートフォンと同様に3G回線とWi-Fi機能を利用したインターネット回線の両方が使用できる機種もある。

ダブレット型端末では多機能端末として登場したアップル社のiPadがその代表格だが、最近では以下の機種も売上げを伸ばしている。

- **GALAXY Tab**（サムスン電子）
- **ガラパゴス**（シャープ）
- **Reader**（ソニー）

▶ iPadの特長

2010年5月にアップル社から発売されたiPadは日本にタブレット型端末というものを急激に浸透させてきた。

その大きな特長はスタイリッシュな外見と画期的な操作性にある。

大きさは、幅185.7mm、高さ241.2mm、厚さ8.8mm、重さは約600gで、パソコンと異なりキーボードがなく、必要なときに画面上に表示されたキーをタッチ操作で入力する。

文字入力だけでなくページをめくる、画面の拡大縮小などすべて画面上を指で触れて行うことができるマルチタッチスクリーンで、直感的でわかりやすい操作ができる。

さらに、多機能情報端末として以下のような様々な機能を備えている。

- 電子書籍や音楽を購入し、読んだり聴いたりできる。
- 動画、写真などを保存し、スライドショーなどで鑑賞できる。
- ゲームを楽しむことができる。
- インターネットやメールを利用することができる。
- アプリ（アプリケーション）が豊富に用意されていて簡単に追加できる。

なお、インターネットに接続するには、Wi-FiモデルとWi-Fi+3Gモデルの2つの機種が用意されていて、後者は3G回線も利用できる。

一口メモ 単にタブレットといえば画面上の位置を指示するためのペン型の装置と位置を検出するための板状の装置を合わせた入力装置のことを指す。

2-10 代表的なタブレット型端末

● iPad

OS:iOS
書籍、動画、音楽、ゲーム、インターネットなど幅広く利用できる。

● ガラパゴス

OS:アンドロイド系
日本語書籍対応の専用端末で、新分野雑誌の定期配信サービスにも対応している。

● GALAXY Tab

OS:アンドロイド
カメラ機能や通話機能も搭載した多機能端末で、音声入力にも対応している。

● Reader

白黒画面で読書に特化した電子書籍専用端末。通信機能がなく書籍の入手はパソコンが必須。

● Kindle

OS:Linux系
電子書籍専用端末の元祖といわれ米国ではトップシェアを占めているが、日本では発売されていない。

2-11 iPadの内部構造

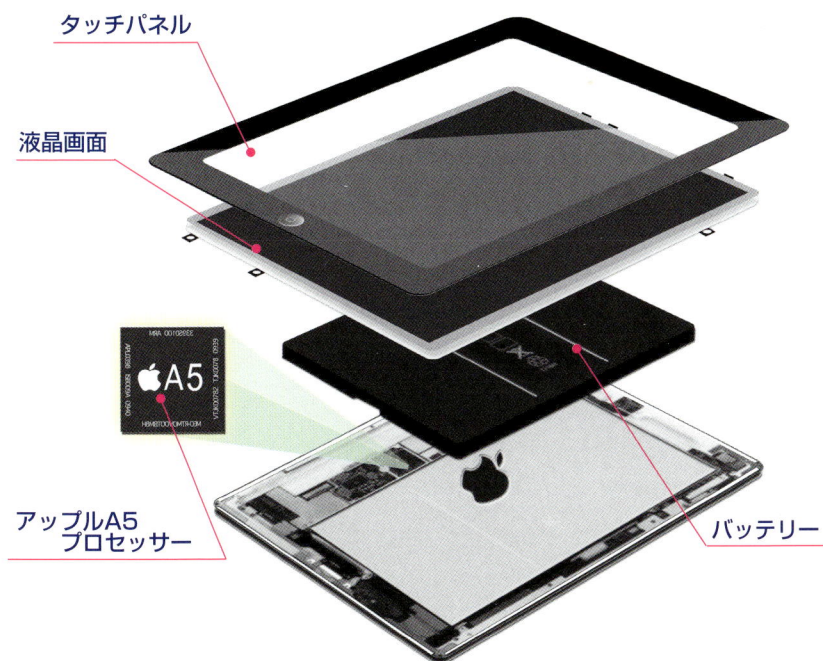

タッチパネル
液晶画面
アップルA5プロセッサー
バッテリー

第2章

豆知識　マイクロソフト社のWindows7を搭載したタブレット型端末「スレートPC」が2010年10月にオンキョー株式会社より発売されている。

クラウド・コンピューティング

 データセンター クラウドの中核となるサーバーなどのコンピューターやデータ通信の装置を設置・運用することに特化した施設の総称。

❯ クラウド・コンピューティングとは

クラウド・コンピューティング（cloud computing）とは2006年終わりの頃から登場したコンピューター利用の概念であり、ネットワーク上にあるということをクラウド（雲）に例えてそこからデータやソフトウェアを必要な時に取り出して利用する形態のことをいう。

従来のパソコンでの作業は市販のソフトウェアを購入し自分のパソコンにインストールして行うのが一般的だったが、最近ではインターネット上から、どこに存在しているかを気にせず必要なものをダウンロードして利用する形態、いわゆるクラウド・コンピューティングの世界に移行しつつある。

前述したように2006年からいわれているので最先端の概念とはいえないが、とくにブロードバンド化が進んだ現在、まさにこの概念が実現できる時代が到来したのである。

❯ クラウド・コンピューティングが提供するサービス

クラウド・コンピューティングはあくまで概念なので語る人により広義にも狭義にも捕らえ方は様々で、オンデマンド・コンピューティング、ユビキタス・コンピューティングなど過去からある概念のすべてが含まれるという考え方もあるが、現在具体的には次の3種類のことを指すことが多い。

SaaS：インターネット経由でアプリケーション機能を提供する

PaaS：インターネット経由でプラットフォーム（アプリケーションを実行させるハードやOS）を提供する

HaaSまたはIaaS：
インターネット経由でハードウェアリソース（情報システムの稼動に必要な機材や回線）を提供する

❯ クラウド・コンピューティングの今後

一般ユーザーにおいては、グーグル社のGmailとその他提供サービスなどを利用することが一般的になってきて、今後もその傾向は続くと思われる。

それに対し企業では大企業ほど信頼性の要件が厳しく早期移行とは言えそうにない。しかし、中小企業などでは例えばグーグル社の企業向けクラウドサービス「Google Apps」などがコスト面が有利であると判断され利用されるケースも増えてきていて、このような面から定着する気配もみられる。

一口メモ クラウド・コンピューティングという言葉は2006年8月グーグル社の当時CEOのエリック・シュミット氏がスピーチの中で提唱したことで広まったといわれている。

2-12 クラウド・コンピューティングイメージ

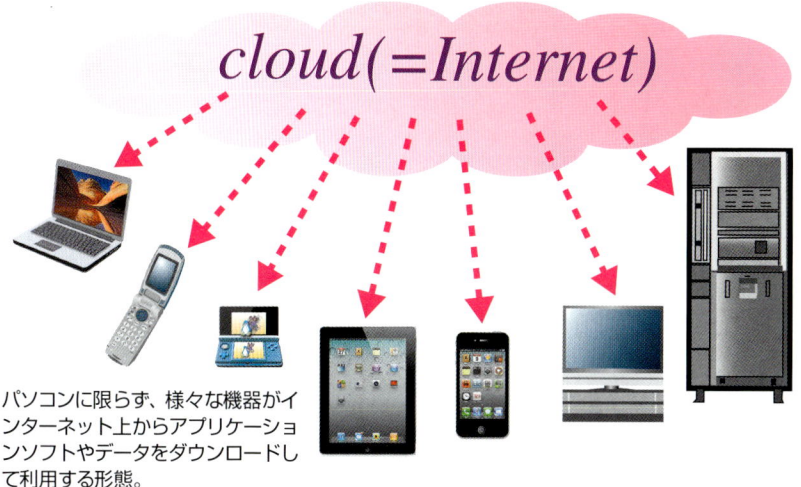

パソコンに限らず、様々な機器がインターネット上からアプリケーションソフトやデータをダウンロードして利用する形態。

2-13 企業におけるコンピューター利用環境の進化

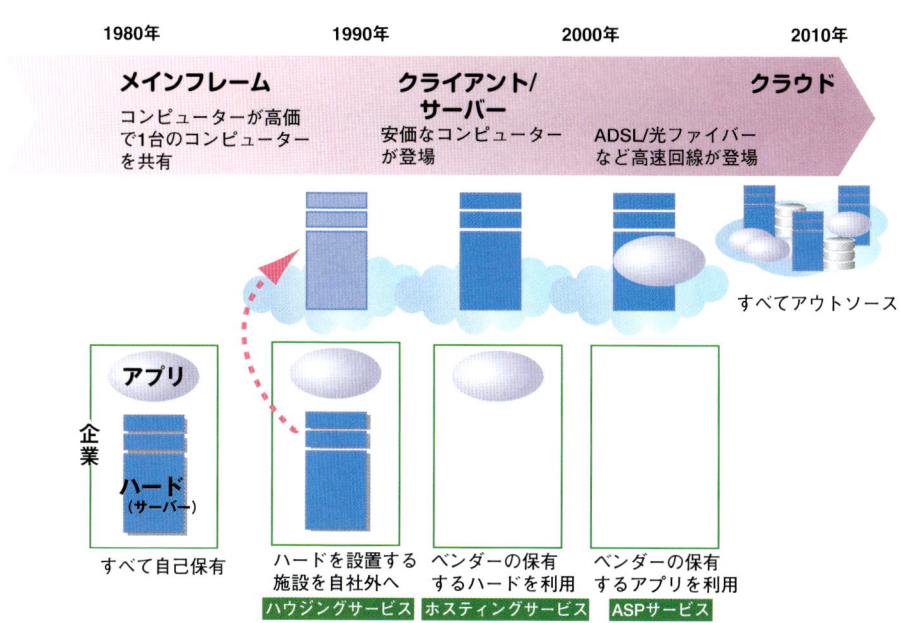

※ クラウド上に存在するのはデータセンター事業者、ハードやソフトを提供するベンダーそしてクラウドサービスを提供する企業。

豆知識 ユビキタス・コンピューティングは「いつでもどこでもコンピューターがあることを意識せずその機能を使える」という概念。

COLUMN

ひときわ注目!! WiDi（ワイダイ）

● ワイヤレス・ディスプレイ

　パソコンの画面を大型テレビなどに無線で送信する技術がワイヤレス・ディスプレイ（インテルWiDi）と呼ばれるインテル社の技術である。

　最近ではHDMIケーブルでパソコンとテレビを接続する方法などでパソコンの画面をテレビに送信することもできるが、今注目されるのは無線で繋がる点である。

　最新のCPUである第2世代Coreiシリーズには、このWiDi機能が標準で搭載されている。これにより第2世代Coreiシリーズを搭載したWiDi対応パソコンとWiDi対応テレビアダプターを用意すれば簡単にケーブルなしでの接続が実現できる。

デジタルカメラやデジタルビデオで撮影した映像・写真

インターネットの画像や動画

WiDi対応パソコン

無線でパソコンからテレビへデータを送ることができるので、パソコンのデータをテレビで簡単に楽しむことができる

WiDi対応テレビアダプター

テレビと接続

写真：株式会社バッファロー提供

第3章
パソコン本体のしくみ

The Visual Encyclopedia of Personal Computer

コンピューターの基本構成

 コンピューター 何らかの指示を入力することにより、処理（演算）を実行し、その結果を出力（表示）するツール。

◆ コンピューターの基本構成

コンピューターができることはとてもシンプルで、以下の5つの装置から構成されている。

- 入力装置（input device）
- 制御装置（control unit）
- 演算装置（arithmetic and logic unit）
- 記憶装置（storage unit）
- 出力装置（output device）

これらを**5大装置**（5大要素）といい、入力装置と出力装置が**デバイス**であり、それ以外が**ユニット**となっている。これは、コンピューター本体を中心に考え、この外部装置をデバイス、本体内部の装置や機能をユニットとして捉えている。なお、デバイスは広い意味で用いられ、各種の記憶装置（内蔵型、外付け型）のほか、携帯型パソコンやマウスなどもデバイスと呼ばれている。

◆ コンピューターの動き

入力装置は、キーボードやマウスを指し、ユーザーがコンピューターへ指示（入力）をするためのデバイスで、人間の目や耳などに相当している。

制御装置と**演算装置**は、CPUに当たり、よく人間の脳に例えられるが、CPUは人間の脳のように莫大な情報を記憶するためのものではなく、命令や演算結果を一時的に保存し、データなどを保存するための大容量については、ハードディスクなど外部記憶装置に委ねている。

CPUは、メインメモリとの直接的なやり取りやチップセットを介して接続される多くのインターフェースの制御など、脳における思考や臓器の制御と同様の機能を合わせ持っている。コンピューターの制御とは、入力、記憶、演算、出力という一連の動作のタイミングを合わせることを指す。

記憶装置には、メインメモリ（主記憶装置）とハードディスクがある。メインメモリはOSやプログラム自体を必要とするデータ、周辺機器を制御するためのドライバーなどを読み込み、パソコンが動作するために必要不可欠な存在だ。ハードディスクはプログラムやデータを保管し、必要に応じて読み書きする。

出力装置は、コンピューターがユーザーの指示通りに処理を行った結果をユーザーに伝えるためのものであり、口や手に相当する装置といっていい。

知っ得 1945年にノイマン博士が発表したプログラム内蔵方式はコンピューターの原形でもあるが、その基本構成が5大要素だ。それが今も息づいている。

3-1 5大装置(5大要素)

名称		機能	具体例
① 制御装置		各装置を制御する装置	CPU
② 演算装置		各種の計算処理や演算処理を行う装置	
③ 記憶装置		プログラムやデータを保管する装置	
	主記憶装置	処理中のプログラムやデータを一時的に記憶する装置	メインメモリ(マザーボード内)
	補助記憶装置	プログラムやデータを保管し、必要に応じて読み書きする装置	ハードディスク(外部記憶装置)
④ 入力装置		コンピューターに対して命令やデータを与える装置	キーボード マウス
⑤ 出力装置		処理されたデータを表示・印刷する装置	ディスプレイ プリンター

3-2 装置間のデータと制御の流れ

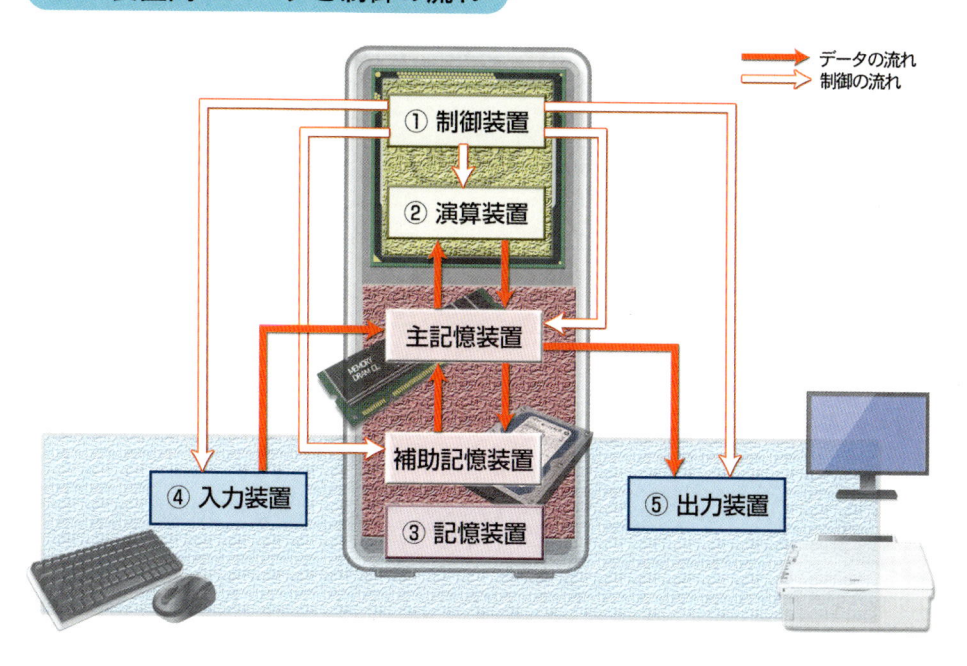

→ データの流れ
→ 制御の流れ

① 制御装置
② 演算装置
主記憶装置
補助記憶装置
③ 記憶装置
④ 入力装置
⑤ 出力装置

豆知識 ユニットとは機器内部で特化した機能を実現するための回路を指し、それは基板やチップという形で存在する。

CPUの構造

> **Key word** コア　CPUの内部にはダイがあり、その中にコアがある。この部分がCPUの動作を実現している。

▶ CPUの構造

　CPU内部にある**コア**（核）は、ダイという半導体チップに数千万個〜1億個を超えるトランジスタで回路を形成したもので、微細な世界が展開されている。これほどまでにトランジスタの集積度を上げている理由は、第1にコストの低下、第2にダイ内部のトランジスタ間などの距離を短くすることで電気信号の伝達する速度を速めているからだ。

▶ ダイの構造の進化

　今では当たり前にCPU内に搭載されている1次、2次キャッシュだが、1次キャッシュがCPU内に搭載されたのはPentium以前、1次、2次キャッシュがCPU内に搭載されたのはPentiumProからだ。

　2つのコアを持つPentium Dでは各コアに1次、2次キャッシュが搭載され、Core 2 Duoでは2つのコアにそれぞれ1次キャッシュが、ダイ内に共有の2次キャッシュが置かれた。2008年Core i7が登場し、各コア内に1次キャッシュと2次キャッシュが、ダイ内に**共有の3次キャッシュ**が搭載された。さらにダイにはメインメモリと直接やり取りを行う**メモリコントローラ**が用意されたので、それまでノースブリッジを経由してメモリとやり取りしていたCPUより高速化が実現した。

　CPU内ではコア部とコア部以外の部分

　集積されたトランジスタ群には、それぞれ役割分担があり、処理能力が**ユニット**という単位で分割・管理されている。コアはコントロールユニット、バスインターフェースユニット、命令フェッチユニット、命令デコードユニット、実行ユニット、キャッシュユニットなどの複数のユニットで構成されているが、これらのユニットの位置はCPUによって異なる。

を切り分けた**モジュラーデザイン**という構造を採っており、Core i7ではこの構造が採用されている。これによりコア数やキャッシュ容量の増減、メモリコントローラをより高速なメモリに対応させるなどといったことがCPU全体の再設計をせずに行えるようになった。

　インテルの弱点だったグラフィックス機能に改善の力を入れた第2世代Core iシリーズは、グラフィックスチップをCPUに実装し、完全に統合されている。これより、グラフィックスカードを搭載しなくても、ブルーレイなどフルHDコンテンツを再生できるCPUに進化した。

　なお、第2世代のCore iシリーズにはCore i7（　一口メモ　参照）、i5、i3のそれぞれに複数のCPUモデルが用意され、搭載されている技術も異なる。

一口メモ　ハイエンドな第2世代Core i7のプロセッサー・ナンバー（品名）にはi7-2600K、i7-2600、i7-2600Sがあり、チップセットにはIntel H67やIntel P67がある。

3-3 第2世代Core iシリーズの構造

バスインターフェースユニット
コア外部とのやり取りを行う入口。

命令フェッチユニット
実行すべき命令を読み込む。

ダイ
CPUの中にあるダイがCPUの動作を実現している。現在、ダイ内には複数のコア、3次キャッシュ、メモリコントローラ、さらにグラフィックスチップまでが実装されている。

命令デコードユニット
読み込んだ命令を解読(どのような処理を行うか判断)する。

コア内部

- 内部バスインターフェースユニット
- コントロールユニット
- PLL
- 命令フェッチユニット
- データタグ
- 命令タグ
- 命令デコードユニット
- 実行ユニット(ALU/FPU)
- 1次データキャッシュ
- 2次データキャッシュ
- 2次キャッシュ

実行ユニット
実際に命令を演算処理し、実行する。

1次、2次キャッシュ
1次キャッシュより2次キャッシュのほうが容量が大きいので2次キャッシュが分かれて配置されている場合もある。

3次キャッシュ
第2世代Core iでは最大8MBの3次キャッシュをCPUに搭載。

メモリコントローラ
CPUと同じダイ上にメモリコントローラを内蔵することでCPUと直結するメモリ構造となり、より高速なデータ処理が行える。

ダイ拡大図
ダイはそれぞれの機能によって複数のユニットに区分けされている。

ダイ
薄いシリコン基板の上に数千万〜1億個のトランジスタが集積され、回路を形成している。

● **CPU表面**

パッケージ
ダイを保護する。内部にはピンとダイを接続するための回路配線が組み込まれている。現在はプラスチック製が多い。

ヒートスプレッダ
ダイの保護とCPUの放熱を助ける働きをする。この上にはCPUクーラーを取り付ける。

豆知識 グラフィックス機能の向上を図る第2世代Core iシリーズではHDMI1.4a対応をサポートして3D(ステレオ立体視)の表示をできるようにしている。

CPUの処理するしくみ

> **Keyword**
> **CPUの動作** 演算すべき命令をメインメモリやキャッシュメモリから取り出し、この命令を解析して実行するという手順を行う。

▶ CPUの命令を処理するしくみ

CPUが処理を実行するためのメモリから読み込む情報を命令といい、命令が取り込まれ、実行される手順は

① 命令の読み込み（フェッチ）
② 命令の解読（デコード）
③ 命令の実行（エグゼキュート）
④ 結果の書き出し（ライトバック）

という4つの工程から構成されている。
CPUが演算を行う際の最初は、メモリコントローラを介して外部とのデータのやり取りを制御するバスインターフェースユニットが、メインメモリに記憶されている命令やデータを読み込む。

次に命令を読み込む役割は命令フェッチユニットが担い、読み込んだ命令は命令デコードユニットで解読する。
解析された命令はコントロールユニット（基本的にCPU内の各ユニットの進行を管理）を介して演算を行う場合には実行ユニットに処理を引き渡す。演算された結果は、必要に応じてキャッシュユニットに書き込まれ、バスインターフェースユニットを介してコア外部へと出力される。
次に同様の命令が来た時には、メインメモリに取りにいかずキャッシュユニットから直接引き出して処理の高速化を図る（これら一連の動作は図3-3上部参照）。

▶ CPUを高速にする技術

CPUの実行サイクルは、上記のような4つの工程を1つの基本動作とし、これを繰り返すことで実現してきた。しかし、1つの命令実行を完了するまで次の命令を実行することはないので、処理能力を向上させるためにはこの方法では限界がある。そこで用いられた技術が**パイプライン処理**だ。
パイプライン処理は1つの工程を、複数のステージ（パイプライン）に分割して、ステージを時間的に重ね合わせて動作させるという方法を採用している。それは工場などで利用する流れ作業のような形に似ている。パイプライン処理によって同時に処理できるステージ数を増やすことで命令の処理効率が高まるので、CPUの進化とともにこのステージ数は増加した。Pentium Ⅲでは10ステージを設け、これを**スーパーパイプライン**といい、Pentium 4では20ステージ、Pentium Dでは31ステージまで拡張し、これらを**ハイパーパイプライン**と呼んでいる。
一方、これらの技術だけでなく、Pentium以降のCPUでは、1つのコアで複

> **知っ得** デコードは解読器と訳されCPU内で命令の解読とはどのような処理を行えばいいかCPUが判断することを指す。また、デコード機能を持つユニットやデバイスをデコーダという。

数の命令を同時に実行できる**スーパースケーラー**という技術を開発した。ただし、スーパースケーラーは依存関係を持つ命令に対して利用できない。普通のプログラムは、お互いに依存関係のある操作が連なっている場合が多く、そのためスーパースケーラーでは処理が止まってしまうことが多くある。そこで登場したのが**ハイパースレッディング**技術だ。

Core i7で導入されたハイパースレッディングは、スーパースケーラーをベースとして、1つのCPUを擬似的に2つのCPUとして認識させ、スレッドを複数、同時に実行する技術だ。スーパースケーラーと違い、空いているリソースを利用してスレッドを処理するため効率がいい。

3-4 パイプライン処理

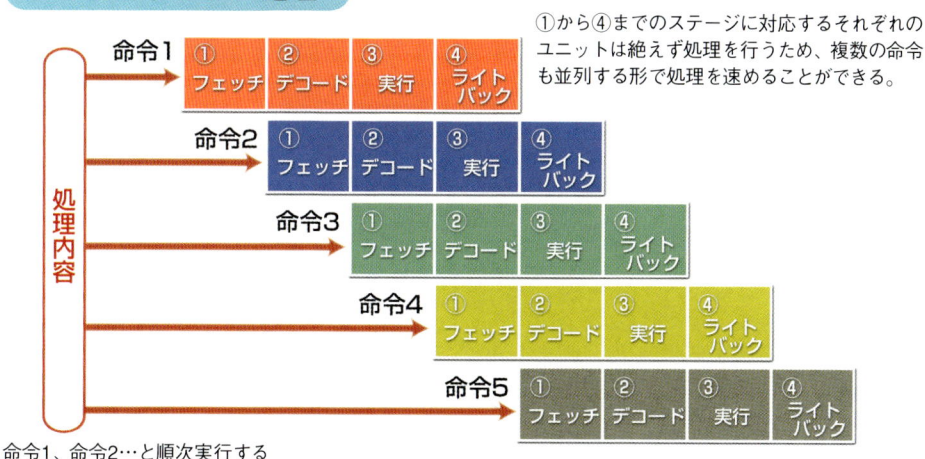

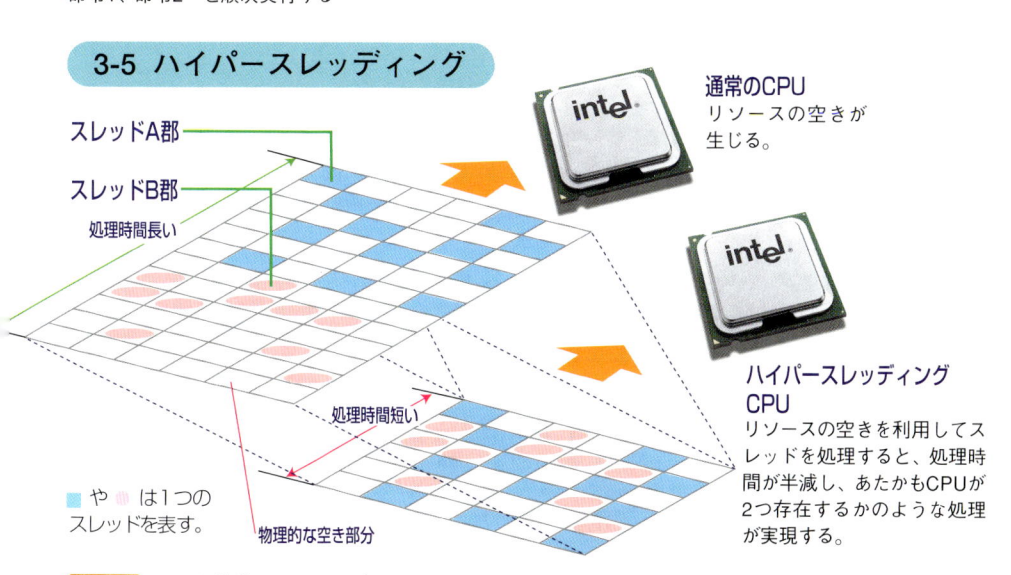

①から④までのステージに対応するそれぞれのユニットは絶えず処理を行うため、複数の命令も並列する形で処理を速めることができる。

処理内容: 命令1、命令2…と順次実行する

各命令は ①フェッチ ②デコード ③実行 ④ライトバック のステージで処理される

3-5 ハイパースレッディング

スレッドA群
スレッドB群
処理時間長い

■ や ● は1つのスレッドを表す。
処理時間短い
物理的な空き部分

通常のCPU
リソースの空きが生じる。

ハイパースレッディングCPU
リソースの空きを利用してスレッドを処理すると、処理時間が半減し、あたかもCPUが2つ存在するかのような処理が実現する。

豆知識 CPUは複数のスレッド（ひとかたまりに実行できるプログラムの部分）を順次実行していくが100％の利用率ではなく空きが生じる。

CPUとクロック

Key word　クロック　CPUやメモリなど各装置が動作する基準となる信号。電圧の山と谷が交互に規則正しく交代する信号。

▶ 規則的に動作するCPUとクロック

CPUは、① **命令の読み込み**　② **解読**　③ **実行**　④ **結果の書き出し**という4つの動作を繰り返して命令を処理している。そして、各動作は**クロック**という基本信号に合わせて進められている。ここでは、クロックについて説明しよう。

パソコンは様々な装置がデータをやり取りして動作している。けれども、装置によって取り扱う情報量が異なるため、動作速度も異なる。したがって、各装置が勝手に動作するとデータの受け渡しのタイミングが合わず、円滑に伝わらなくなってしまう。そこで、タイミングを合わせて効率よくデータを転送するためにマザーボード上には水晶発振器というテンポを刻む装置があり、一定の周期で信号を発振している。これがクロックの基準信号となる。これを基にクロックジェネレータという回路で周波数を変更し、各装置の動作に合わせたクロックを作り出している。これを**外部クロック**という。1秒間に発振するクロック回数を**クロック周波数**といい、Hz（ヘルツ）という単位で表す。1Hzなら1秒間に1回、1MHz（メガヘルツ）なら100万回、1GHz（ギガヘルツ）なら10億回の信号を発振する。現在外部クロックは100MHzまたは、133MHzが基本となっている。

▶ CPUのクロック周波数

CPUはパソコン内で最も高速な処理を必要とするため、さらに内部に倍速回路を設けている。これにより、CPU内のクロック周波数は外部クロックを**整数倍**または半整数倍（1/2の奇数倍）したものになる。これを**CPUクロック**（**内部クロック**）といい、単に動作周波数、またはクロックということもある。

3-6　外部クロックとCPUクロック

1クロック（＝1つの命令）
外部クロック
クロックジェネレータ
水晶発振器
100MHzまたは133MHz
内部クロック
倍速回路
PLL

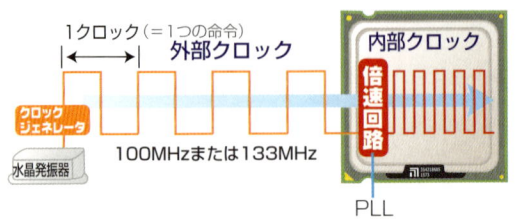

CPU内部には倍速回路（PLL）が設けられ、外部クロックが整数倍または半整数倍される。そのため、CPU内ではデータを高速に処理することができる。処理後のデータはまた、外部クロックに合わせて各装置に送られる。

知っ得　定格以上のクロック周波数でCPUなどを動作させることをオーバークロックという。第2世代Core iプロセッサーナンバーで「k」の付くものはこの動作に適するものだ。

◆ コア電圧とI/O電圧

クロックを上げると比例して消費電力も増えて高熱を発するため、電圧を下げる方法が必要となった。

Pentiumが登場した当初、CPUへの電圧は3.3Vのみだが、CPUの性能向上に伴い3.3Vの供給だと多大な熱が発生し、CPUのコア部分が熱に耐えられなくなった。そこで、CPUのコア部分に供給する電圧を下げるために、CPUに供給する電源電圧にコア内部を流れる**コア電圧**とマザーボードのチップセットとのやり取りに使われる**I/O電圧**という2系統に分け、I/O電圧は3.3Vに固定し、コア電圧を必要に応じて下げる設計にした。現在のコア電圧は、1.0〜1.5V程度まで低減することができる。

また、現在ではCPU自身の電圧制御回路によってコア電圧部を制御するため、ユーザーがマザーボード上のジャンパスイッチによってコア電圧を設定する必要がなくなった。

◆ ターボブーストテクノロジー

インテル社独自の技術として、あまり使っていないコアがある時に、その分の電力をよく使っているコアに集中させて、使っているコアの性能を高めるという方法を開発した。これが**ターボブーストテクノロジー**といわれ、これによりCPUの消費電力や発熱を小さくすることを可能にした。

第2世代のCore iシリーズではターボブーストテクノロジー2.0より進化した技術が使われている。それはCPUのクロック数をCPUの電流、電力、温度に余裕がある時にも、倍率を引き上げ、安全な範囲で最大値となる。なお、使っているコアがいくつの時に、最大でどれだけの各コアの性能が引き上げられるかは、CPUによって違う。

3-7 ターボブーストテクノロジー

通常
4コアが定格の動作周波数で動作している。

ターボブーストテクノロジー
使わないコアの電源をオフにしているため発熱が減り、その分、使っているコアに倍率を上げることができる。

ターボブーストテクノロジー2.0
2.0とバージョンアップしたCPUの進化はグラフィックスの統合によりクロックアップした。また、それは電流量が基準を超えてもすぐにはクロック周波数を下げずにクロック周波数を維持できることを可能にした。

コア

なるほど コア電圧はコア部分に対して供給、I/O電圧はCPU内部に保存し、マザーボードのチップセットとの情報伝送を行うために供給する。

CPUの進化

> **CPUの進化** 第2世代Core iはグラフィックス性能が向上し、パソコンは映像や音楽、テレビなどのマルチメディアを扱う機器として強化された。

進化していくCPU

　CPUはインテル社とAMD社のものに分かれ、これらは取り付け部の形状や、必要となる機能が異なるため、インテル社のCPUを使うパソコンにAMD社のCPUを取り付けることはできない。

　最初にインテル社について説明しよう。元々CPUの中心部であるコアは1つしかなかったが、Pentium4（ペンティアム4）では1つのコアを2つのスレッドが動作しているようにする技術、ハイパースレッディング機能を搭載した。

　2005年、2つのコアを持つ**デュアルコア**Pentium Dが登場し、2006年に登場したCore 2 Duoは2つのコアだけでなくPentium Dで問題となった熱問題を払拭する、消費電力や発熱も低い優れた製品となった。デュアルコアのようにコアの数が2つに増えれば、同じ時間内に処理できる計算の数が増えていき、例えば、音楽をダウンロードしながらデジカメ写真を編集するなどマルチタスクに強いメリットがある。

　2007年、4つのコアを持つ**クアッドコア**と呼ばれるCore 2 Quadが誕生し、2008年のCore i7では4つのコアにそれまでに控えていたハイパースレッディング機能が搭載され、8つのスレッドの同時実行が可能となった。

　一方、AMD社では2005年Pentium Dに対抗してデュアルコアのCPU、Athlon64 X2を登場させたが、この後インテル社より登場するCore 2 Duoに対抗しきれなかった。その後、クアッドコア、Phenomが登場したが欠陥があり、2008年に改良されてPhenom X4、2009年にPhenom Ⅱが登場した。Phenom ⅡはCore i7には劣るが価格は安く優れたCPUになっている。また、廉価型のCPUとしてAthlon Ⅱ X4などもある。

第2世代Core iシリーズの注目の技術

　大きなデータである画像や動画、音声などは多い桁数を持つ小数点で表され、微妙な色の違いや曖昧な音色・音程などを表すには、単純な整数ではとても表せない。コンピューターはこういう多い桁数を持つ小数点を「浮動小数点数」といい、整数の演算に比べ小数点の演算はとても大変な処理を行う。

　第2世代のCore iシリーズのIntel AVXは動画や音声データが持っている浮動小数点数を高速に処理する機能だ。ただし、Intel AVXに対応したソフトウェアでないとこの機能は活かせない。

> **知っ得** 現在のPCでは、複数のプログラムを同時に動作させるマルチタスクが存在するが、それは細かい時間単位でプログラムを切り替えて実行していくものだ。

3-8 近年のCPUの道のり（インテル社）

製造プロセス

CPUの内部の細かさを表す。内部が細かいほど、CPUにたくさんの回路を詰め込んだり、電気の通る距離が短くなり、消費電力の低減にもつながる。90nm（ナノメートル）というミクロの世界で、1nmは0.000001ミリ。製造プロセスは小さいほど高性能で第2世代のCore iは32nm。

下図のカラーによって ■ は90nm、■ は65nm、■ は45nm、■ は32nmの大きさのCPU。分割の個数はコア数を表す。

> 2008年以降のCore i7/i5/i3を第1世代と考え、2011年より登場したCore iシリーズを第2世代といい、区別している。

4つのコアとハイパースレッディング搭載の高性能のCPU。

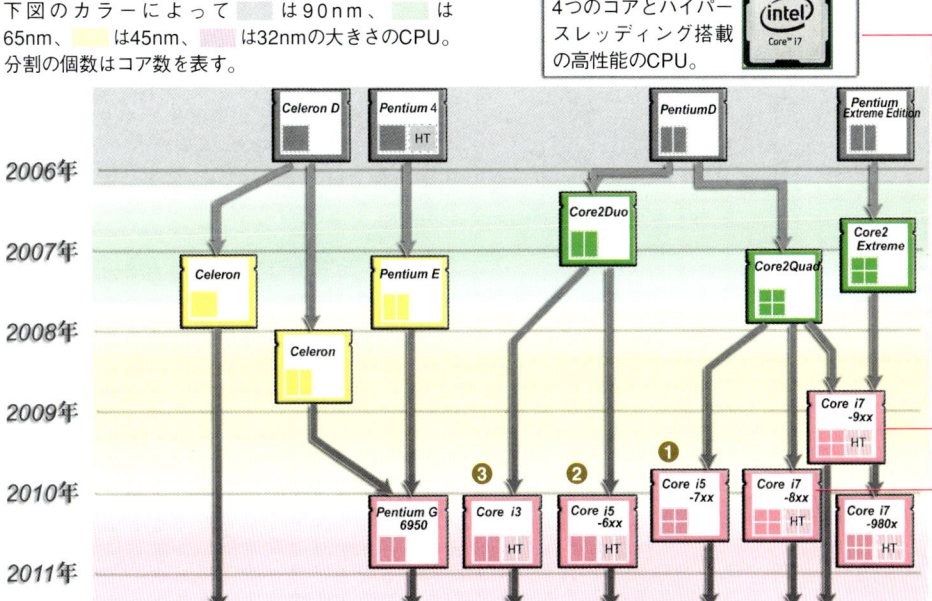

（図：2006年〜2011年のIntel CPU系譜図）
Celeron D、Pentium 4 HT、PentiumD、Pentium Extreme Edition
→ Celeron、Pentium E、Core2Duo、Core2Quad、Core2 Extreme
→ Celeron、Core i7-9xx HT
→ Pentium G 6950、Core i3 HT、Core i5-6xx HT、Core i5-7xx、Core i7-8xx HT、Core i7-980x
→ 第2世代 Core i (Sandy Bridge)

※ 図中の「HT」はハイパースレッディングの略

❸ Core i3

Core iシリーズでは低価格な設定、コアが2つでハイパースレッディングが搭載されているが、ターボブーストテクノロジーは導入されていない。

❶❷ Core i5

Core i7にあるハイパースレッディングという技術がCore i5 700シリーズは搭載されていないが、その分消費電力や発熱が抑えられている。Core i7より安く中間的なCPU。
Core i5 600シリーズはCore i5 700シリーズの新型で2つのコアにハイパースレッディングが搭載されている。

第2世代Core iシリーズ

「Sandy Bridge（サンディブリッジ）」とも呼ばれている。消費電力が軽減され、ダイにグラフィックス機能が搭載される。Core i7 800シリーズ、Core i5/i3の後継型ともいえるが、使用するマザーボードが異なるため、以前のCore iシリーズのパソコンにこのCPUを取り付けられない。

> **豆知識** 第2世代Core iで注目されているのがインテルクイック・シンク・ビデオで動画のエンコード（圧縮変換）が短時間で行える機能。これにはIntel H67のチップセットの搭載が必要。

メモリ①

> **Key word** **主記憶装置** メインメモリともいう。パソコン内で作業中のプログラムやデータを記憶する装置。電源をオフにすると情報は消えてしまう。

▶ メモリの役割

　メモリには、パソコンを起動した後で命令やデータを記憶させるRAM（ラム：Random Access Memory）と最初から命令やデータが記憶されているROM（ロム：Read Only Memory）がある。通常メモリといえば、RAMのことをいう。

　このメモリは、パソコンの起動中にプログラムやデータを一時的に記憶する装置だ。例えば、キーボードから命令を入力すると、CPUを通ってメモリに記憶される。メモリはその命令を処理するのに必要なプログラムやデータをハードディスクから読み込む。CPUはメモリから情報を取り出して命令を処理し、結果をメモリに書き込む。電源を切るとメモリの情報は消えてしまうため、この後、必要な情報はメモリからハードディスクに書き込まれる。このように、メモリはCPUと直接データをやり取りする**主記憶装置**としての役割を果たし、パソコンの作業机などと例えられる。机が広い程作業がしやすいように、メモリの容量は多い程作業がはかどる。ハードディスクは電源を切っても情報が消えず、大容量のデータを保存できるが動作速度が遅い。このため、CPUはメモリを介して作業を行う。

3-9 CPUと各記憶装置との情報の流れ

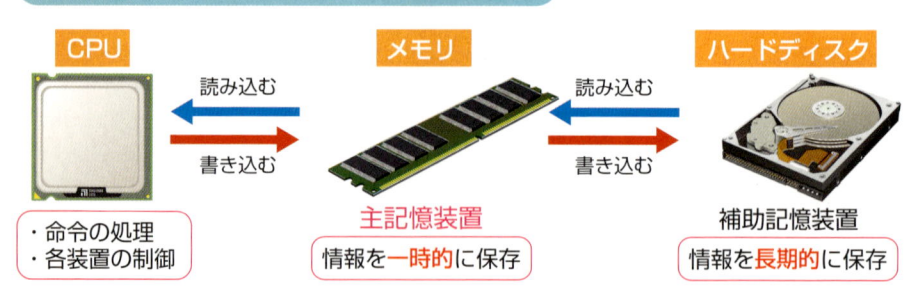

CPU	← 読み込む ／ 書き込む →	メモリ	← 読み込む ／ 書き込む →	ハードディスク
・命令の処理 ・各装置の制御		**主記憶装置** 情報を**一時的**に保存		補助記憶装置 情報を**長期的**に保存

▶ メモリの構造

　メモリは、**メモリモジュール**と呼ばれる1枚の細長い基板の上に複数のメモリICと、メモリのスペック情報（メモリの最大クロック周波数や信号タイミングなど）の書き込まれたSPDというROMチップを搭載している。下側には端子が付いていてマザーボード上のメモリスロットに簡単に差し込めるようになっている。

> **なるほど** DRAMは電力消費量が少なく、構造が単純で大容量化に向いているため、メインメモリとして使われている。

現在パソコンではSDRAM（エスディーラム）というメモリチップを改良したDDR（ディーディーアール）SDRAM、DDR2 SDRAM（DDR2）やDDR3 SDRAM（DDR3）が主流で、これらを搭載したメモリモジュールをDIMMという。また、DDR2はDDR3とは互換性がないため、誤って挿入するのを防止するようにDDR2とDDR3の双方は切り欠き位置が異なっている。

　ムカデのような形をしたメモリICの中にはDRAMというメモリチップが入っており、表面はプラスチック製のパッケージで保護されている。

　メモリチップを拡大すると、セルという記憶素子が縦横に並び、行方向にワード線、列方向にビット線が張りめぐらされている。セルは電気信号の有無で「1」または「0」を表し、1ビットの情報を記憶する。

3-10 メモリの構造

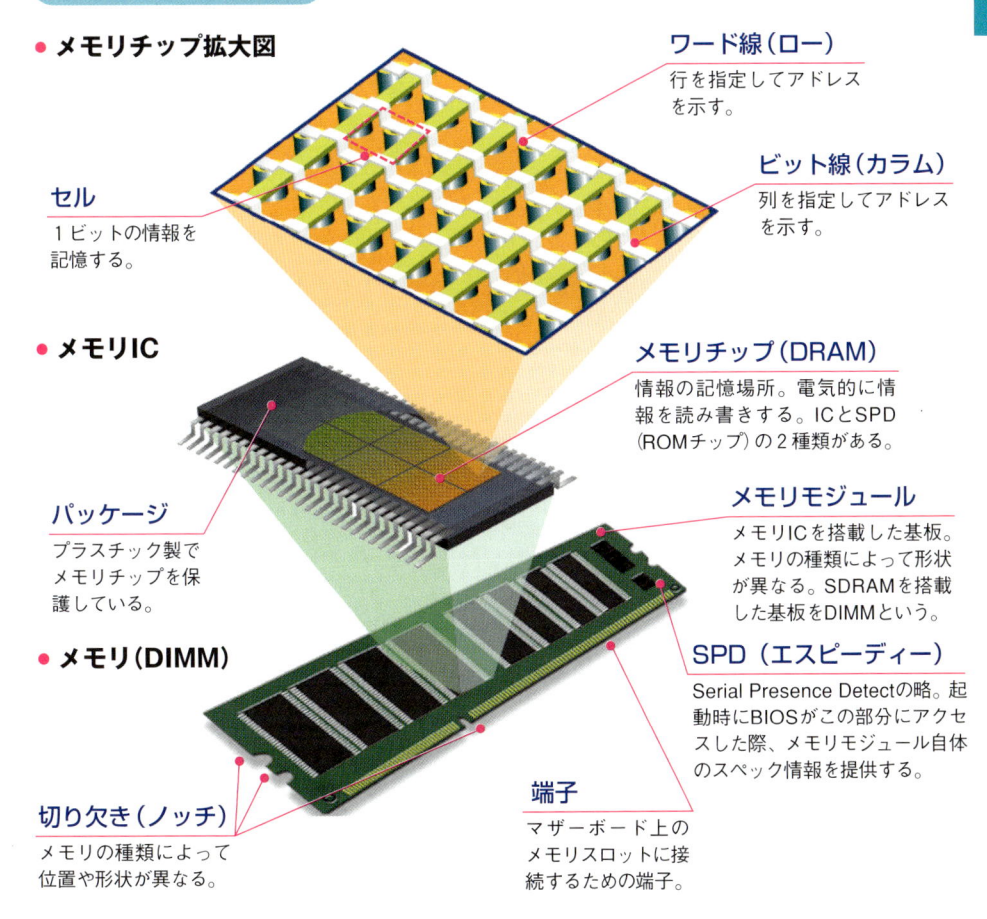

- **メモリチップ拡大図**

  セル
  1ビットの情報を記憶する。

  ワード線（ロー）
  行を指定してアドレスを示す。

  ビット線（カラム）
  列を指定してアドレスを示す。

- **メモリIC**

  パッケージ
  プラスチック製でメモリチップを保護している。

  メモリチップ（DRAM）
  情報の記憶場所。電気的に情報を読み書きする。ICとSPD（ROMチップ）の2種類がある。

- **メモリ（DIMM）**

  メモリモジュール
  メモリICを搭載した基板。メモリの種類によって形状が異なる。SDRAMを搭載した基板をDIMMという。

  SPD（エスピーディー）
  Serial Presence Detectの略。起動時にBIOSがこの部分にアクセスした際、メモリモジュール自体のスペック情報を提供する。

  切り欠き（ノッチ）
  メモリの種類によって位置や形状が異なる。

  端子
  マザーボード上のメモリスロットに接続するための端子。

> **一口メモ** メモリICは、メモリモジュールの片面のみに実装されたものと両面に実装されたものがある。1枚のメモリモジュールには8〜16個のメモリICが搭載されている。

メモリ②

> **Key word** **MB（メガバイト）** メモリの容量を表す単位の1つ。最近のハイエンドパソコン（上位機種）には512MB〜4GBが搭載されている。

▶ メモリの読み書きのしくみと特徴

メモリは何を、どこに、どうするかという3つの条件を指示するために3系統のバスが伝送媒体として接続される。3系統のバスは、コントロールバス、アドレスバス、データバス（P58参照）といい、これらはメモリ内の**制御回路、デコーダ、I/O回路**に接続されることで機能していく。

デコーダはメモリの行と列を指定して位置を割り出す働きをする。

この時、制御回路が読み込みの指示を受けていれば、その場所の情報をI/O回路によって読み出し、これをデータバスによって外部に通知する。

もし書き込みの指示を受けているのなら、データバスによって通知される情報を記憶部に書き込むことで、メモリにおける情報の読み書きが実現する。

3-11 メインメモリの構造

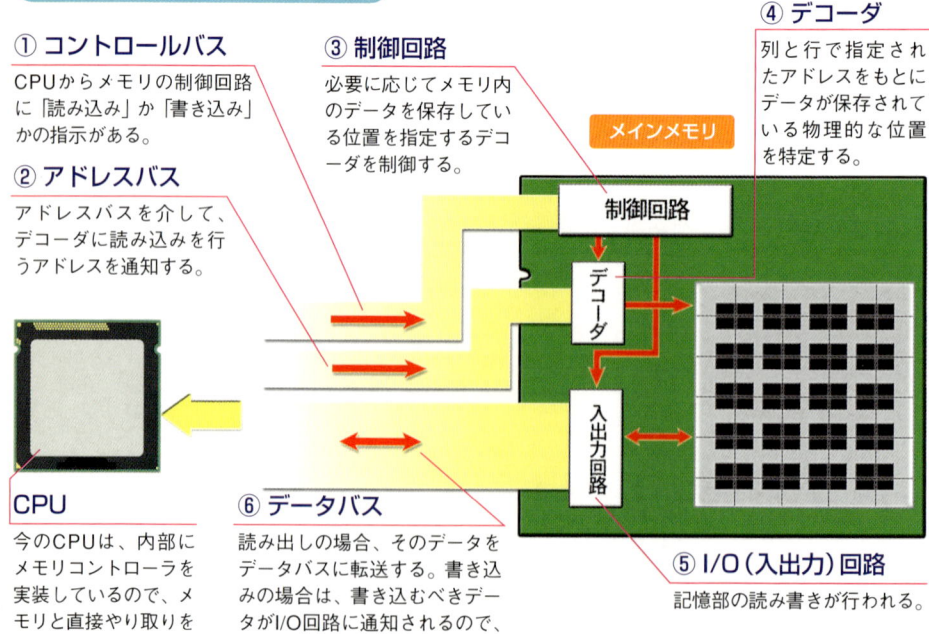

① コントロールバス
CPUからメモリの制御回路に「読み込み」か「書き込み」かの指示がある。

② アドレスバス
アドレスバスを介して、デコーダに読み込みを行うアドレスを通知する。

CPU
今のCPUは、内部にメモリコントローラを実装しているので、メモリと直接やり取りを行うことが可能だ。

③ 制御回路
必要に応じてメモリ内のデータを保存している位置を指定するデコーダを制御する。

⑥ データバス
読み出しの場合、そのデータをデータバスに転送する。書き込みの場合は、書き込むべきデータがI/O回路に通知されるので、これを記憶部に書き込む。

④ デコーダ
列と行で指定されたアドレスをもとにデータが保存されている物理的な位置を特定する。

⑤ I/O（入出力）回路
記憶部の読み書きが行われる。

一口メモ 1ビットは0と1の2つの情報を表し、8ビット（＝1バイト）では2の8乗、256通りの情報を表すことができる。ちなみに英数字は1バイトの情報で表現できる。

高速になったDDR3の構造

2007年に登場したDDR3 SDRAMはそれまで主流だったDDR2の2倍のデータ転送速度を実現した。DDR2の欠点は無駄な信号線の多い接続方式で、その改良方法としてDDR3のメモリチップの接続方法を工夫した。

DDR3の改良は、各メモリチップとデータバスがメモリコントローラと1対1で直接接続し、同時並列でデータを送ることができるという点だ。そのため、それまでのものより高速なデータ処理を行えるようになった。

次に改良された点は、命令信号とアドレスをやり取りする命令アドレスバスをすべてのメモリチップと数珠玉のように連なって接続し、無駄な信号線をなくし効率のよい接続にしたことだ。さらに、この連なっている接続を終端抵抗（数珠繋ぎに接続した時に、配線の終端に取り付ける抵抗器を指し、これで終端での反射を防ぎ、信号の乱れを防いでいる）によって終端している。これにより、信号品質を高く保てるようになった。

3-12 DDR3の内部構造

命令アドレスバス
アドレスと命令信号をやり取りする。すべてのメモリチップが数珠繋ぎで接続されている。それまでは各アドレスをトーナメント式で結んでいたため、無駄な信号線が多かった。

メモリチップ
DDR3の記憶部。

終端抵抗
電気信号は伝走路の端で跳ね返り、信号の反射という現象を引き起こす。信号反射はノイズを起こし、信号の品質を低下する。そこで終端抵抗で信号反射を低減する。DDR2にも終端抵抗は搭載されていたがDDR3ではより信号品質を高く保つものとなった。

データ伝走路
各チップとメモリコントローラが1対1で接続される。

メモリコントローラ
CPUまたはチップセットに搭載され、メモリとやり取りを行う。

デュアルチャネルとトリプルチャネル

より高速で書き込みや読み込みなどができるDDR3などのメモリが登場してきたが、マザーボード上にあるメモリとCPU内にあるメモリコントローラ間のやり取りが遅ければ、意味をなさない。そこで、2枚あるメモリを1つのメモリとして扱うことでメモリの転送速度を倍にする技術が登場した。これを**デュアルチャネル**と呼んでいる。また、3枚1組を**トリプルチャネル**という。ただし、これらはCPUやマザーボードが対応していないと使えない。

> **豆知識** チップの中にはECCチップという情報を読み込む際に誤り訂正符号方式を用いることで、その情報が正しいかどうかをチェックする働きを持っているものが搭載されている。

キャッシュメモリ

SRAM キャッシュメモリはSRAMを用いている。DRAMに比べて高速に動作するが、回路が複雑で高価なため、大容量化が難しい。

メモリの階層構造とキャッシュメモリ

CPUの処理速度の急速な進化に伴い、メモリにも高速化が求められたが、同時に頻繁にアクセスする可能性のあるメモリに関しても、大容量であることが必要となる。しかし、高速で大容量のメモリは高コストになりすぎる欠点がある。そこで、メモリに階層構造の考えを取り入れ、演算ユニットに近い部分ほど小容量だが高速なメモリを配置し、記憶容量が足りない場合には順次、低速だが容量が大きいメモリを利用するというしくみをCPU内に構築した。

このしくみを用いればCPUが使用したデータを再度使用する際、メインメモリまで再度読みにいく必要はないため、CPUの待ち時間を短縮することができる。この時メインメモリの代わりに使うメモリをCPUに近い順に1次キャッシュや2次キャッシュ、3次キャッシュといい、まとめて**キャッシュメモリ**と呼んでいる。

今のCPUは、1次キャッシュ、2次キャッシュ、3次キャッシュまでもCPU内部に組み込まれているため、キャッシュがCPUと同じクロックで動作することができる。それで、CPUの要求に対して、待ち時間を生じさせることなく応答することが可能だ。

キャッシュメモリがメインメモリに書き込む方式

キャッシュにデータを書き込むと、書き込んだアドレスは、メインメモリ上にあるデータと異なる。これではどちらのデータが正しいかわからないので、キャッシュへ書き込む場合にはメインメモリへも同時に同じデータを書き込むという方法を採れば、データはどちらも同じになる。それを**ライトスルー方式**という。この方式は、毎回メインメモリに書き込むのでデータが一致するが、メインメモリの書き込み完了も待つので効率が悪いという欠点がある。そこで、メインメモリへの書き込み頻度を減らすために、キャッシュメモリのデータを追い出す時だけメインメモリに書き出すという方法がある。これを**ライトバック方式**という。しかし、この方式も、キャッシュメモリだけに書き込むので効率がいいが、他のプログラムがメインメモリにアクセスした場合に更新前のデータを参照してしまうという欠点がある。

このような2つの書き込み方式の特徴を踏まえて1次キャッシュにライトスルーを、2次キャッシュにはライトバックを利用している場合が多い。

なるほど SRAMはStatic RAMの略。DRAMのようなリフレッシュ動作が不要で電源さえ入っていれば記憶を保持できることからStatic（静的）と呼ばれる。

3-13 メモリの階層構造

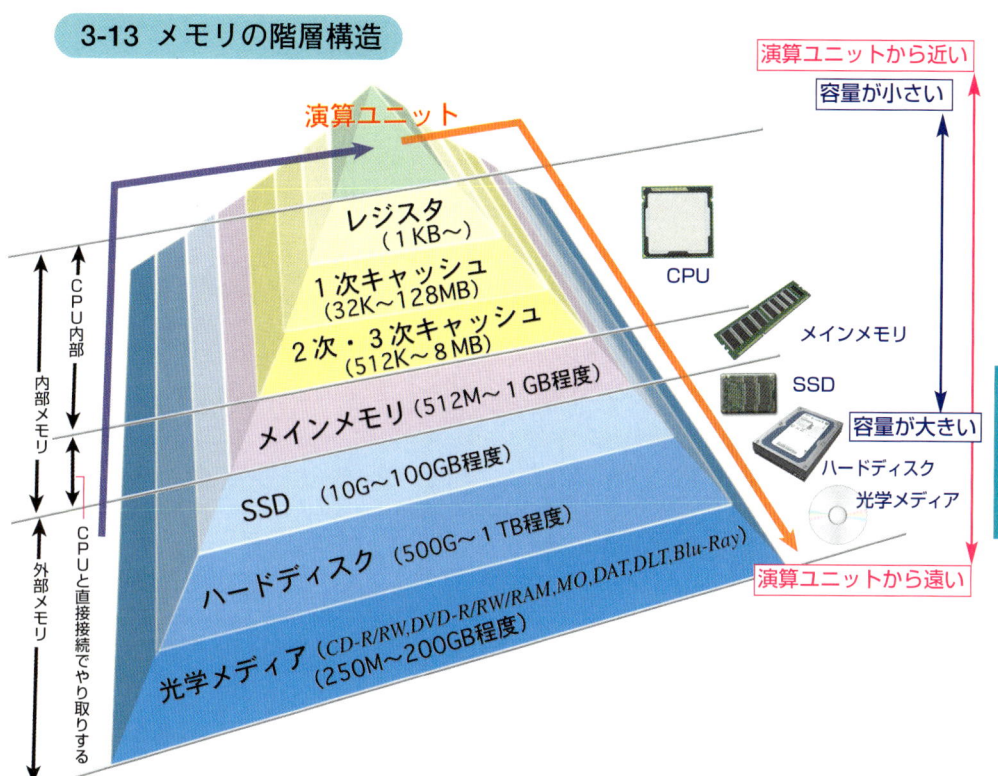

- 演算ユニット
- レジスタ（1KB〜）
- 1次キャッシュ（32K〜128MB）
- 2次・3次キャッシュ（512K〜8MB）
- メインメモリ（512M〜1GB程度）
- SSD（10G〜100GB程度）
- ハードディスク（500G〜1TB程度）
- 光学メディア (CD-R/RW, DVD-R/RW/RAM, MO, DAT, DLT, Blu-Ray)（250M〜200GB程度）

CPU内部 / 内部メモリ / 外部メモリ / CPUと直接接続でやり取りする

CPU、メインメモリ、SSD、ハードディスク、光学メディア

演算ユニットから近い / 容量が小さい / 容量が大きい / 演算ユニットから遠い

3-14 キャッシュメモリのしくみ

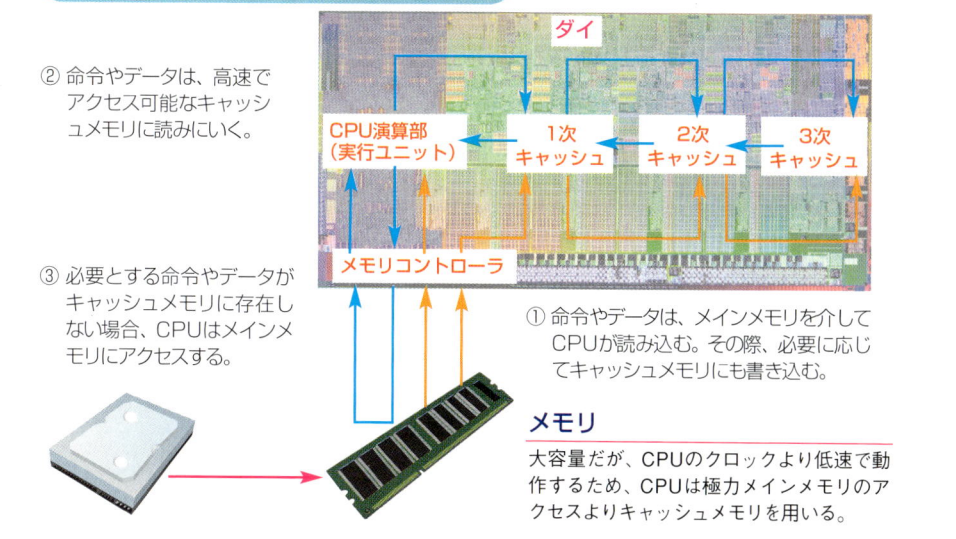

② 命令やデータは、高速でアクセス可能なキャッシュメモリに読みにいく。

③ 必要とする命令やデータがキャッシュメモリに存在しない場合、CPUはメインメモリにアクセスする。

ダイ

CPU演算部（実行ユニット） / 1次キャッシュ / 2次キャッシュ / 3次キャッシュ

メモリコントローラ

① 命令やデータは、メインメモリを介してCPUが読み込む。その際、必要に応じてキャッシュメモリにも書き込む。

メモリ
大容量だが、CPUのクロックより低速で動作するため、CPUは極力メインメモリのアクセスよりキャッシュメモリを用いる。

> 豆知識　1次キャッシュメモリ、2次キャッシュメモリ、3次キャッシュメモリは、L1（キャッシュ）、L2（キャッシュ）、L3（キャッシュ）などと表記されていることもある。

仮想メモリ

> **Keyword**
> **仮想メモリ** OSによる管理の方式の1つで、メモリ領域に物理的なアドレスとは別に仮想的なアドレスを割り当てて管理する方式。

▶ 仮想メモリ

　メモリは、あくまでも限られた領域で、テレビ録画やDVDへの書き込み、画像処理など大きなメモリ領域を必要とする処理を行うと、メモリ領域（空間）が不足する可能性がある。そこで、処理速度は遅くなってもハードディスクの一部を一時的にメモリとして使うしくみが登場した。これを**仮想メモリ**と呼んでいる。

　仮想メモリを使えば、メモリの許容量の限界を意識しないでパソコンを利用できる。それは、メモリが足りなくなるとOSがメモリの一部をハードディスクに移して、メモリ領域を空けてくれる便利なしくみとなっているからだ。とはいえ、メモリが不足した時に、メモリ上のプログラム全体が丸ごとハードディスクに移されるわけではない。メモリ上のデータは、プログラムの処理やデータに都合のよい区切りや決まったデータサイズに分割されて、その一部を移動させるのだ。

▶ 仮想メモリの動作

　CPUがデータを書き込み、または読み出す際にメモリ上の位置を知る手がかりとなるのがアドレスだ。このアドレスを**物理アドレス**（実アドレス）、物理アドレスによって構成されている領域を実メモリ空間という。これに対して仮想メモリに付けられているアドレスを**論理アドレス**（仮想アドレス）、論理アドレスによって構成されている空間を仮想メモリ空間などと呼んでいる。

　実アドレスと仮想アドレスは互いに連動したデータであるため、関連付けされている。これを**メモリマッピング**といい、データを移動する際に必要な実アドレスから仮想アドレスへの変換には対応表を用い関連付けしている。

　また、メモリとハードディスクの間でページ（情報の最小単位）を移動することを**ページスワップ**と呼び、メモリからハードディスクにページを移すことを「ページアウト」、ハードディスクからメモリにページを移すことを「ページイン」と呼ぶ。ページアウトやページインをしている間は、アプリケーションの実行がいったん中断される。また実行されようとしたページがメモリ上にないと、ページングのための割り込み処理プログラムが起動するので、アプリケーションの動作が一時停止する。ハードディスクのアクセスランプが激しく点滅し、プログラムの応答が遅くなる時にこのような動作をしていることが多くある。

> **知っ得** 複数のタスクが物理アドレスを求めて競合し、頻繁にページ置き換えが起こることをスラッシングといい、物理アドレスの容量不足などで起こる。

3-15 仮想メモリの動作

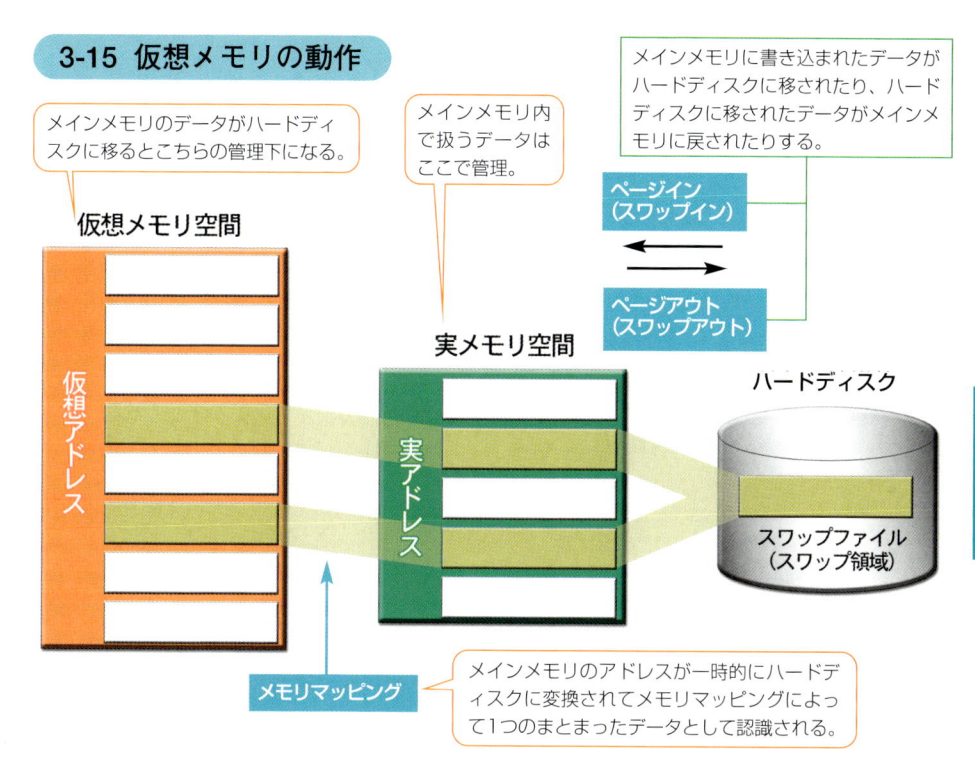

メインメモリのデータがハードディスクに移るとこちらの管理下になる。

メインメモリ内で扱うデータはここで管理。

メインメモリに書き込まれたデータがハードディスクに移されたり、ハードディスクに移されたデータがメインメモリに戻されたりする。

仮想メモリ空間 / 仮想アドレス

実メモリ空間 / 実アドレス

ハードディスク / スワップファイル（スワップ領域）

ページイン（スワップイン）
ページアウト（スワップアウト）

メモリマッピング

メインメモリのアドレスが一時的にハードディスクに変換されてメモリマッピングによって1つのまとまったデータとして認識される。

3-16 仮想メモリのファイル

パソコンのハードディスク（C:）を開くと「hiberfil.sys」と「pagefile.sys」が表示され、知らないうちに大きく容量が利用されている。

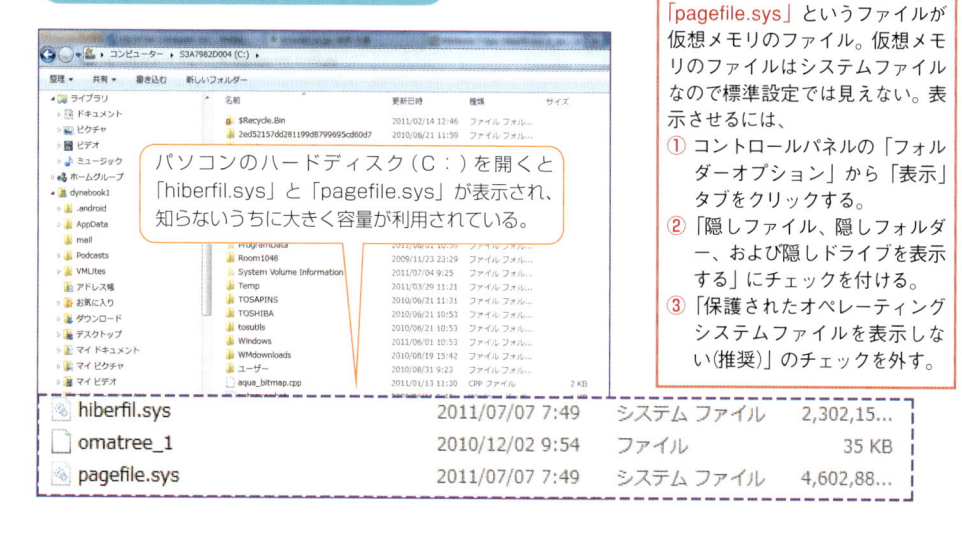

Windows7では「hiberfil.sys」「pagefile.sys」というファイルが仮想メモリのファイル。仮想メモリのファイルはシステムファイルなので標準設定では見えない。表示させるには、
① コントロールパネルの「フォルダーオプション」から「表示」タブをクリックする。
② 「隠しファイル、隠しフォルダー、および隠しドライブを表示する」にチェックを付ける。
③ 「保護されたオペレーティングシステムファイルを表示しない(推奨)」のチェックを外す。

hiberfil.sys	2011/07/07 7:49	システム ファイル	2,302,15...
omatree_1	2010/12/02 9:54	ファイル	35 KB
pagefile.sys	2011/07/07 7:49	システム ファイル	4,602,88...

豆知識 仮想メモリの設定を変更するには「コントロールパネル」→「システムの詳細」→「パフォーマンスの設定」→「詳細設定」タブ→「仮想メモリの変更」から操作を行う。

ハードディスク①

Key word **磁気ディスク** ディスクの表面に磁性体が塗布され、情報を磁気データとして保存できる。電源を切ってもデータは失われない。

◆ ハードディスクの役割と構造

ハードディスクでは、**磁気ディスク**を使用し、これを高速回転させることで、磁気ヘッドがデータの読み書きを行う。

複数のディスクは同一の軸に固定されており、この軸を毎分数千回という高速で回転させる。磁気ヘッドはこの回転によって生まれるディスク表面の空気に乗ってディスク面からごくわずか浮上し、移動することにより、データの読み書きを行う。磁気ヘッドは、ディスク表面を磁化してデータを記録したり、磁気データを電流の変化として読み取ったりするのである。その際の磁気ヘッドの移動を**シーク**、移動時間を**シークタイム**と呼ぶ。

なお、ディスクが1分間に回転する回数をrpm（アールピーエム）という単位で表現し、この値が大きいほど、高速でデータを読み書きすることが可能だ。現在のハードディスクは7000〜15000rpmのスペックを持っている。

◆ ハードディスクの容量要素

プラッタはデータを読み書きできるように工場出荷時点で記録領域が区分けされている。外側から同心円状に複数の磁気的な線が引かれ、年輪のように円周で区切られた領域を**トラック**、トラックをさらに放射状に等分した領域を**セクタ**という。複数のディスクのいずれにもトラックが存在することから、異なるディスクでも中心軸から同一の距離にあるトラックをすべてまとめて**シリンダ**という単位で呼んでいる。シリンダは、異なるディスクに存在する同じ半径を持つ同心円の集合体であるため、同心円筒のイメージで表現されるが、1台のハードディスクにおけるシリンダ数は、トラック数と等しい数だけ存在する。

3-17 シリンダ

シリンダ 各ディスクの同じ位置にあるトラック。

セクタ

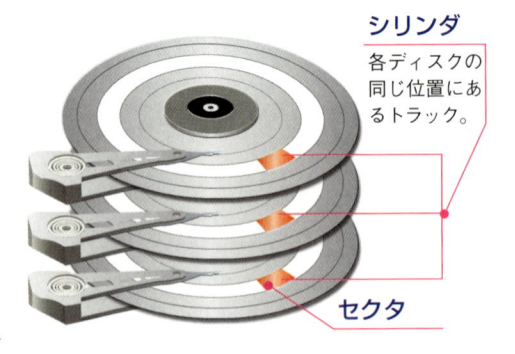

基本単位セクタへのアドレス方法

それまでのアクセス方式はシリンダ、トラック、セクタを使ったものだったが、セクタにユニークな番号を振るLBA方式を採用することで単純でわかりやすいものとなった。

知っ得 ディスクへの書き込みや削除を繰り返していると、ディスクの記憶領域が分断化され、大きなファイルを連続して記憶できなくなり、アクセス効率が悪くなる（フラグメテーション）。

■ ハードディスクの容量

容量＝ディスク表面積 × 1ディスク面上のトラック総数 × トラック当たりの × 1セクタ当たりの
　　　　（ヘッド数）　　　　（シリンダ数）　　　　　セクタ数　　　　　容量

※ハードディスクの容量は上記要素から成り立っている。

3-18 ハードディスクの構造としくみ

プラッタ
データを保存する円盤（ディスク）。ディスクの枚数は通常3～4枚で両面に磁気材料を塗布し記録できるようになっている。

スピンドルモーター
プラッタを高速で回転させる。パソコンに使われているディスクの回転数は7,000～15,000回転/分（rpm）が主流。最近ではボールの代わりにオイルを使った流体軸受を採用し、モーターの耐久性、静音化を図っている。

写真：株式会社　日立グローバルストレージテクノロジーズ　提供

ボイスコイルモーター
永久磁石の磁界中に置かれたボイスコイルが電流の変化に応じて動くしくみで、迅速、正確に磁気ヘッドの読み書き位置を決める。

SATA（シリアルATA）
従来のパラレル転送方式に変わり、高速にシリアル転送方式SATAが現在では主流。

アーム
プラッタの枚数に応じて複数のアームが取り付けられており、すべて同じ動きをする。

磁気ヘッド
データを読み書きする磁気センサー。この小さな先端の裏側に書き込み用と読み出し用の2つのヘッドが付いている。

● 流体軸受

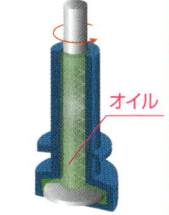

オイル

オイルを挟み込み、直接触れ合わないようにしている。

第3章

豆知識　2005年版のギネスブックにも登録されている世界最小のハードディスクは、東芝が開発した0.85インチ。100円玉ほどの大きさで重量は10g、容量は2～4GBだ。

ハードディスク②

> **Key word** **ATA** パソコンとハードディスクを接続するIDE規格をアメリカ規格協会（ANSI）が標準化したもの。

▶ 大容量化を実現する記録方式（セクター数の変更）

　セクターの数を増やすことでHDDの記録容量は増える。ディスクの外周のどのトラック上でも同一のセクター数にしていると、最内周のセクターには本来の容量密度通りにデータ記録されるが、最外周では本来の容量より低い密度でデータが記録される。これでは効率が悪いので、外周側セクター数を内周側のセクター数よりも多くすることで、できるだけ容量密度を均一化するようになっている。ディスク上のトラックを同心円状にいくつかの領域に分け、外周に近いゾーンほど1トラック当たりのセクター数を増やす方式を**定記録密度方式**と呼ぶ。

3-19 セクターの数

従来

トラック上の外も内も同じセクタ数だと外側のトラックは内側のトラックより記録密度が低いままでデータが記録される。

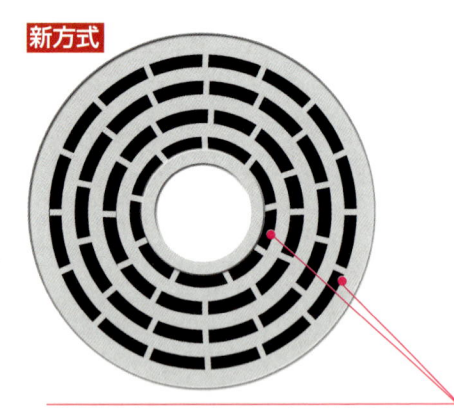

新方式

記録密度を均一化させることで外側のトラックは内側のトラックよりセクタ数が多くなる。

▶ 大容量化を実現する記録方式（垂直磁気記録方式）

　HDDの容量を増やすには、ディスクの記録密度を高める必要がある。従来、HDDはN極とS極が水平方向に並ぶ**長手記録方式**を採用していたが、この方式では記録密度を高めるにも限界がきていた。そこで、新しく登場したのがデータを記録するN極とS極を垂直配列にすることで磁力を安定させ、記録密度を高める方式だ。2004年東芝が初めて**垂直磁気記録方式**の1.8インチHDDを採用した。

> **なるほど** 磁気ディスク装置の磁気ヘッドと磁気ディスクの偶発的な接触、あるいは、その接触によって磁気ディスクに記憶されたデータが破壊されることをヘッドクラッシュという。

3-20 記録方式

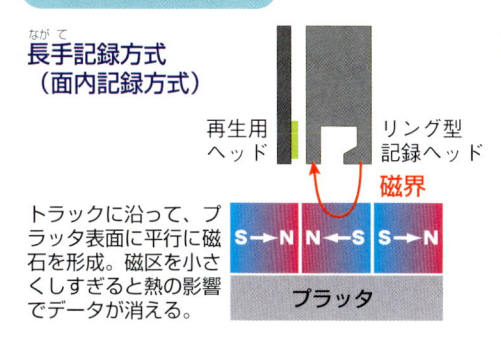

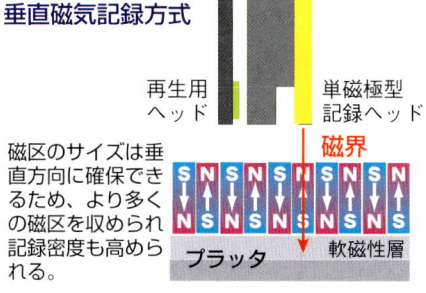

長手記録方式（面内記録方式）

再生用ヘッド　リング型記録ヘッド

磁界

トラックに沿って、プラッタ表面に平行に磁石を形成。磁区を小さくしすぎると熱の影響でデータが消える。

プラッタ

垂直磁気記録方式

再生用ヘッド　単磁極型記録ヘッド

磁界

磁区のサイズは垂直方向に確保できるため、より多くの磁区を収められ記録密度も高められる。

プラッタ　軟磁性層

❯ 高速化を実現する技術

　高速化している技術を2つ紹介しよう。1つはシリアル転送方式だ。

　それまでハードディスクの接続にはIDE（アイディーイー）インターフェースが使われ、Ultra ATA（ウルトラ）という規格が主流だった。これは、複数の信号線を使ってデータを同時に送る**パラレル転送方式**である。転送速度は最大でも133MB/秒。これに代わり最近では、Serial ATA（シリアル）が採用されるようになってきた。Serial ATAは1本の信号線を使ってデータを送る**シリアル転送方式**を採用。

　パラレル転送は、複数の伝送経路を使うので転送速度が速いという長所があるが、時間間隔を限りなく短くしていくと、情報が相手に到達するまでの間に、前後で送信した情報と入り乱れてしまい同期がとれにくくなるという短所がある。そのため、シリアル転送が主流となっている。現在転送最高速度は、上位規格のSerial ATA 3で750MB/秒と大幅にアップした。

　2つ目は、**NCQ**だ。データは必ずしも連続して書き込まれてはいないため、読み込むべき情報がディスク上に分散していることが多い。その場合には、通常ヘッド移動と回転待ち時間を繰り返すことになり、読み込みに時間がかかってしまう。そこで、ハードディスクに対する複数の命令を一時的に保管する場所を作り、その上でヘッド移動や回転待ち時間が最小限になるようなアクセス順に並び替えた上で、アクセスを行っている。

3-21 接続インターフェース

従来

複数の信号線

- パラレル転送。
- 信号線同士で干渉しあい、複数のデータを同時に受け取るタイミングが難しい。
- 転送速度は最大で133MB/秒。
- ケーブルが太く本体内の空気の流れを妨げる。

新方式

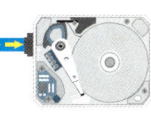

1本の信号線

- シリアル転送。
- 連続したデータを順に処理するだけなのでデータの干渉がなく、高速化できる。
- 転送速度は750MB/秒を可能とした。
- ケーブルが細く本体内の発熱対策にも有効。

📝メモ　NCQはNative Command Queuingの略で、ネイティブ コマンド キューイングとも呼ばれている。

マザーボード

> **Key word** **オンボード** 従来は拡張カードを使って付加していた機能をマザーボード上のチップセットやチップにあらかじめ搭載していること。

▶ マザーボードの役割と構造

コンピューターの脳に当たるのはCPUだが、CPUが演算を行うためには、電源の共有や情報をやり取りする経路、周辺機器を制御する部分などが必要で、それらの機能を果たしているのがマザーボードだ。実際、マザーボードによって、利用できる**CPUの種類やメモリの最大容量**などが左右され、**搭載されている拡張スロットの数によって拡張性が制限**される。

一般的に用いられているマザーボードは、製品によって多少異なるが、両面パターン（配線）を3枚重ねた4層程度の構造をしている。配線だけを片面だけに配置した基板を片面基板、両面を配置した基板を両面基板とよび、マザーボードのように回路が複雑な場合には、複数のパターン面の間に絶縁層を置いて多層化を実現している。

3-22 マザーボード

基板同士の信号をつなぐスノーホール

絶縁体に仕切られた多重構造を持つ基板は、スノーホールによって、互いに接続されている。層間の電気的なやり取りはこのスノーホールで行われる。

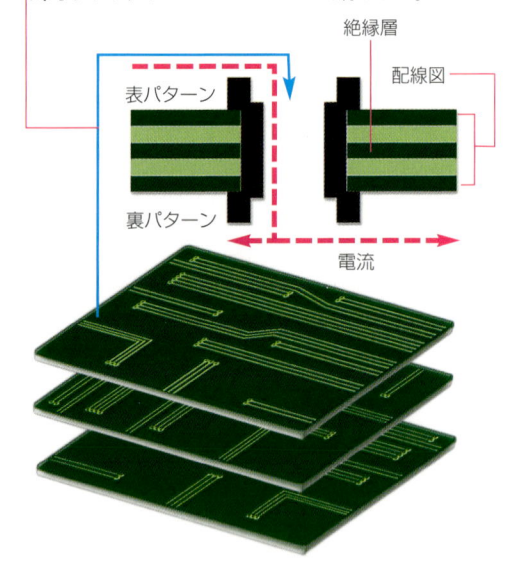

▶ チップセットの話

チップセットとは、CPUとメモリ、ハードディスク、ネットワーク、拡張スロットなどの各装置を相互に接続し、各装置の間に立ってデータのやり取りする手順や速度などを制御する重要な働きをする。それで、チップセットはマザーボードの中枢といわれている。

チップとはICの中に実装されているシリコン片のことで、この中には回路が書き込まれており、集積回路自体をチップと呼ぶこともある。マザーボード上には複数のバスを制御するためのチップが必要となるが、通常は複数の組み合わせを用いることからチップセットと呼ばれている。

一口メモ 一般的にボードというと板や掲示板をイメージするが、ハードウェアの世界ではプリント基板のことをボード（board）、あるいはカード（card）と呼ぶ。

◆ マザーボードの全体像

マザーボードは、CPUやメモリ、増設カードなどを直接接続し、これ以外の機能については、ケーブルによって外部と接続し、やり取りしている。また、マザーボードにはCPUやメモリをはじめ様々な形状のソケットやスロットが配置され、チップセットやBIOS ROMが搭載されている。

3-23 マザーボード上の主な部品

写真：ASUS提供

- PCI Express×1スロット
- PCIスロット
- PCI Express×16スロット
- USB2.0コネクタ

PCH
CPUの進化によりチップセットはPCHと呼ばれるようになった。CPUと周辺機器などあまり高速でない装置間でデータのやり取りを行う。

- SATA3.0Gb/sコネクタ
- SATA 6.0Gb/sコネクタ
- DDR3メモリスロット

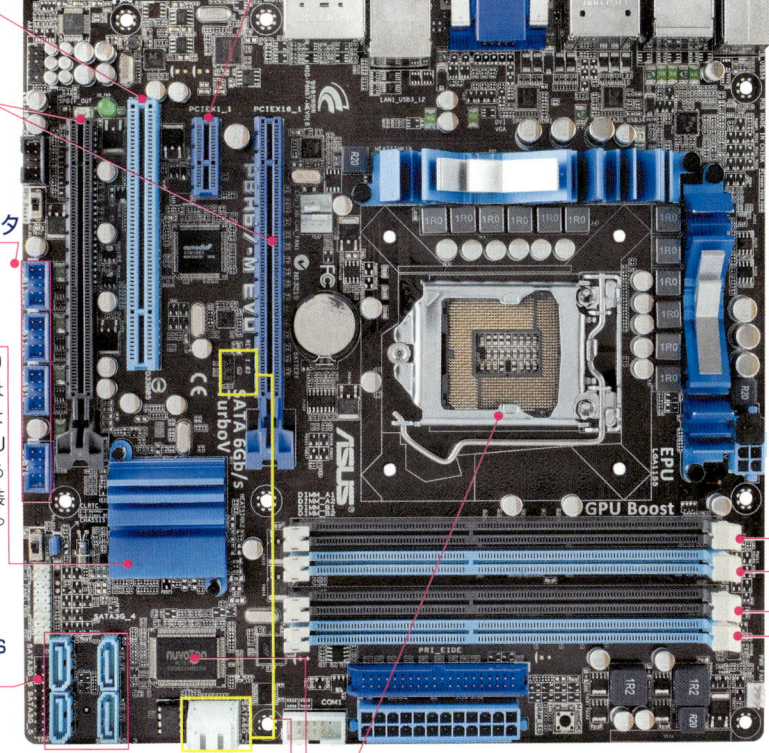

BIOS ROM（バイオス ロム）
OSを起動するまでのプログラムが入っている。電源入力時にBIOS ROMから読み出され起動し、ハードウェアの基本的な設定などを行うとともに、OSを起動した段階で制御権をOSに引き渡す。BIOS ROMはEEPROMというフラッシュメモリを用いてBIOSを書き換えることができるのでバージョンアップを行える。

CPUソケット
CPUの受入口をCPUソケットという。第2世代Core iで採用しているソケットの名前はLGA1155、Core i7ではLGA1156といい、マザーボードによってCPUを受け入れる部分の形状が異なる。LGAとはCPUの下面にランドと呼ばれている微細な電極が格子状に並べられた形状のパッケージのことをいう。

> 豆知識　CPUにノースブリッジの機能が内蔵され、チップセットというとサウスブリッジを指すが、これをプラットフォームコントロールハブと呼び、「PCH」と略して表示される。

バス

> **Key word**
> **シリアル転送** 1本の信号線を使って1ビットずつ連続してデータを送る方式。パラレル転送と異なりデータ間の干渉がなく高速化できる。

▶ バス

　マザーボード上のCPU、チップセットやメモリをはじめとするパソコンの内部はすべて情報をやり取りする回線によってつながっている。この通り道を**バス**といい、ビット情報を伝達する信号線として機能する。複数の機器をより効率的に接続するために1本のバスを複数の機器で共有する方法を採用し、32ビットや64ビットなど一定幅のビット数（この幅をバス幅という）を持つ信号が**パラレル転送**される。パラレル転送されるデータは外部クロックに合わせたタイミングで送出されるため、バスの特性は、**バス幅**と**バスクロック**の2つの値で表示される。

▶ 3つのバス

　バスには、伝送する情報の種類によって、データバス、アドレスバス、コントロールバスという3系統のバスに分けられる。
　データバスは、互いにやり取りするデータ自体のための伝送路で64ビット幅を持つ。
　アドレスバスは、メモリのどの位置に対して読み書きを行うかという情報を伝送するためのバスで、36ビット幅だ。
　コントロールバスはメモリや入出力機器などにデータをどのように処理したいのかを通知するバスで、4ビットのバス幅だ。

▶ シリアル転送

　3系統のバスはパラレル方式を採用していたが、昨今では、3つの情報を送信用バスと受信用バスを用いてやり取りする**シリアルバス方式**へと移行してきた。
　送信用、受信用のバス幅を従来のバス幅よりも狭める一方で、高いクロックでこれを動作させることにより、高速なやり取りを実現しようとするのがシリアルバス方式だ。その際、データ、アドレス、コントロールの3つの情報は、パケット化されて送信用バスに送り出され、一方、受信用に届いたパケットからは、データ、アドレス、コントロールのそれぞれの情報へと分離し解読することになる。
　シリアル方式を採用した送受信のそれぞれのバスは、**レーン**と呼ばれている。シリアルバス方式でかつ双方向のバスを用いた場合、送受信はそれぞれ同時に行う、**全二重**でやり取りが可能だ。

なるほど パラレル転送からシリアル転送に変わったため、IDE（ATA）がシリアルATA（SATA）、PCIがPCI Express、SCSIがSASへとそれぞれシリアルインターフェース化された。

3-24 バス

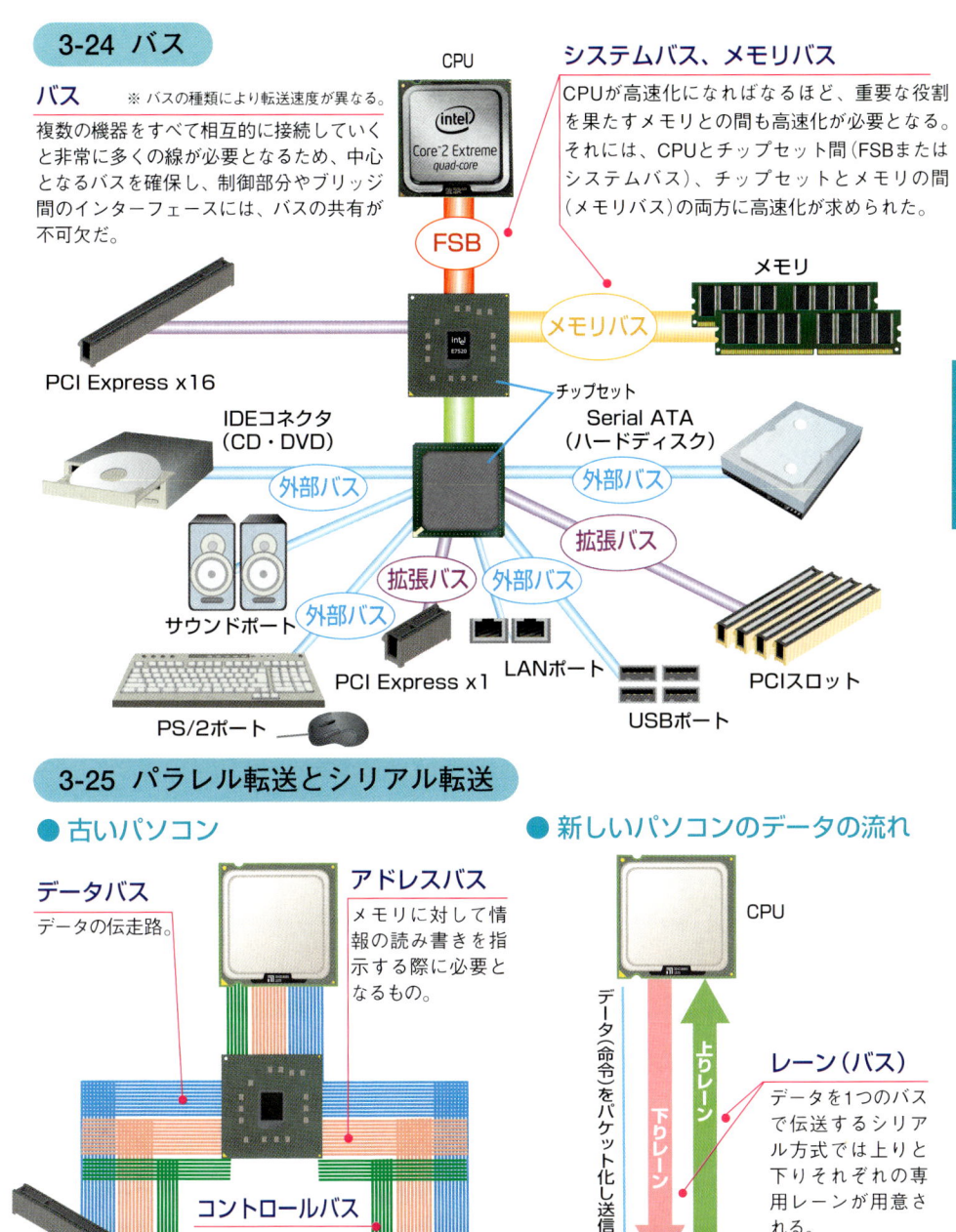

バス ※ バスの種類により転送速度が異なる。

複数の機器をすべて相互的に接続していくと非常に多くの線が必要となるため、中心となるバスを確保し、制御部分やブリッジ間のインターフェースには、バスの共有が不可欠だ。

システムバス、メモリバス

CPUが高速化になればなるほど、重要な役割を果たすメモリとの間も高速化が必要となる。それには、CPUとチップセット間（FSBまたはシステムバス）、チップセットとメモリの間（メモリバス）の両方に高速化が求められた。

- CPU
- FSB
- メモリバス
- メモリ
- PCI Express x16
- チップセット
- IDEコネクタ（CD・DVD）
- Serial ATA（ハードディスク）
- 外部バス
- サウンドポート
- 拡張バス
- 外部バス
- PCI Express x1
- LANポート
- PS/2ポート
- USBポート
- PCIスロット

3-25 パラレル転送とシリアル転送

● 古いパソコン

- **データバス** — データの伝走路。
- **アドレスバス** — メモリに対して情報の読み書きを指示する際に必要となるもの。
- **コントロールバス** — 情報を読み出すのか書き込みを行うのかを指示する。
- PCI Express x16 または、AGPスロット
- メモリ

● 新しいパソコンのデータの流れ

- CPU
- データ（命令）をパケット化し送信
- 上りレーン
- 下りレーン
- チップセット
- **レーン（バス）** — データを1つのバスで伝送するシリアル方式では上りと下りそれぞれの専用レーンが用意される。

> **豆知識** データ転送速度は1秒間にやり取りするビット数で表す。単位には、bps（Bits Per Second）を用いる。さらに高速な場合はMB/秒、GB/秒などが使われる。

チップセットとシステムバス

Key word　**チップセット**　基本的にはノースブリッジとサウスブリッジとの2つのチップに分割されるが、CPUの進化で構成は変化している。

❯ ノースブリッジとサウスブリッジ

通常チップセットは2つの部品で構成されている。CPUの近くにあるチップを**ノースブリッジ**といい、離れた位置にあるチップを**サウスブリッジ**という。

ノースブリッジは、MCH（Memory Controller Hub）とも呼ばれ、CPUやメモリ、グラフィックスカードなどパソコンの頭脳となる部分をつなぎ、データを転送するタイミングや速度などをコントロールして、主に高速に動作する装置との間でデータの橋渡し役をしている。利用できるCPUやメモリの種類や速度などの仕様、グラフィックスカードの種類や対応するスロットなどは、ノースブリッジの仕様で決まる。また、最近はグラフィックス機能をこのノースブリッジ内に搭載するものもあり、その性能もこのチップによって大きく左右される。

サウスブリッジは、ICH（I/O Controller Hub）とも呼ばれ、CPUとハードディスクやマルチドライブ、その他周辺機器を接続する各ポートなどをつなぎ、比較的低速な装置との間でデータの橋渡し役をしている。サウスブリッジには、チップによってサウンド機能やLAN機能、各インターフェースのコントローラなど、様々な機能が搭載される。

❯ 進化するシステムバス

Core i7のCPUはメモリコントローラが存在するため、ノースブリッジを介さずメモリと直接やり取りを行うことができるようになった。このため、CPUとノースブリッジ間はシリアル方式によるポイントツーポイント（2つの点を接続するため、他のデバイスの干渉を受けない）で専用接続されることが一般的となった。この技術は、インテル社では**QPI**（Quick Path Interconnect）、AMD社では**Hyper Transport**と呼ばれている。

また、CPUの進化によりCPUにグラフィックス機能を搭載することでノースブリッジがCPUに集結された。これにより、チップセットはサウスブリッジ1つだけとなり、CPUとチップセットをつなぐシステムバスは**DMI**と呼ばれるようになった。

その後登場したチップセットH67には**DMI**に**FDI**と呼ばれるバスが追加された。その理由は、CPUにグラフィックスチップが内蔵されたため、CPUからの映像出力を新たに追加する必要があったからだ。

知っ得　第2世代前のCore i7-800、i5-700シリーズでもDMIが採用されていたが、第2世代Core iではDMIが5GHzに高速化されたDMI2.0に変更された。

3-26 チップセット、システムバスの進化

● FSB方式

Core 2 Quad以前

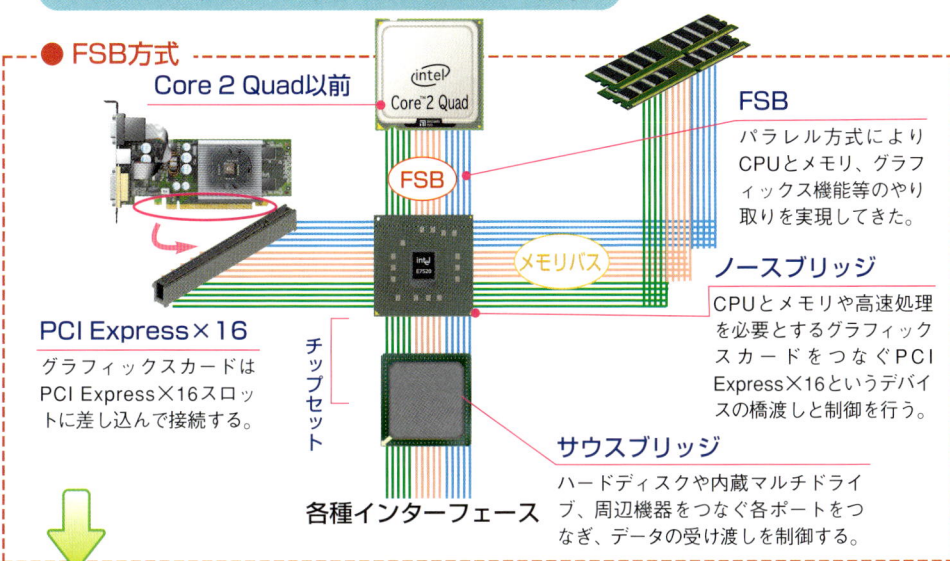

FSB
パラレル方式によりCPUとメモリ、グラフィックス機能等のやり取りを実現してきた。

ノースブリッジ
CPUとメモリや高速処理を必要とするグラフィックスカードをつなぐPCI Express×16というデバイスの橋渡しと制御を行う。

PCI Express×16
グラフィックスカードはPCI Express×16スロットに差し込んで接続する。

メモリバス

チップセット

サウスブリッジ
ハードディスクや内蔵マルチドライブ、周辺機器をつなぐ各ポートをつなぎ、データの受け渡しを制御する。

各種インターフェース

● QPI方式

Core i7
2008年に登場したCore i7ではそれまでのノースブリッジにあったメモリコントローラがCPUに搭載されたのでCPUとメモリが直接接続され、さらにDDR3専用のトリプルチャネルで接続できる。

QPI
ポイント・ツー・ポイントのシリアル転送となる。

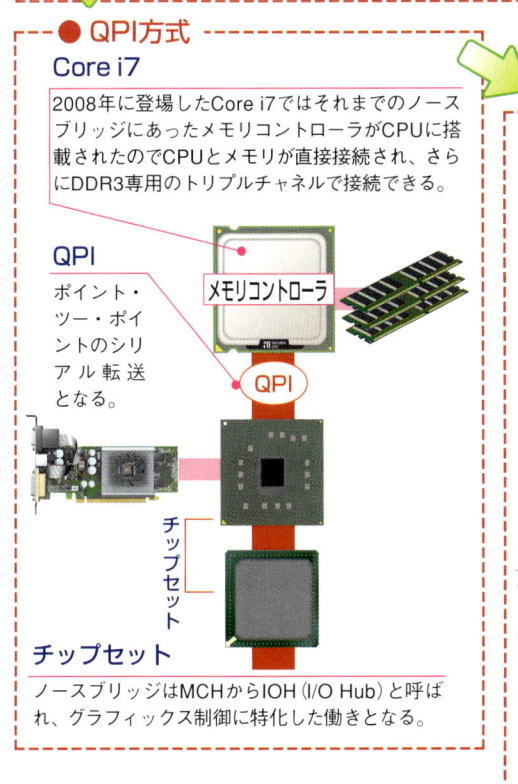

メモリコントローラ

チップセット
ノースブリッジはMCHからIOH（I/O Hub）と呼ばれ、グラフィックス制御に特化した働きとなる。

● DMI/DMI FDI方式

第2世代Core iシリーズ
このシリーズの対応チップにはIntel P67やIntel H67などがある。P67はDMIのみのインターフェースだが、H67はDMIにFDIのインターフェースがある。

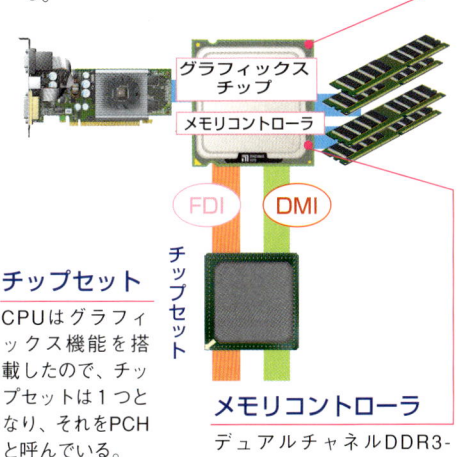

グラフィックスチップ

メモリコントローラ

FDI **DMI**

チップセット
CPUはグラフィックス機能を搭載したので、チップセットは1つとなり、それをPCHと呼んでいる。

メモリコントローラ
デュアルチャネルDDR3-1333に対応している。

一口メモ メモリコントローラを持たないノースブリッジ（MCH）をIOH（I/O Hab）と呼んでいる。2008年のCpre i7のチップセットにはX58、Core 2シリーズではX48などがある。

拡張スロットとインターフェース

Keyword 接続インターフェース　パソコンとキーボードやマウス、ディスプレイなどの周辺機器やLANケーブルなどをつなぐ接続口や接続端子のこと。

▶ 拡張スロット

　今のマザーボードは様々な機能が搭載されていることから、カードを搭載しなくてもパソコンの様々な機能を利用できるようになった。それでも本体自体に直接新たにサウンドカードやテレビキャプチャボードなどをPCI Expressなどのスロットに取り付けて内部へ組み込みを行いたい場合もある。このような時に必要となるのはそれらを装着できるスロットで、これを**拡張スロット**と呼んでいる。

3-27　拡張スロット

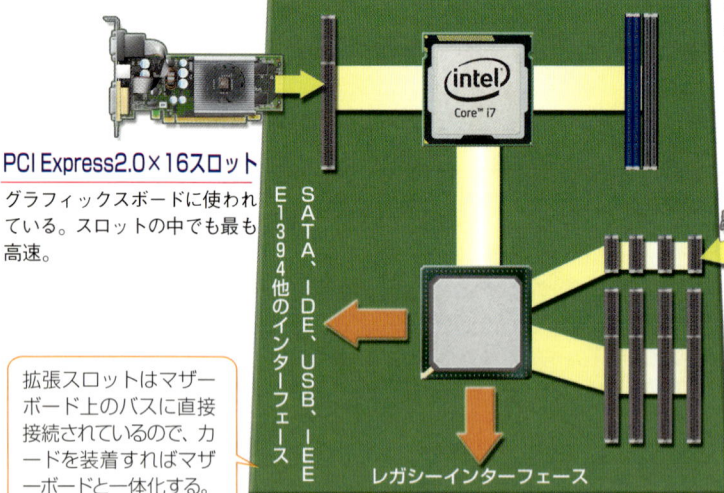

メモリスロット
メモリスロットに空きがあれば、メモリを後から増設することもできる。

PCI Express2.0×16スロット
グラフィックスボードに使われている。スロットの中でも最も高速。

SATA、IDE、USB、IEEE1394 他のインターフェース

拡張スロットはマザーボード上のバスに直接接続されているので、カードを装着すればマザーボードと一体化する。

PCI Express×1スロット
PCI Express×16よりも低速。主にサウンドカードやテレビキャプチャボードなどの増設用。

PCI スロット
旧タイプの各種増設ボードを増設できる。

レガシーインターフェース

※ レガシーとは古くから使われてきたという意味で、PS/2ポートなどを指す。

▶ PCI Express（ピーシーアイ　エクスプレス）

　マザーボード上には、グラフィックス情報を高速で処理することができるグラフィックスボードを接続するためのスロットが存在する。３D映像などのグラフィックス情報は、非常に莫大な量であるとともに、これを高速に計算し、描画し続ける必要がある。このため、データをやり取りするための接続インターフェースは、高速である必要がある。そこで、旧来のAGPというインターフェースに代

知っ得　ビデオカード専用のインターフェースとしてPCIの後、AGP（Accelerated Graphics Port）が登場した。それは1996年、インテル社より発表された。

わって採用されたのが**PCI Express**だ。

PCI Expressは2007年に登場した**シリアルインターフェース**で、これまでのパラレルによるPCIとは大きく異なる。

PCI Express2.0では、レーンと呼ばれる伝走路の単位では双方向で1GB/秒の情報のやり取りを可能とした。また、レーンを複数束ねることで、様々な速度に対応したものが用意されている。例えば、PCI Express2.0×16はAGP×8の4倍程度のパフォーマンスを実現する。

パソコンの外部インターフェース

パソコン本体の前面や背面には、周辺機器やネットワーク用のLANケーブルなどをつなぐ様々な接続口が並んでいる。これらはマザーボードや拡張ボードに搭載されたコネクタで、パソコンの外部にあるため、**外部インターフェース**とも呼ばれ、パソコンと各装置をつなぎ、データのやり取りを仲介している。

コネクタやポートには、下の図のようなものがある。

3-28 外部インターフェース

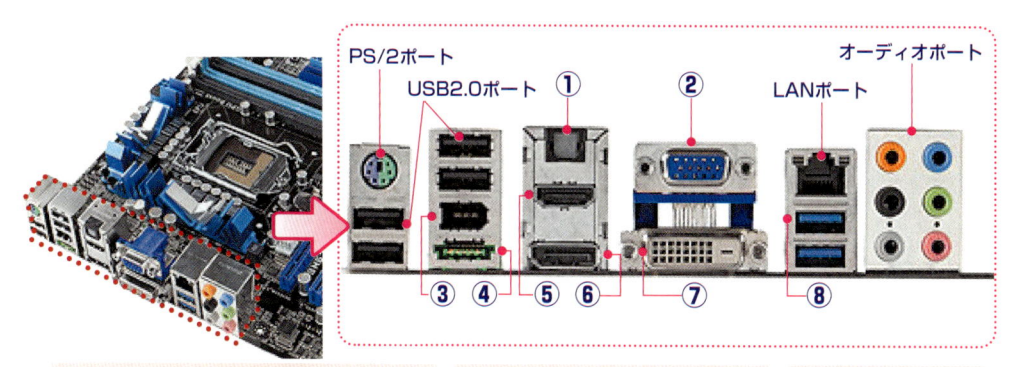

① **光デジタルS/PDF出力ポート**
デジタル信号に光信号を使った音声専用ポート。このタイプの音声入力端子を備える外部アンプや録音機器に出力が可能。特徴はケーブル1本でサラウンドの信号が送れること。ステレオ信号以外に5.1chなどのサラウンド信号を出力するときに使う。

② **VGA出力ポート**
パソコンとアナログRGBディスプレイを接続して、アナログ映像を出力する。

③ **IEEE1394ポート**
デジタルカメラやデジタルビデオカメラなどの各種AVデバイスを接続するための専用端子。

④ **eSATA(イーサタ)ポート**
外部接続用のSATA規格ハードディスクやSSDなどのデバイスを接続する。転送速度は150〜300MB/秒と速い。

⑤ **HDMI出力ポート**
ケーブル1本で音声や映像を高品位なデジタル信号でやり取りできる。映像はフルハイビジョン、音声はサラウンド信号が出力可能。

⑥ **DisplayPort出力ポート**
液晶ディスプレイなどのデジタルディスプレイ装置の為に設計された映像出力インターフェースで、DVIの後継を狙った規格。

⑦ **DVI出力ポート**
デジタル信号を使った映像専用ポート。パソコンとディスプレイを接続する。HDMIと同等の映像を伝送可能。

⑧ **USB3.0ポート**
USB3.0対応の外付けハードディスクやUSBメモリなど、最大5Gbps速度を規格。USB2.0と差別するためにポートは青くなっている。

> **豆知識** 外部インターフェースはデスクトップ型では背面に、ノートパソコンでは背面や側面に装備されていることが多い。

COLUMN

ひときわ注目!! ビットとバイト

●ビットはデータ量の最小単位

パソコンで扱うデータはすべて「1」と「0」の2進数で表され、それをオン／オフの電気信号に置き換えて情報の処理をしている。その際オン／オフの2種類のデータを表すための最小単位がbit（ビット）。

1ビットを8個集めた情報量の単位をbyte（バイト）という。1ビットで区別できるデータは「1」と「0」の2個なので、8ビットつまり1バイトだと256（2の8乗）個が区別できる。ちなみに、32ビットでは約43億通り、64ビットなら約1800京通りの表現が可能。

このように、「1」と「0」だけ表していても表現可能な数値は莫大なものとなる。後は、「1」と「0」の切り替えをいかに高速で処理するかという点を考えるだけで高速な演算が可能となる。

● **1ビット**

2通り
オン＝1
オフ＝0

● **1バイト**

8ビット＝1バイト

2×2×2×2×2×2×2×2＝256通り

●キロバイト、メガバイト

バイトは「B」と表記され、メモリ容量やディスクの記憶容量などを表す単位として使われる。そして、1Bの1024（＝2の10乗）倍を1KB（キロバイト）、1KBの1024倍を1MB（メガバイト）という。

● 記憶容量の単位

1b（ビット）　**データ量の最小単位**
1B（バイト）＝8b
1KB（キロバイト）＝1024B
1MB（メガバイト）＝1024KB
1GB（ギガバイト）＝1024MB
1TB（テラバイト）＝1024GB

第4章
入出力装置の
しくみ

The Visual Encyclopedia of Personal Computer

キーボード

> **Key word**　**キーボードマトリクス**　キーに割り当てられる信号の座標が「行」と「列」で構成される格子状の回路。

▶ キーボードの構造

　キーボードは、パソコン操作の上では文字を打ち込むなどの最も重要な役割を果たしている。マウスと並んで代表的な入力装置になるが、マウスを使用しなくても、ショートカットキーなどの複数のキーの組み合わせで操作をすることもできる。

　キーの真下の配線は途切れた状態になっていて、キーを押すことによりそのゴムカップが押しつぶされてシートに接触し回路がつながる。装着された**キーボードコントローラ**がどの回路へつながったかにより、どのキーが押されたかを判断し、キーの信号がコードを通じてパソコンのCPUに送られる。それが画面上に文字となって表示される。

4-1 キーボードの構造

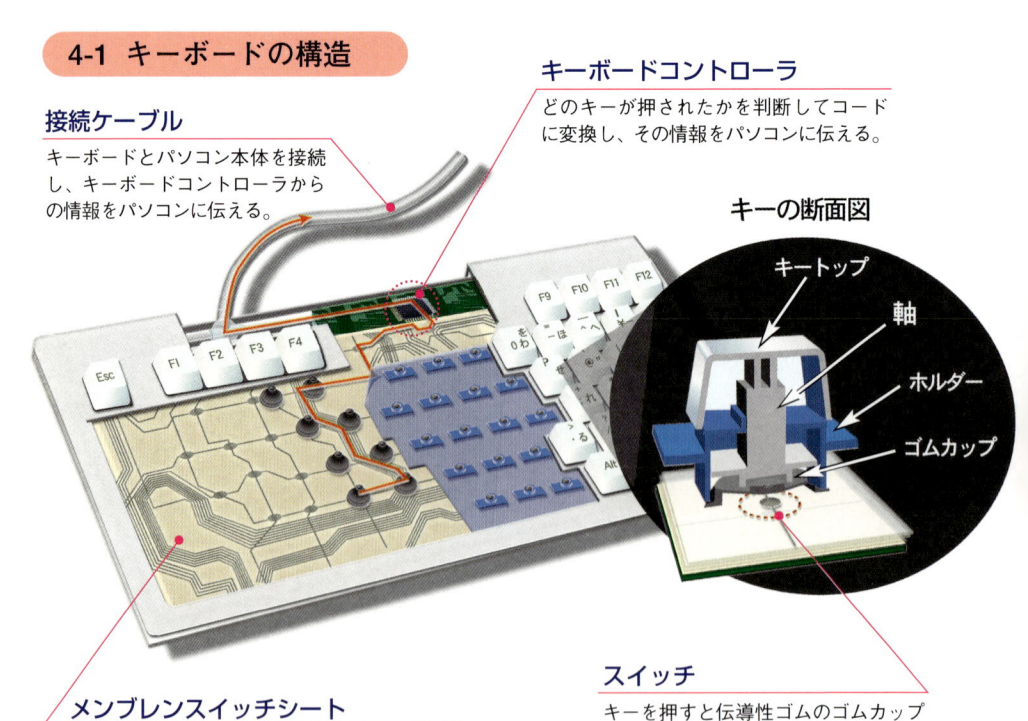

接続ケーブル
キーボードとパソコン本体を接続し、キーボードコントローラからの情報をパソコンに伝える。

キーボードコントローラ
どのキーが押されたかを判断してコードに変換し、その情報をパソコンに伝える。

キーの断面図
- キートップ
- 軸
- ホルダー
- ゴムカップ

メンブレンスイッチシート
電極が配線されたシート。重なった２枚のシート基板の接点部分をバネやゴムで押して導通する。

スイッチ
キーを押すと伝導性ゴムのゴムカップが押しつぶされて、スイッチに接触して配線シートの回路がつながる。

> **知っ得**　ワイヤレスキーボードは、キーボードの接続ケーブルなしで、USBレシーバーを用いて無線通信でパソコンに伝えている。通信方法は赤外線または、Bluetoothを用いている。

▶ キーボードの入力のしくみ

キーボードは、キーの1つひとつに対応した情報（キーコード）を、ユーザーがキーを押した順番にパソコンへ送信するデバイスで、キーの1つひとつが信号をON/OFFするスイッチの役割を果たしている（通常の状態ではOFF、押し下げられた状態でONを表す）。

どのキーが押されているのかを調べるには（図4-2参照）AからDにかけて順に横線に一定間隔の電圧をかけた状態で、何もキーが押されていなければOFFなので、縦線1から10には電流は流れない。キーが入力されると、縦線1から10のいずれかの回線がONになるので、それを検出すれば押されたキーがわかる。

このように、キーボードの各キーには縦と横に信号線がはり巡らされていて、電流は横線の部分に左から右へ、電流線の上から下へ流れる。この格子状回路を**キーボードマトリクス**という。このマトリクス（格子）から得られた電気信号をキーボードコントローラにより、キーコードとしてCPUに伝える。CPUは、受け取ったキーコードを文字コードに変換し、文字を認識している。

4-2 キーボードマトリクス

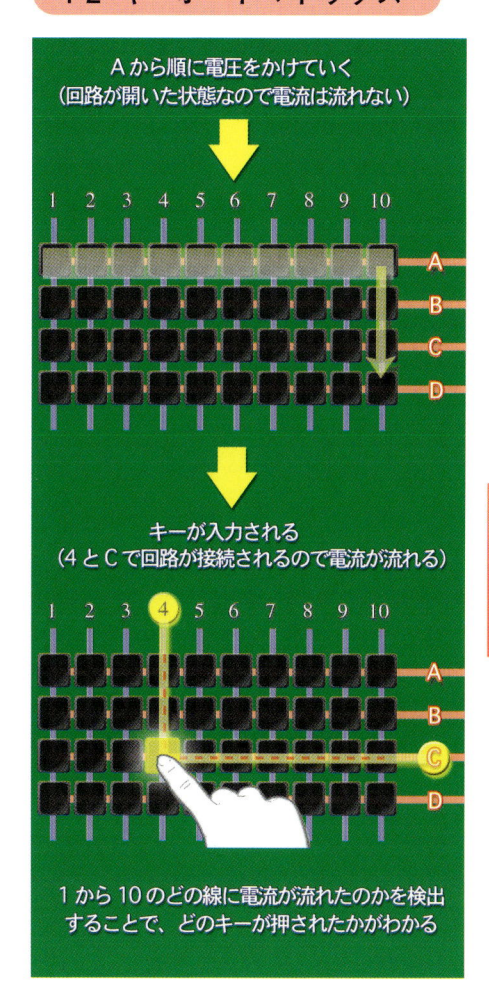

Aから順に電圧をかけていく
（回路が開いた状態なので電流は流れない）

キーが入力される
（4とCで回路が接続されるので電流が流れる）

1から10のどの線に電流が流れたのかを検出することで、どのキーが押されたかがわかる

4-3 キーコード

キーボードに押されたキーを識別するために使用するキーコード値が割り当てられている。

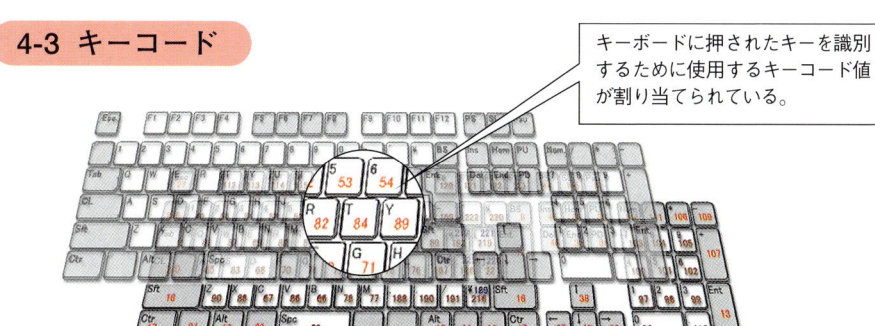

豆知識 キーボードには同じキーを押し続けた時に、対応するキーコードが、連続してCPUに伝わるようにする機能がある。これをオートリピートという。

光学式マウス

> **Keyword** マイクロスイッチ　マウスのスイッチとして、多くのメーカーから採用されている。高額とされるマウスにはこのスイッチが採用されている。

▶ 光学式マウスの特長

　マウスのX方向とY方向の移動量を、底に付いているボールを使って検出するのがボール式マウスだが、これは、水平面が読み取れない、ボールにほこりがたまりやすくメンテナンスが必要などの不都合があった。これに対して、現在主流となっている**光学式マウス**（オプティカルマウス）は、ボールを使わずにLEDと**イメージセンサー**を用いて移動量を検出するため、これまでよりもより精緻に読み取ることができるようになっている。

　マウスの内部には**マイクロスイッチ**というボタンがあり、マウスの蓋の左ボタンと右ボタンの裏に付いている突起物に対応していてマウスの左ボタンを押すと左側のスイッチが押され、右ボタンを押すと右側のスイッチが押されて**左クリック**や**右クリック**になる。

　場所によってはマウスパッドが不要で、ほこりなどが付着しにくいといったメンテナンス性に優れている。しかし、机の上の凹凸の変化を調べてマウスポインターを移動するので、何の凹凸もない磨ききったガラスやプラスチックの上では使うことができないことがある。

▶ ワイヤレスマウス

　光学式マウスの中には、パソコン本体とマウスの間をケーブルで接続する有線のマウスと、パソコン本体とマウスとを無線で通信する**ワイヤレスマウス**がある。これは、パソコン本体に**レシーバー**（受信機）を挿入し、レシーバーとマウスが電波や赤外線で通信し、マウスから送られてくる電波をレシーバーが受信して、パソコンへ送信するしくみになっている。操作の妨げになるコードがないのはメリットだが、電池寿命が比較的短いというデメリットもある。

▶ レーザー式マウス

　分類的には光学式マウスに近いレーザー式マウスは、イメージセンサーの光源に**レーザー光**が使用されている。光学式マウスに使われている、赤色LEDより波長が短いレーザー光を用いることで、光学式マウスより1秒間の読み取り回数や精度が向上し、これまでの光学式マウスでは読み取りが困難だった光沢加工された場所や白い机などでも使用できるようになり、より感度と精度が高まった。

> 知っ得　アップル純正のマウス（マイティマウス）はボディ全体がクリックボタンになっているユニークなデザインだ。

4-4 光学式マウスの構造

ホイール
スクロールボタンともいう。マウスを移動しなくても、画面をスクロールすることができる。

マイクロスイッチ
マウスの左右のボタンが押されると、それぞれ右クリックか左クリックかを判断する。

ロータリーエンコーダ
ホイールの回転数を検出する。

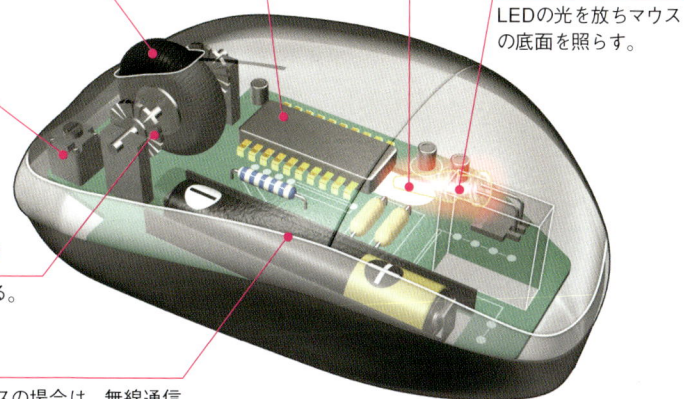

電池
ワイヤレスマウスの場合は、無線通信用のチップと電池が内蔵されている。

イメージセンサー
マウスが動いて感知した画像の位置情報を計算するためのセンサー。

レンズ

導光棒
LEDの光を放ちマウスの底面を照らす。

レシーバー
マウスから送られてくる電波を受信し、パソコンへマウスの動きを伝える役割を持っている。パソコンのUSBポートに接続して利用する。

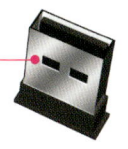

4-5 光学式マウスの作動原理

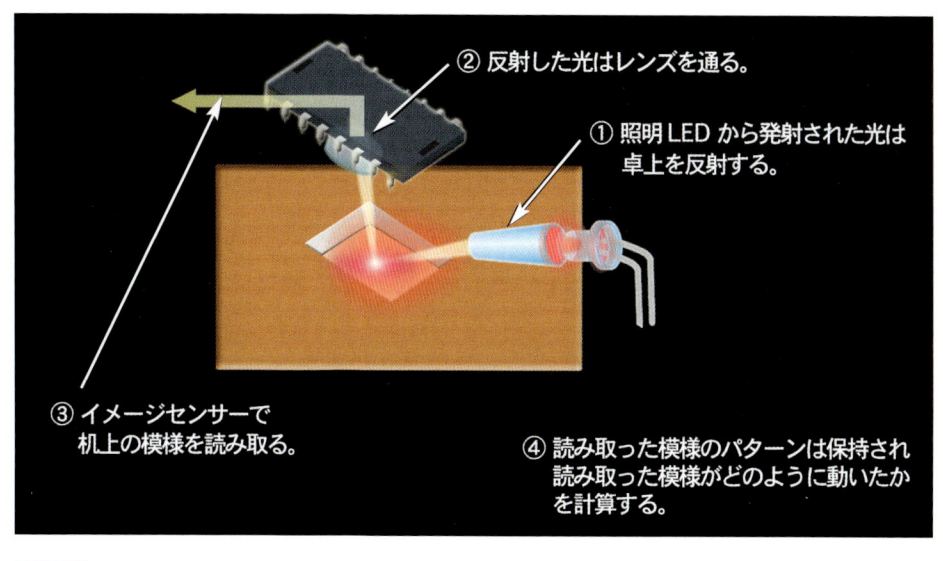

① 照明LEDから発射された光は卓上を反射する。
② 反射した光はレンズを通る。
③ イメージセンサーで机上の模様を読み取る。
④ 読み取った模様のパターンは保持され読み取った模様がどのように動いたかを計算する。

豆知識 ダグラス・エンゲルバートが1961年に世界で最初のマウスを発表してから、マウスの作動原理と基本構造は現在に至るまで変わっていない。

タッチパッド・タッチパネル

> **Key word** **静電容量方式** 指先と伝導膜間の静電容量の変化を捉えて位置を検出する。

▶ タッチパッドとは

タッチパッドは、マウスとともに画面上の位置や座標を指定する入力装置（ポインティングデバイス）で、平面のシートの上を指でなぞって、マウスと同じように画面上のカーソルを移動させることができる。左クリック・右クリック用のボタンと共に、キーボードの前面に装備されていることが多い（図4-6）。ボタンを使わなくても、このパッドをポンと軽く指でたたくとクリックになり、2回トントンとたたくとダブルクリックとなる。タッチパッドはPC本体に埋め込むタイプの装置で、操作用のスペースが不要であることや、機構的な部品がなくメンテナンスが不必要であること、また、比較的低コストで製造できることから多くのノートパソコンに採用されている。

4-6 ノートパソコンのタッチパッド

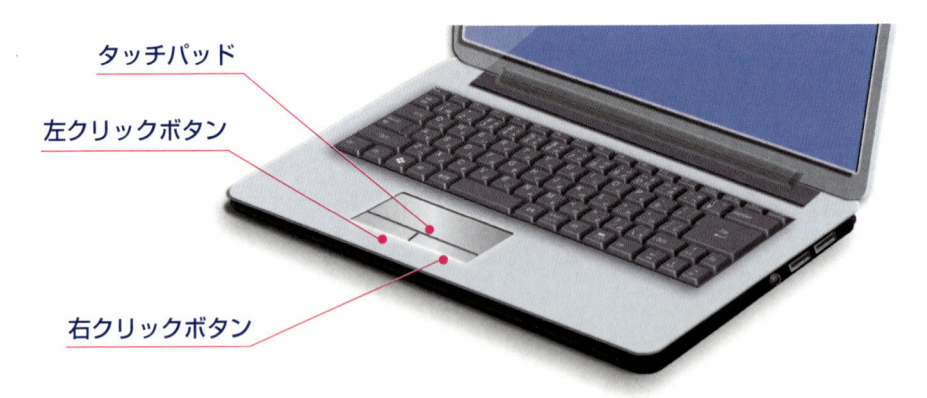

- タッチパッド
- 左クリックボタン
- 右クリックボタン

▶ タッチパネルとは

タッチパネル（図4-7）は、表示装置である液晶などのディスプレイと、マウスやタッチパッドなどの入力装置を組み合わせたもので、物理的なボタンなどはなく、直接画面に触れて操作するのが特徴である。

また、タッチパネルは、ディスプレイ上のどの位置に触れた（タッチした）のかをセンサーによって検出するので、画面上に直接触れるだけで様々な機能が動くようにプログラムされている。

> **知っ得** 現在、ノートブックパソコンが採用しているタッチパッドの入力位置を感知する方式のほとんどは、静電容量方式。

4-7 タッチパネル

タッチパネルに触れると指で触った箇所の電界が変化する。

タッチパネル

電極から微弱の電気を流すことでタッチパネルの表面に「電界」を作る。

🔵 位置を検出するしくみ

　タッチパネルの位置を検出するしくみには、**抵抗膜方式**と**静電容量方式**と呼ばれる認識方式電極が主流になっている。抵抗膜方式は、ガラス面とフィルム面に電圧を加え、指やペンなどで押された場所の位置座標を、電圧で読み取るしくみ（図4-8）。シンプルな構造で比較的低コストで生産できるのが特長。

　これに対して静電容量方式は、多数の電極パターンが並べられており、静電気の発生を検知して指で押された（タッチした）位置を特定する（図4-9）。

　この方式は、多数の独立したセンサー電極パターンを用いるため、抵抗膜方式よりも微細な動きを感知できるメリットがある。このためiPhoneなどのマルチタッチ操作に適している。

4-8 抵抗膜方式

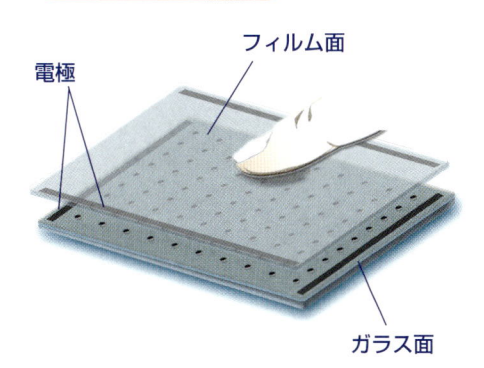

電極
フィルム面
ガラス面

4-9 静電容量方式（投影型）

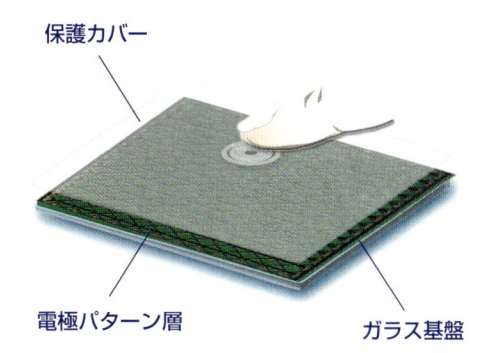

保護カバー
電極パターン層
ガラス基盤

> 一口メモ　iPhoneの登場で、タッチパネルの操作はこれまでの1ケ所だけを指示する「タッチ」から、2点同時に押すことのできる「マルチタッチ」を取り入れた製品が増えてきた。

ペンタブレット

> **Key word** コンデンサ　電荷を蓄えたり、放出したりすることができる電子部品。

● ペンタブレットとは

　ペンタブレットはポインティングデバイスの一種で、電子ペン（スタイラスペン）とタブレットから構成されている。文字通りペン型の装置で板上の装置をなぞって、画面上の位置を指定することからペンタブレット略して**ペンタブ**とも呼ばれている。タブレットは、手書き感覚で利用できるため、イラスト制作やデジカメ写真の加工、また、メモ書きや文章校正にも適している。

　タブレットの操作面の下にある基板の表と裏には、ループコイルを形成する配線パターンがあり、このタブレット側のループコイルとペン先に内蔵されたコイル（図4-11）との間で、**電磁誘導方式**により位置を検出している（図4-12）。

4-10　タブレットの構造

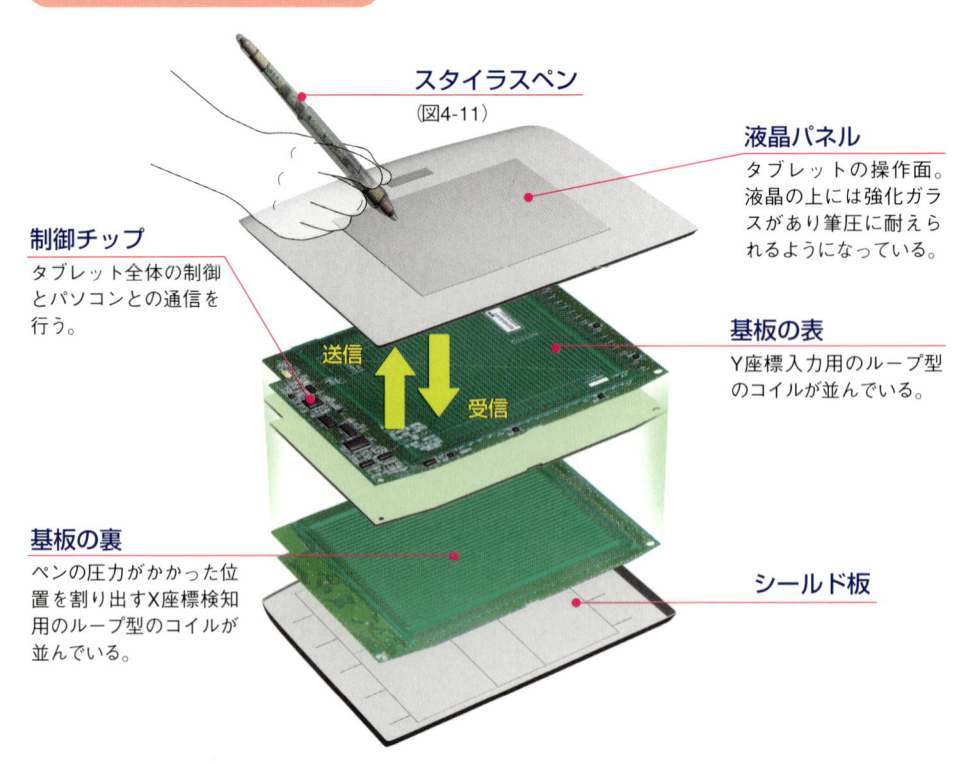

スタイラスペン
（図4-11）

液晶パネル
タブレットの操作面。液晶の上には強化ガラスがあり筆圧に耐えられるようになっている。

制御チップ
タブレット全体の制御とパソコンとの通信を行う。

送信　受信

基板の表
Y座標入力用のループ型のコイルが並んでいる。

基板の裏
ペンの圧力がかかった位置を割り出すX座標検知用のループ型のコイルが並んでいる。

シールド板

> **知っ得**　ペンタブレットには、より多くのボタンやホイールが搭載された製品もあり、用途に応じてさまざまな大きさや形の製品が販売されている。

▶ スタイラスペン

タブレットの座標を指示するために用いるペン型の入力装置で、ペン先や、ペンの上部にあるテールスイッチの近くに、位置を検知するセンサーが内蔵されている。位置座標を検知するタブレットの入力エリア内で、ペンの先端を突くのはマウスの「クリック」、先端を接触したまま画面上を移動する動作をマウスの「ドラッグ」にそれぞれ対応している。

また、筆圧感知機能により鉛筆や筆、マーカーのようにマウスではできない線の太さや色の違いなどの表現も可能だ。

▶ 位置を検出するしくみ

タブレット上のペンの位置を検知するしくみは次のようになっている。

タブレット側のループコイルに電流を流し磁界を生じさせ、磁界が生じると、近づけたペンのコイルに誘導電流が流れ、ペンに内蔵されているコンデンサに電気が溜まる。ペン側のコイルに電流が流れることによって、ペンからも磁界が生じ、これがタブレット側のループコイルに電流を発生させる。各ループコイルの電圧を比較することで、ペンの位置がわかる。

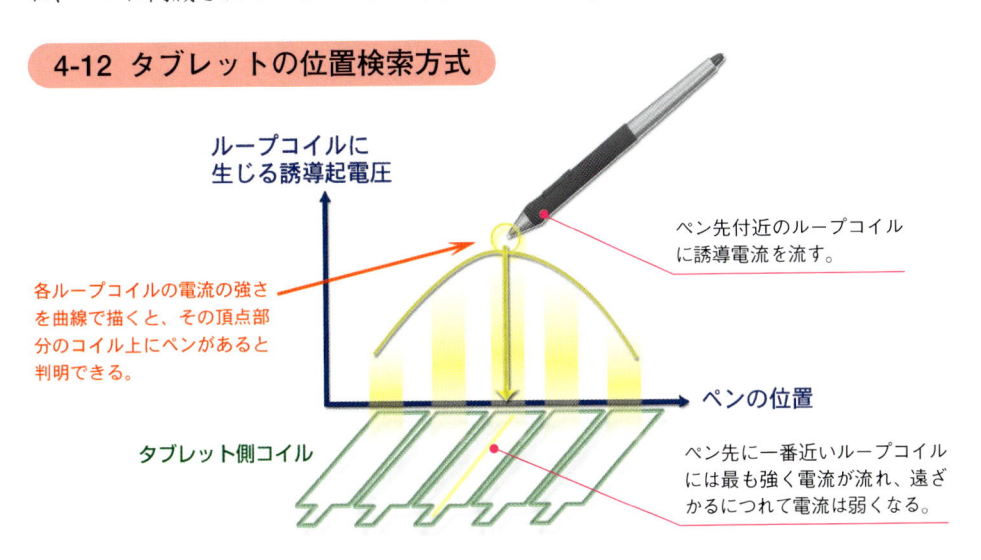

4-11 ペンの内部構造

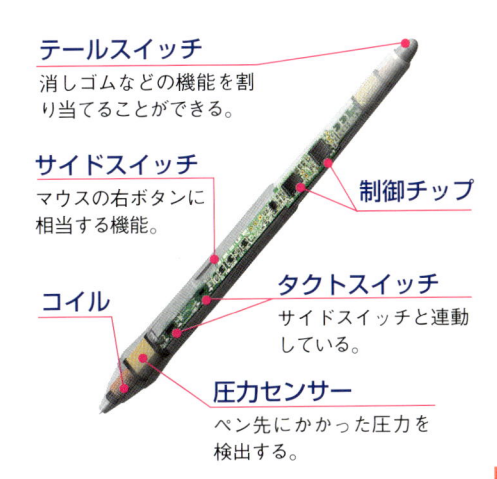

テールスイッチ
消しゴムなどの機能を割り当てることができる。

サイドスイッチ
マウスの右ボタンに相当する機能。

制御チップ

コイル

タクトスイッチ
サイドスイッチと連動している。

圧力センサー
ペン先にかかった圧力を検出する。

4-12 タブレットの位置検索方式

ループコイルに生じる誘導起電圧

各ループコイルの電流の強さを曲線で描くと、その頂点部分のコイル上にペンがあると判明できる。

ペン先付近のループコイルに誘導電流を流す。

ペンの位置

タブレット側コイル

ペン先に一番近いループコイルには最も強く電流が流れ、遠ざかるにつれて電流は弱くなる。

一口メモ ペンの代わりにボタンカーソルという装置を使い、より大型で精度の高いものはデジタイザといい、CADなどで図面を入力する時に使用する。

液晶ディスプレイ

> **Keyword** 　**液晶ディスプレイ**　結晶構造を持ち、液晶と呼ばれる特殊な物質をたくみに利用した平面型画像表示装置。

液晶ディスプレイのしくみ

　液晶ディスプレイ(LCD)といえば、薄くて軽いこと、消費電力が少ないこと、ちらつきがなく目が疲れやすい人にとっては良いディスプレイといえることから今やパソコン用ディスプレイの主流になっている。他にもテレビ、携帯電話、スマートフォン、PDA、電卓など広い範囲で使用されている。

　液晶ディスプレイの液晶物質は2枚の薄いガラス基版に挟まれ、ガラス基版と液晶物質の間には配向膜がある。ガラス基板の外側は偏光板が配置されている。

　液晶ディスプレイは、画面背後にあるバックライト(蛍光灯)から光が放出されて、それが液晶を通り光の三原色である赤(R)、緑(G)、青(B)のそれぞれのフィルターを通して、前面に画像や文字が表示されるようになっている(図4-14)。

　液晶ディスプレイに使用される液晶は液体と結晶からなり、電圧を加えると液晶分子の配列が変わり光学的性質が変化を起こす。その性質を利用して光を通すか遮断するかで画像や文字を表示している(図4-15)。

4-13 液晶ディスプレイの構造

蛍光管
小型蛍光灯。液晶画面全体の光源となる。

制御回路

導光パネル
光をディスプレイ全体にまんべんなく行き渡らせる。

カラーフィルター
ガラス基板の裏側に、赤、緑、青の3色のカラーフィルターパターンが印刷されている。

液晶パネル

> **知っ得**　液晶とは、液体と結晶の両方の性質を兼ね揃え、自然状態では分子がゆるやかな規則性を持って並んでいる物質のことをいう。

4-14 液晶ディスプレイの断面イメージ

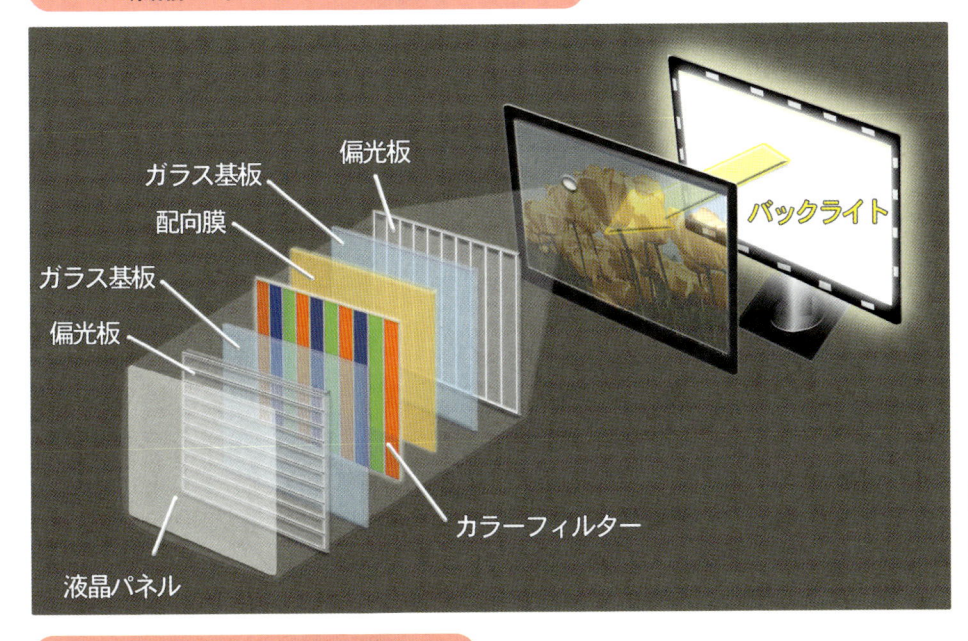

偏光板
ガラス基板
配向膜
ガラス基板
偏光板
カラーフィルター
液晶パネル
バックライト

4-15 基本となる液晶の動作

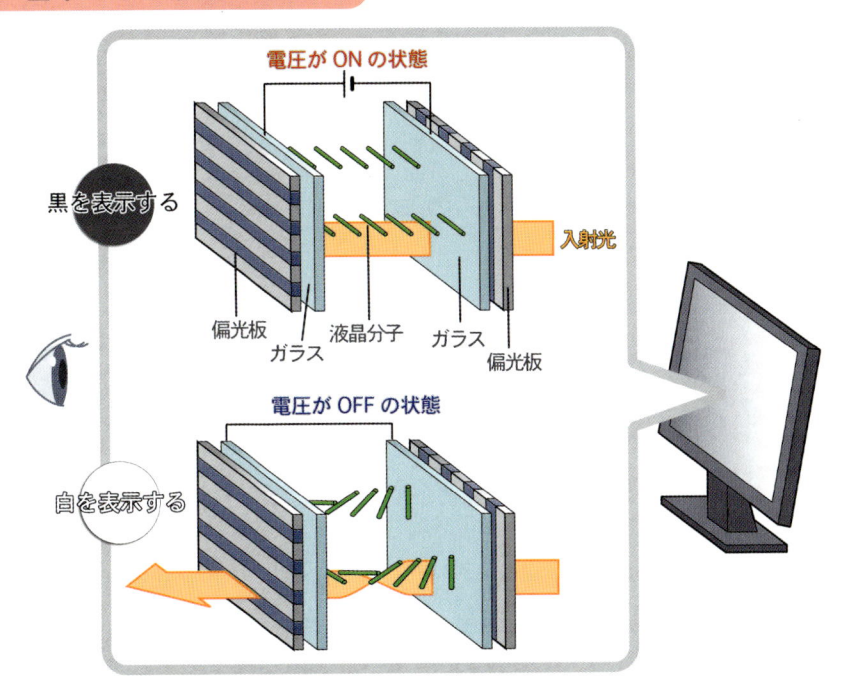

電圧が ON の状態
黒を表示する
偏光板　ガラス　液晶分子　ガラス　偏光板
入射光

電圧が OFF の状態
白を表示する

第4章

豆知識　液晶ディスプレイは画面が残像となりやすいなど問題点もあったが、シャープ株式会社の倍速フルHD液晶技術によって、動きを滑らかに見せる技術が開発された。

有機ELとプラズマディスプレイ

> **Key word** **有機EL** 有機エレクトロ・ルミネッセンス（Organic Electro Luminescence）の略で、電気を流すことで有機化合物が光る現象のことを指す。

▶ 有機ELディスプレイのしくみ

　有機ELというのは、光を発光する有機層に、光の三原色である赤（R）、緑（G）、青（B）のそれぞれの色ごとに発光する有機分子を用いて電圧を変化させることによって、発光をコントロールするしくみになっている。

　現在広く使われている液晶ディスプレイは、バックライトの光をカラーフィルターに通すことで、映像を表示するが、有機ELは、発光材料に自ら発光する有機化合物を使用しているため、バックライトの光を必要としない。したがって、従来の液晶ディスプレイと比べてディスプレイが薄く、応答速度も早くなり（映像の残像が見えず動画に向いている）視野角も広いというメリットを持つ。また、有機ELそのものが発光し、発光するための電圧も低いため、消費電力が小さいのが特徴になっている。しかし、その反面ディスプレイの大型化が難しく、寿命が短いという問題点もあり、現在は、携帯電話のディスプレイやカーナビ、カメラ、スマートフォンなど、小型化のディスプレイに採用されている。

▶ プラズマディスプレイのしくみ

　プラズマは、液晶や有機ELと比べて構造が比較的シンプルで、薄型で大画面化が容易なことが最大の特徴。

　発光のしくみは、蛍光灯と原理は同じだ。蛍光灯は管内に封入されたガスが放電された時に蛍光体を発光させるが、プラズマディスプレイの場合は、2枚のガラスの間に封入されたネオン、ヘリウム、キセノンガスに電圧をかけると放電し、紫外線を出す。この紫外線がガラス表面に塗られた蛍光体を発光させることで、画面に映像を表示している。このプラズマディスプレイを構成する素子は、プラズマを閉じ込めた小さな「プラズマセル」の内部に紫外線をあてると発光する「蛍光体」を塗ったもので出来ている。光の三原色である赤（R）、緑（G）、青（B）のそれぞれ違う光を出す蛍光体を3つ並べることで、カラー液晶と同様に、あらゆる色を表現できる。

　また、プラズマは蛍光体そのものが発光しているため、立体感のある鮮明な映像が表示でき、画面を斜めから見ても表示にムラなどがなく見やすい。しかし、画面焼けが起き易く、長時間の静止画面が苦手なことや、小型化が難しいなど、パソコンのディスプレイには向かないとされている。

> **知っ得** 有機ELに対してもう1つのELである無機ELがある。こちらは炭素を含まない無機化合物に高電圧をかけて発光させる。カラー化に難点があり液晶との競争に破れている。

4-16 有機ELのディスプレイの構造

透明の電極層（陽極）
TFT回路と呼ばれる電極部分。発光層から発光させた光を画面に表示させるには、透明な素材である必要がある。

ガラス基板
有機層と電極を挟むようにする板状の材料。通常は薄いガラス板を使用するがプラスチックの場合もある。

有機層（発光層）
赤(R)緑(G)青(B) それぞれの色ごとに発光する有機分子を発光層に用いている。

電極層（陰極）
銀やアルミなどのミラー電極を配置している。

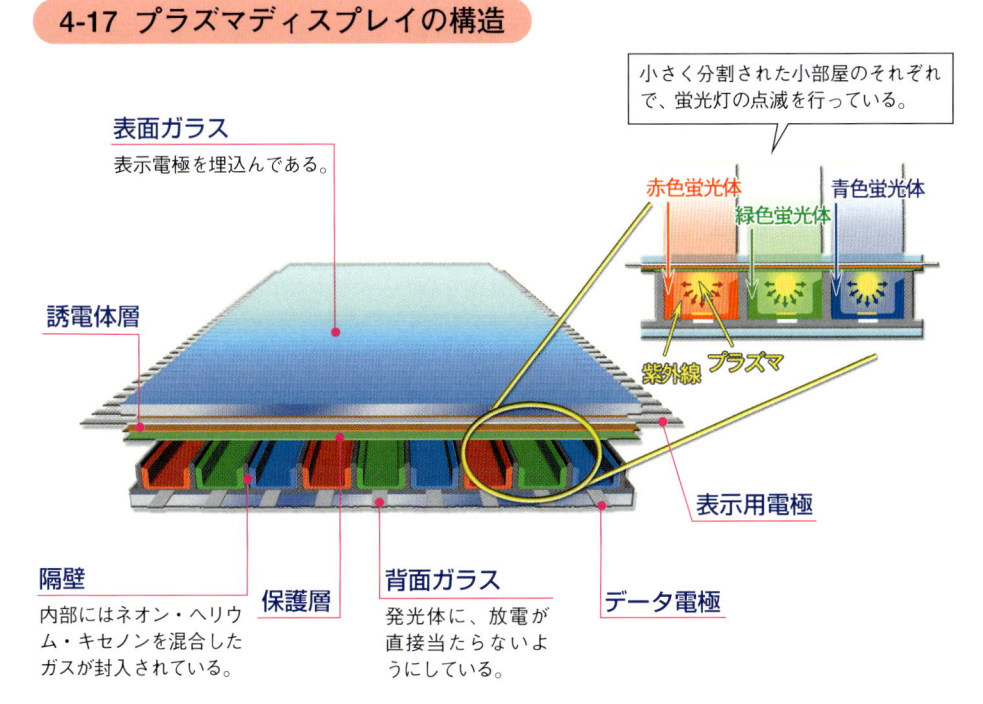

4-17 プラズマディスプレイの構造

表面ガラス
表示電極を埋込んである。

誘電体層

隔壁
内部にはネオン・ヘリウム・キセノンを混合したガスが封入されている。

保護層

背面ガラス
発光体に、放電が直接当たらないようにしている。

データ電極

表示用電極

小さく分割された小部屋のそれぞれで、蛍光灯の点滅を行っている。

赤色蛍光体　緑色蛍光体　青色蛍光体
紫外線　プラズマ

豆知識 プラズマは「液体」「固体」「気体」のどれにも当てはまらない状態で、気体の分子がプラスイオンとマイナスイオンに分離してほぼ同じ数入り乱れている状態をいう。

3Dディスプレイ

> **Key word** 　**3Dディスプレイ**　実際のものを見ている時と同様の立体的な映像を映し出すことができるディスプレイ。

なぜ立体的に見えるのか？

　私たちが目で見ている空間は、縦、横奥行きのある3D（3次元）の世界で、この空間を写真やテレビに映して見る場合、3Dの実物から2次元に置き換えて表示されている。それではなぜ私たちがものを立体として認識できるのか？

　人間の目は、左右の目の間隔（黒目の間隔）が6～7cm離れていることにより、それぞれの目から見える面や、角度に微妙な違いが生じ、2つ違った方向から見た2種類の画像が脳へ送られてくる。すると脳は、左右の目から入った画像のずれを処理して、1つの立体画像として認識している。

　このような脳の働きを利用して、表示する映像に奥行き感を持たせたり、物体が飛び出すように、見せてくれるのが**3Dディスプレイ**だ。

　3Dディスプレイを作り出すためには、両目にそれぞれ右目から見た画像と左目から見た画像を入れることで、立体的に見せている（図4-18）。

4-18 3Dディスプレイの原理

2D画像

右目用画像

左目用画像

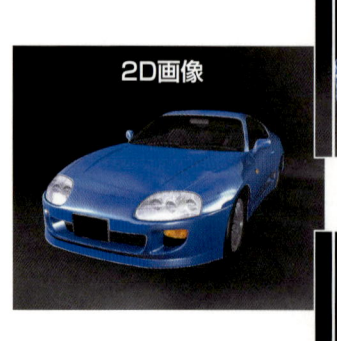

3D画像

約6～7cmのずれが立体視を作り出す。

右の目には右目用画像、左の目には左目用画像だけが入るため、脳の中で立体映像が作り出される。

> **知っ得**　1838年にWheatstoneが発表したステレオスコープが、世界初の立体ディスプレイとされている。これは、鏡の反射を利用して両目視差のついた2枚の絵を立体視するもの。

🔵 裸眼で見る３D映像

　３D映像は専用のメガネを用いる方法でこれまでも数多く実用化されていたが、最近は専用のメガネを必要としないで３D画像が楽しめる「裸眼立体視システム」の開発が進んできている。

　専用のメガネを必要とせずに、映像が立体的に見えるようにするには、ディスプレイからの光の進行を制御し、左目と右目にそれぞれ異なる画像を見せることが必要となる。このための方法として、**パララックス・バリア方式**と**レンチキュラーレンズ方式**と呼ばれる方法がある。

　パララックス・バリア方式は、「パララックスバリア（視差障壁）」と呼ばれる壁をディスプレイの前に置くことで光の経路を遮断し、左右の目に異なる画像を見せ、３D画像を作り出している（既にニンテンドー３DSなどが製品化されている）。これに対してレンチキュラーレンズ方式の場合は、レンチキュラーレンズと呼ばれるシートを利用し、光の進行方向をレンズで制御することで、左右の目に異なる画像を見せ、３D画像を作り出すしくみになっている。

4-19　パララックスバリア方式

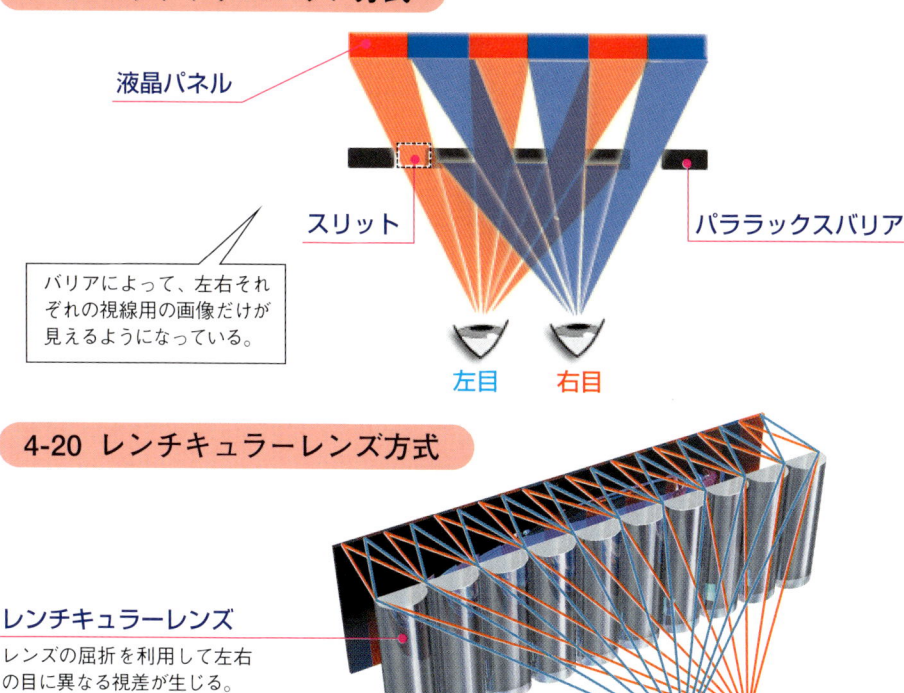

- 液晶パネル
- スリット
- パララックスバリア
- バリアによって、左右それぞれの視線用の画像だけが見えるようになっている。
- 左目　右目

4-20　レンチキュラーレンズ方式

- レンチキュラーレンズ
- レンズの屈折を利用して左右の目に異なる視差が生じる。
- 光を遮断しないため画面が明るいのが特徴。
- 左目　右目

豆知識　３Dの技術は、リアルタイムにシミュレーションできる電子カタログや、教育ツール、取扱い説明書など様々な用途への活用が可能でこれらへのニーズが高まってきている。

プリンター

> **Keyword**
> **ページプリンター** 感光ドラム上にページ単位のイメージを生成し、そこにトナーを静電気で付着させ、さらにトナーを紙へ転写するプリンター。

▶ プリンターの種類

現在、パソコンで最も多く使用されるプリンターの種類は大きく分けて、**インクジェットプリンター**、**レーザープリンター**などがある。

インクジェットプリンターの特長は、構成や造りが共にシンプルに作られていて、小型で価格も購入しやすく、最近では写真をきれいに印字するためのフォトインクを使用したプリンターもあり、家庭用に広く普及している。

一方、レーザープリンターは普通のコピー用紙でも、コピー機と同様の原理で印刷することができるため、高速でムラなく大量に印刷することができ、オフィスなど業務用として利用されている。

▶ インクジェットプリンターのしくみ

インクジェットプリンターは、プリンター内部の**印字ヘッド**の穴（ノズル）から、細かい水性インクの粒を圧力や熱を加えて噴射させる。その際に、印字ヘッドが左右に動いて用紙にインクを付着させ、1文字ごとに印字するしくみで、これを**シリアルプリンター方式**と呼ぶ。ノズルの数が多いほど1度に多くのインクを噴射できるので、印刷速度も速くなる。

印刷の鮮明さは1インチ辺りのドット数で表し、ドット数が大きければ大きいほど鮮明に印刷できる。

また、インクジェットプリンターでは、1個のドットはシアン、マゼンタ、イエロー、ブラックなど個々の色しか表現できないため、ドットをずらして様々な色を表現している。

▶ レーザープリンターのしくみ

レーザープリンターは、トナーと呼ぶ微細な粉末を使い、印刷データをページ単位で一括して受け取り、ページ単位で印刷する**ページプリンター方式**と呼ばれている。エンジン部の中心には感光ドラムがあり、感光ドラムにマイナスの電荷を当て、感光ドラム上に印刷イメージを描き、トナーを付着させて、感光ドラムから紙にトナーを転写する。紙に載せたトナーは、そのままでは、こぼれ落ちてしまうので最後に熱と圧力をかけて定着させる。

カラー印刷の場合は、シアン、マゼンタ、イエロー、ブラックのトナーを使用する（図4-22）。

> **知っ得** インクジェットプリンターのインクには、用紙に容易に染み込む性質でカラーの専用紙に向く染料系、普通紙にくっきり印刷できることで白黒印刷に向く顔料系がある。

4-21 インクジェットプリンター

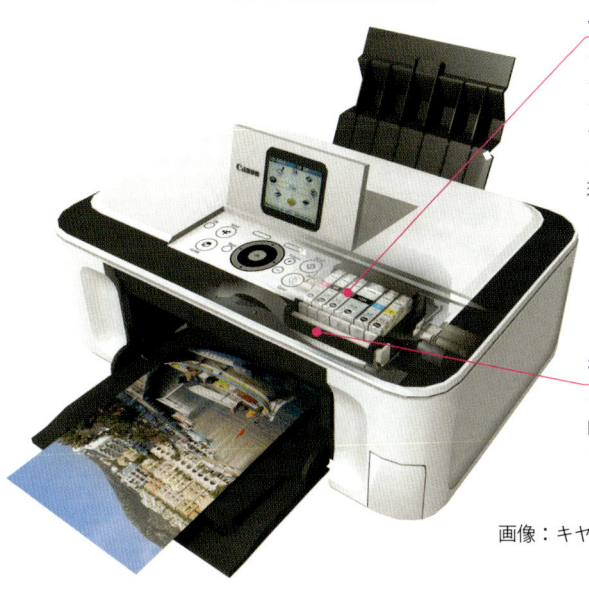

インクカートリッジ
インクの種類の基本はシアン、マゼンタ、イエロー、ブラックの4色。さらに高画質で出力するためにメーカーにより「薄いシアン」「薄いマゼンタ」「薄いイエロー」などのインクを加えて中間の色の階調を表現している。

キャリッジ
インクカートリッジがセットされた印字ヘッドを左右に移動させてインクを紙に吹き付けていく。

画像：キヤノン株式会社 提供

4-22 カラーレーザープリンター

半導体レーザー
シアン、マゼンタ、イエロー、ブラックの4色分のレーザー光を発生するユニット。

レンズ

レーザー光

定着ベルト
紙に転写したトナーを熱と圧力で定着させるベルト。

ポリゴンミラー
高速回転してレーザー光を走査するミラー。

中間転写ベルト
各色の感光ドラムに形成されたトナー画像を合成、紙に転写するためのベルト。

転写パッド
感光ドラムから中間転写ベルトへの転写をする。

一体型カートリッジ
カラー印刷の主流の方式で、シアン、マゼンタ、イエロー、ブラックの各色のトナーと感光ドラムが一体化されたトナーカートリッジ。

画像：キヤノン株式会社 提供

第4章

豆知識 カラーレーザープリンターの印刷方式には1つのドラムで各色トナーを順に転写する4サイクル方式と、色ごとに感光ドラムを独立したタンデム方式がある。

スキャナ

Key word **スキャナ** プリントされた写真や印刷物などの平面原稿を画像データとしてパソコンに取り込むための装置。

▶ スキャナの種類

紙に描いたイラストや印刷物をパソコンに取り込みたい時に使う入力装置に、**スキャナ**（イメージスキャナ）がある。デジタルカメラ同様にイラストや印刷物などのイメージを電気の強弱に置き換えてデジタル信号にしてパソコンへ送る。

スキャナには形や使い方でいくつかの種類がある。**フラットベッドスキャナ**（図4-23）は、最も一般的で薄い四角形をしていて、机などの平らなところに置いて使用する。イラストや印刷物の読み取りに最適で、A4サイズのガラス面に取り込みたいイメージのある面を向けて用紙を置くと、読み取りヘッドが自動的に移動しながらイメージを読み取る。

フラットベッドスキャナよりも小型で、手に持って使うタイプの**ハンディスキャナ**は、取り込みたいイメージの上をなぞって読み取る。持ち運びが簡単で便利だが一定の速度でスキャナを動かさないと上手くイメージが取り込めない。

他にも写真のフィルムを取り込んで高解像度の画像データにする**フィルムスキャナ**やファックス電話に使われている**シートフィーダスキャナ**などがある。

4-23 フラットベッドスキャナ

画像：キヤノン株式会社 提供

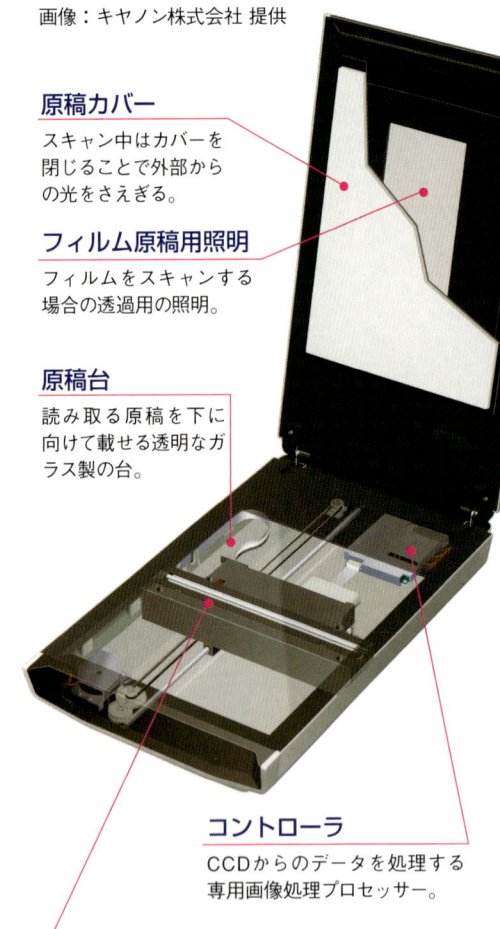

原稿カバー
スキャン中はカバーを閉じることで外部からの光をさえぎる。

フィルム原稿用照明
フィルムをスキャンする場合の透過用の照明。

原稿台
読み取る原稿を下に向けて載せる透明なガラス製の台。

コントローラ
CCDからのデータを処理する専用画像処理プロセッサー。

キャリッジ
光源（原稿を照射する蛍光ランプ）、レンズ、ミラー、イメージセンサーが組み込まれていて、スキャン時に矢印方向に移動して原稿を読み取る。光学ユニットともいう。

知っ得 取り込んだデータは、画像ファイルとして各種画像加工ソフトで加工でき、OCRというソフトを利用すると文字をスキャナで取り込んだ文書の画像をテキストデータに変換できる。

スキャンのしくみ

フラットベッドスキャナの内部には光源、レンズ、ミラー、イメージセンサーがある。

機器の心臓部といわれるイメージセンサーにはデジタルカメラやデジタルビデオカメラで使用されるのと同じように**CCDセンサー**が使われているが、スキャナの場合は**リニア型CCDセンサー**といって受光部（光電変換機能を持つ受光素子）が帯状に一列に並んだ長方形のセンサーを持っている。

受光素子では光が当たると、その光の強弱に応じて電荷が発生。電荷の量に応じて変化する電圧をデジタル信号に変換してデータをパソコンに送信する。

同じCCDセンサーでもデジタルカメラと異なり、CCDセンサーが動いてイメージを**走査**する。取り込みたいイメージに光源から光を当てながらCCDセンサーの素子の配列に平行した方向のイメージをスキャン（**主走査**）して垂直にもスキャン（**副走査**）する。

この他にも**CISセンサー**が使われているフラットベッドスキャナもある。CISセンサーの特徴は光源とレンズが一体化されて棒状になっているので小型軽量で使用電力も少なくてすむが、立体的なイメージのスキャンに弱い。

4-24 イメージ取り込みのしくみ

主走査 — CCDが並ぶ方向の走査

副走査 — CCDが移動する方向の走査

CCDセンサー

スキャンしたイメージの輝度に対する電荷の量

画像の明暗により強弱を生じた電荷の量が電圧の強弱に置き換えられる。

デジタル化して数値化される。

25	40	45	60
65	110	140	145
115	95	85	100

パソコンのディスプレイに画像を正しく再現する。

豆知識 原稿をスキャンするときのdpiの目安は、印刷用のデータは300～400dpi、Webページ用なら72～96dpi、OCRの読み取り用なら400～600dpi程度必要である。

COLUMN

ひときわ注目!! 電子ペーパー

● 電子ペーパーとは

　ネット上でダウンロードしたデータを移動中にノートパソコンやPDAなどで読むことはできるが、起動に手間がかかる、重いなど新聞や雑誌に比べて面倒なことが多い。そこで、紙のような扱いやすさを持ち、液晶やプラズマディスプレイと同様に電圧をかけることで表示したデータを何度も書き換えることができる**電子ペーパー**が新しいメディアとして注目されている。

　電子ペーパーは、表示し続けるための電力は必要とせず、電源を切っても表示を維持できるメモリ性を持っていることが、液晶やプラズマディスプレイとの大きな違いだ。実用例として、電車内の吊り広告や、携帯電話のメイン画面、電子書籍リーダー、電子ホワイトボードなどがこの電子ペーパーを利用して商品化されている。

● 電子ペーパーの表示形式

　電子ペーパーの代表的な表示技術に電気泳動方式がある。この方式は米E lnk社が開発したもので、マイクロカプセル内の透明な液体中に白、黒の粒子を投入し、電圧に反応して泳ぐように動いて文字や画像を表示するというもの。この表示技術を用いた代表的な製品にはAmazon Kindle、Sony Readerなどが挙げられる。

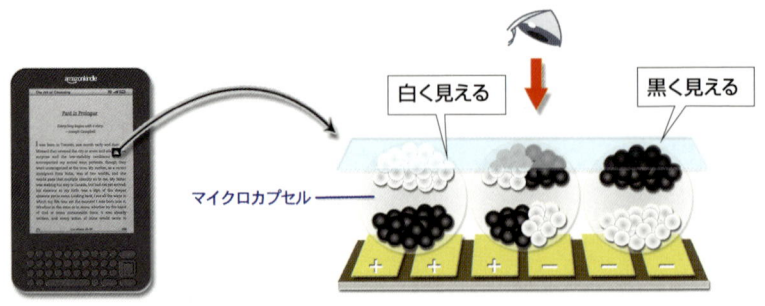

白く見える　　　黒く見える

マイクロカプセル

マイクロカプセル内部の帯電したインク材がマイナスの電荷に対しては黒インク材が引き寄せられ、プラスの電荷に対しては白インク材が引き寄せられる。

第5章
外部記憶媒体の
しくみ

The Visual Encyclopedia of Personal Computer

光ディスク

> **Keyword** 光ディスク　レーザー光を利用してデータの読み出しや書き込みを行う記憶媒体のこと。CD、DVD、BDなどが光ディスクである。

● 光ディスクの種類

光ディスクの先駆は**LD**（Laser Disc：レーザーディスク）で、形状は直径30cmと20cmの2つの種類があり、映像や音楽コンテンツなどの配信に利用された。

その後、形状が直径12cmと小型で700MBの容量の**CD**（Compact Disc）が音楽コンテンツなどの配信やパソコンデータの記録に利用されるようになり、さらに同じ形状で4.7GBの容量を持つ**DVD**（Digital Versatile Disc）が映像の配信や記録として利用されるようになった。

さらに、最近の映像のデジタル化にともなう大量データを記録させるために**BD**（Blu-ray Disc：ブルーレイディスク）が登場した（同時期にHD DVDも製品化されたが現在は製造中止）。BDも形状は同じ直径12cmで、現在片面1層（25GB）、2層（50GB）、そして**BDXL**と呼ばれる3層（100GB）のものまで製品化されている。

これら光ディスクは、すべて数ミリ程度の厚さの中に、情報を記録するための**記録層**、記録層を保護する**保護層**、レーザー光を反射させる**反射層**などが重なって構成されている（P89参照）。

なお、各光ディスクで利用されるレーザー光の種類は異なり、CDは780nm（ナノメートル）の**赤外線レーザー**、DVDは650nmの**赤色レーザー**、BDは405nmの**青紫色レーザー**が利用されている。波長が短いほどディスクの記録層に記録する**ピット**と呼ばれる部分を小さくでき、大容量を可能にするため、波長の短いBDが最も大容量となっている。

● データが読み出されるしくみ

パソコンで光ディスクを再生するには、種類に対応したドライブが必要になるが、最新のBDXL（BDの拡張規格）ドライブであればすべての種類、BDドライブではDVDとCD、DVDドライブではCDの読み書きも可能である。ただし、DVDディスクとDVDドライブには複数の種類があるので注意が必要（P88参照）。

基本的な読み出しのしくみはドライブ内で光ディスクが回転し、ピックアップ部の**半導体レーザー**からレーザー光を反射層に向けて照射すると、レーザー光が**ランド**や**ピット**に当たる。ランドではレーザー光が強く反射するがピットでは拡散されるために反射光が弱くなる。その反射光の強弱をピックアップの**光センサー**（受光素子）で受け、電流の変化に変換させて、デジタルデータとして判断する。

一口メモ　CDは1982年にソニー社とフィリップス社が規格化。最初は音楽用として規格化されたが、後にコンピューターなどで扱うデジタルデータの記憶媒体として広く普及した。

5-1 レーザー光の波長とピットイメージ

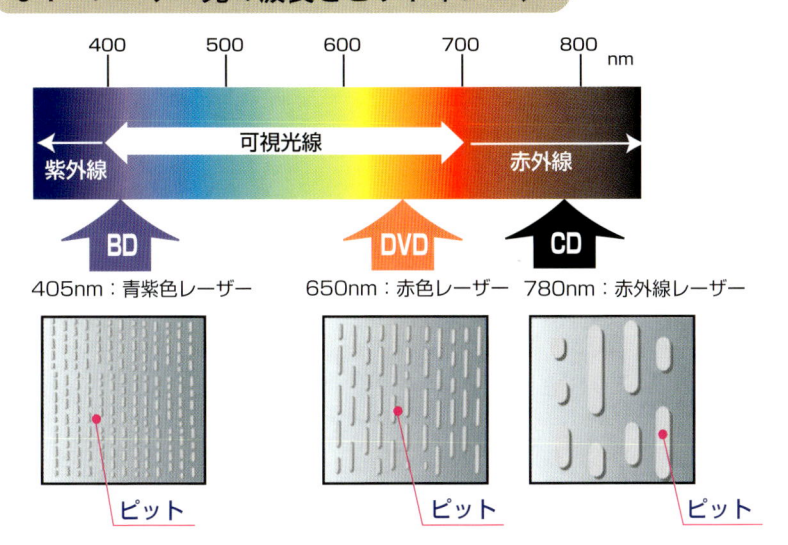

400 500 600 700 800 nm

← 紫外線 | 可視光線 | 赤外線 →

BD DVD CD

405nm：青紫色レーザー　650nm：赤色レーザー　780nm：赤外線レーザー

ピット　ピット　ピット

5-2 BDディスクドライブのしくみ

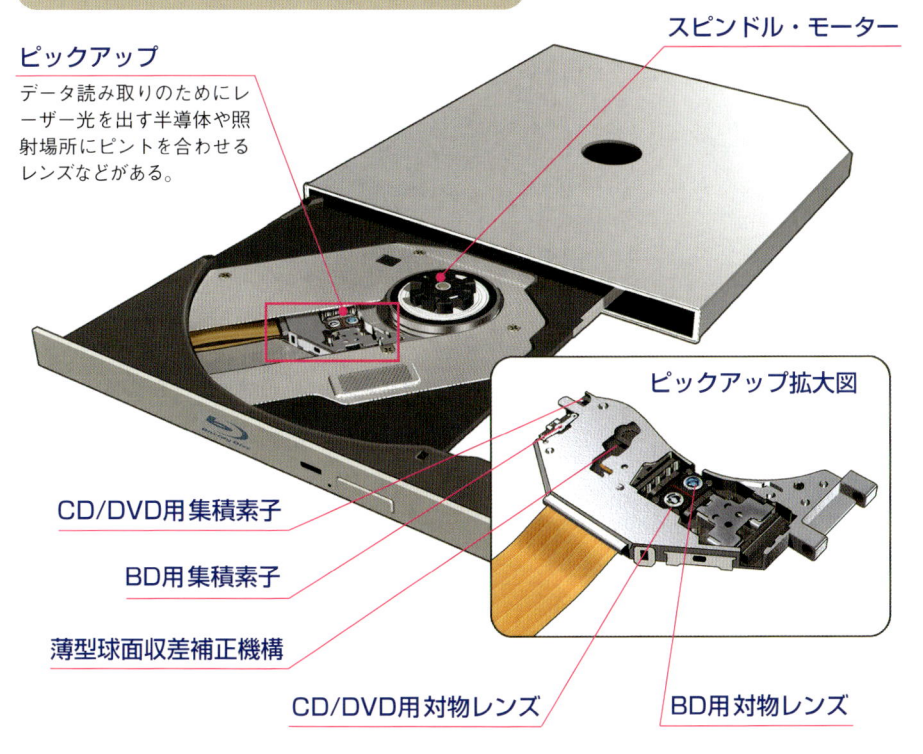

ピックアップ
データ読み取りのためにレーザー光を出す半導体や照射場所にピントを合わせるレンズなどがある。

スピンドル・モーター

ピックアップ拡大図

CD/DVD用集積素子

BD用集積素子

薄型球面収差補正機構

CD/DVD用対物レンズ　BD用対物レンズ

豆知識 CD、DVD、BDいずれも直径が8cmの大きさのディスクも存在する。DVD、BDは主にビデオカメラで利用されている。

DVD①

> **Key word**
> **2層記録** 記録層が2層になったDVDディスクで、記憶容量は8.5GBにになり1層タイプの4.7GBよりはるかに大きい。

▶ DVDの構造

　DVDはデータの読み書きに赤色レーザー光を使う。外観は他の光ディスクと同様直径12cm厚さ1.2mmのディスクであるが、ディスク盤の強度を高めるために**CDの半分の厚さ(0.6mm)**の2枚のディスクを背中合わせに接着剤で貼り合わせて1枚のディスクにしている。そのため、データを表と裏の両面に記録できる。片面のみに記録するタイプは半分が記録層のないダミー層でレーベルなどが印刷される。両面に記録するタイプはダミー層ではなく、接着面の次に保護層、反射層(記録層)、樹脂層の順になっている。

　片面、両面タイプとも反射層(記録層)を2つ持つことができ**1層タイプと2層タイプ**(**ダブルレイヤー**または**デュアルレイヤー**ともいう)がある。2層タイプは1層タイプよりも、記憶容量も大きく2時間を越える映画などの**DVD-Video**は片面2層を利用していることが多い。

▶ ディスクの種類

　DVDと一口にいっても多くの種類、表記があり簡単に区別するのは難しい。書き込み用DVDは、データを消去できるかどうかで大きく2種類に分けられる。

　DVD-R「**ライトワンス**」(1度だけの書き込みと追記ができるが上書きや消去はできない)とDVD-RW「**リライタブル**」(何度でも書き込みや消去ができる)である。これら2つの種類のDVDは、その表面に何層にもなって貼られている記録層の素材が異なり、DVD-R/+Rは**有機色素**を使い、DVD-RW/+RWは銀やインジウムなどの特殊な合金の**相変化記録材料**を使用している。

　さらにDVD-RとDVD+R、DVD-RWとDVD+RWのように表記の「+」「-」が異なるディスクが存在する。その理由は国際DVD規格の決定に際し「DVDフォーラム」と「DVDアライアンス」の2つの団体が存在し、それぞれの団体が別の規格を指示しているためである。これにより、かつてビデオにおいてVHSとβ(ベータ)形式の2つの規格があったように、DVDディスクを巡ってもいくつかの異なる規格が乱立している。

　この「+」「-」の違いは製品の基本的構造には特に違いがないが、ディスクの素材やレーザーの波長などが違うため**製品は全く異なる**ものになる。ディスク購入時には自分のパソコンのDVDドライブやDVDプレーヤーで使用できるか注意が必要になる。

なるほど DVDは、Digital Versatile Discの略称で、VはVideoの略だと思われがちだが、正しくはVersatile(バーサタイル)で"用途が広い"という意味である。

5-3 片面2層DVD-ROM（DVD-Video）の構造

反射層（レイヤー0）
データが記録された2層目。半透明になっていて金メッキされている。

反射層（レイヤー1）
データが記録された1層目でアルミ製。DVD-ROMはあらかじめプレスして突起したピットが作成されている。

樹脂層
DVD裏側でポリカーボネートの透明な基板で厚さは約0.6mm。

接着面
2枚のディスクが貼り合わさっている。

0.6mm

保護層
ディスクの歪みを防ぐための硬い層。

ピット
CDと比べると、ピットが小さくピットの配列の間隔（ピッチ）も狭い。

ランド
反射層の平らな部分のこと。

ダミー層
両面ディスクの場合は、こちら側にも保護層、反射層（記録層）、樹脂層がありデータが記録される。

ピッチ
約0.74μm

片面1層タイプ
記憶容量：4.7GB

片面2層タイプ
記憶容量：8.5GB

通常手にするのは片面1層タイプか片面2層タイプの場合が多い。

両面1層タイプ
記憶容量：9.4GB

両面2層タイプ
記憶容量：17GB

両面タイプはディスクの表も裏もデータを書き込むため、レーベルの印刷はできない。

（ピット／レーザー光）

5-4 書き込み用DVDの種類と特色

● 追記型

DVD-R 単価が安く互換性が高い。保存用に最適。

DVD+R パソコンで普及している。

● 書き換え型

DVD-RW データバックアップに最適。書換回数は約1000回。

DVD+RW データバックアップに最適。書換回数は約1000回。

DVD-RAM カートリッジタイプとヌードタイプがある。書換回数は約10万回。

● 読み出し専用

DVD-ROM 大量生産しやすくパソコン用ソフトやゲームに使用される。

DVD-Video 映像、音声を収録する規格で音声や字幕を付けられる。

DVD-Audio CDより高音質で音楽を収録した規格。

豆知識 追記型DVDの記録層に利用されている色素は青い色の「アゾ系」が一般的なので記録面が青色のことが多い。

第5章

DVD②

Key word グルーブ　DVDにデータをらせん状に書き込めるように作られた道筋。さらに書き込み中に円周方向を確認するのにうねり（ウォブル）がある。

データの再生と書き込みのしくみ

　データ再生は、DVDドライブの中の半導体レーザーからレーザー光をディスクに当て、その反射光を読み取る。反射光は記録層の平らな部分（ランド）では強く、データが記録されているピットでは弱いため、この強弱の差を光センサーで読み取り0か1で判断する。2層記録タイプのディスクの場合は、2層目（レイヤー0）の記録層が半透明の薄い膜、1層目（レイヤー1）が通常の膜になっていて、DVDドライブのレンズがピントを切り替えて各層にあるピットにレーザー光を当てる。

　データ書き込みは記録層にある**グルーブ**という道筋に強めのレーザー光を照射し**ピット**を形成していく。DVD-R/+Rは記録層の有機色素の変化で、DVD-RW/+RWは記録層の相変化記録材料の変化でピットを作成する。

　すべてのDVDの記録層にある蛇行した道筋のカーブを**ウォブル**といい、ドライブはそれを検知しデータを読み書きする場所を確認する。DVD-R/-RWの場合はウォブル以外にディスク上に点在する**プリピット**から信号も検出して位置確認する。DVD-RAMは他のディスクと違いグルーブとランドの両方にピットを形成するため、再生互換性が低い。

パソコンとディスクの相性

　それぞれ規格の異なるディスクは利点もそれぞれ違う。DVD-Rは多くのドライブで書き込みや再生ができるので互換性が高いといわれている。DVD+RやDVD+RWは規格団体（DVDアライアンス）にマイクロソフト社などパソコン関連企業が多く参加していることもあり、パソコンで使いやすくなっている。

　また、Windows XP以降はDVDへの書き込み機能が標準装備されたが、当時はDVDドライブにも種類があり、対応するディスクの規格もそれぞれ違いディスクとドライブの規格が合わなければ書き込みや再生はできなかった。

　ところが、2002年以降に出た「**DVDマルチドライブ**」「**デュアルドライブ**」「**スーパーマルチドライブ**」などは複数の規格のディスクに対応して、最近のパソコンに標準に搭載されるようになり、外付けのドライブも同様で、今やDVDドライブといえば複数規格対応になった。

　DVD-ROM、DVD-Video、DVD-Audioなどの再生専用DVDはほとんどのDVDドライブで問題なく再生できる。

知っ得　データの書き込み速度はディスクとドライブの組み合わせによる。ドライブだけが高速に対応していても、ディスクが対応していなければ意味がない。

5-5 記録式DVDの構造

● DVD-R/-RW
ランドに規則的にプリピットが作られ、データ記録時の位置を正確に決定するための目安になる。

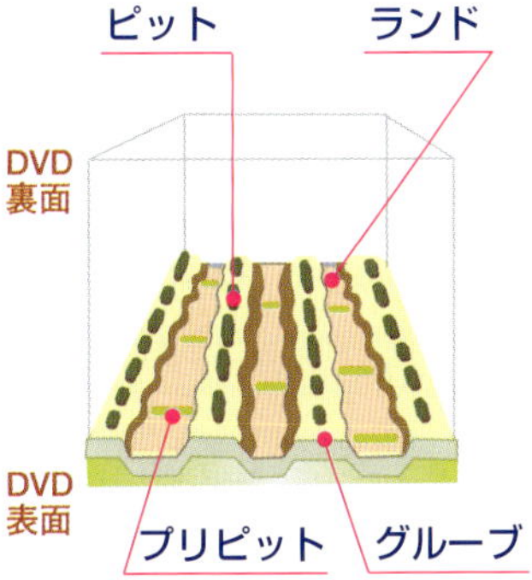

- ピット
- ランド
- プリピット
- グルーブ
- DVD裏面
- DVD表面

● DVD+R/+RW
ウォブルが高密度になっていて、データを読み出す際にデータの記録位置を見極めやすくしている。

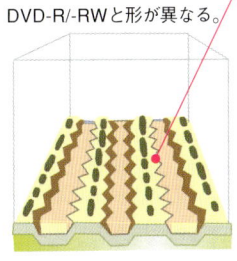

- ウォブル
  DVD-R/-RWと形が異なる。

● DVD-RAM
データを記録するピットはランドとグルーブの両方に作成される。

- アドレスエリア
  ディスク用の情報が記録されているエリア。
- アドレスエリアのピット
  記録データの位置決め情報が記録されている。

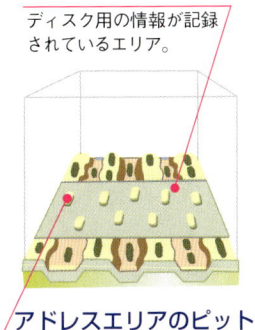

5-6 スーパーマルチドライブ

● 内蔵型ドライブ

写真：株式会社バッファロー提供

● 外付け型ドライブ

DVD-R、+R、RW、+RW、RAMの書き込みと読み出しに対応しているものをスーパーマルチドライブという。ダブルレイヤー（2層）対応のドライブであれば大容量のデータをDVD（2層タイプ）にそのまま書き込める。

2層ディスクへのデータ書き込みのしくみ

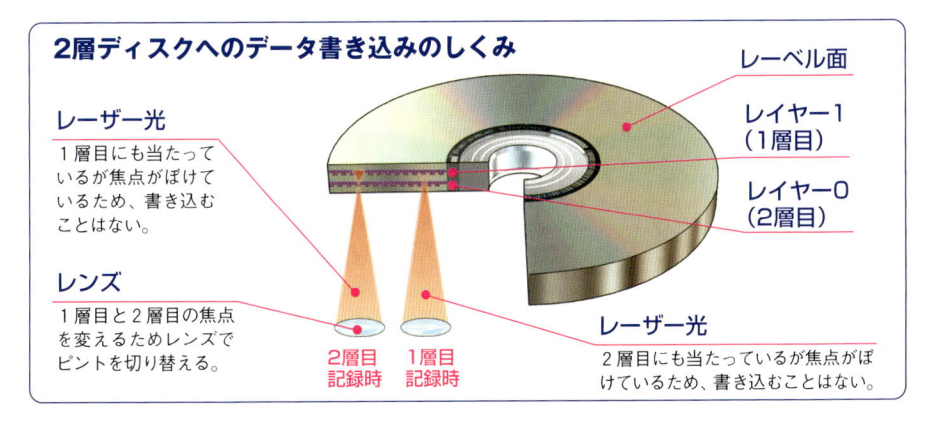

- レーザー光
  1層目にも当たっているが焦点がぼけているため、書き込むことはない。
- レンズ
  1層目と2層目の焦点を変えるためレンズでピントを切り替える。
- 2層目記録時
- 1層目記録時
- レーベル面
- レイヤー1（1層目）
- レイヤー0（2層目）
- レーザー光
  2層目にも当たっているが焦点がぼけているため、書き込むことはない。

豆知識 書き込み用DVDには「録画用（for VIDEO）」と「データ用（for DATA）」があり、録画用には「私的録画補償金」が上乗せされて売られ、売上げ後は著作権者に配布される。

BD（ブルーレイディスク）

Keyword　BD（Blu-ray Disc）青紫色レーザーを利用して読み出しや書き込みを行う大容量の光ディスク。

BDの誕生の理由

従来より音楽データの保存はCD、それより容量が大きい映像データの保存はDVDと一般的に利用されてきたが、TV放送が2011年7月に一部の地域を除き地上デジタル化され高密度なハイビジョンデジタル映像になったことなどによりDVDでは対応できなくなってきた。ハイビジョン画質の映像は大容量なためDVD（片面1層で4.7GBの場合）に保存すると、30分程度しか録画できないだけでなく画像の質も劣化する。

そこで大容量に対応できる次世代ディスクとして2002年、規格が策定され誕生したのがBDである。BDは1層のものでもDVD（1層の場合）の約5倍である25GBの容量を持つため、ハイビジョン映像を2時間以上録画することが可能であり、これからの映像などの保存には欠かせないものになってきた。

BDの大容量化の理由

BDがなぜ大容量のデータを保存できるか主な理由を挙げてみよう。

まず、ディスクのトラックピッチと呼ばれる情報同士の間隔を小さくしたこと。これにより多くの情報を記録できる。

次に、青紫色レーザーは波長が短くビームスポットを小さくできたこと。これにより小さい場所に読み書きができる。

さらに、ディスク表面と記録面を近くするためBDはカバー層を薄くしたこと。これによりビームスポットの歪みが小さくなり、信頼性の高い読み書きができる。

BDの種類

BDの種類は大きく分けると再生専用型（**BD-ROM**）、追記型（**BD-R**）、書き換え型（**BD-RE**）の3種類がある。

なお、BDは規格策定時から両面の仕様はなく片面のみと決定されていて、現在、製品化されているもので1層は25GB、2層は50GB、3層は100GB。3層は2010年6月に拡張規格として**BDXL**として策定されたもので、すでに4層128GBも策定されている。

またBDの1秒当たりのメディアへの記録や再生のスピードである転送レートは等倍速が36Mbpsで、BD-ROMは1.5倍の54Mbps、BD-Rは6倍速の216Mbps、BD-REは2倍速の72Mbpsまで可能である。さらに、3層のBDXL-REは2倍、BDXL-Rは4倍、4層のBDXL-Rは4倍まで可能と規定されている。

知っ得　英語圏においてBlue-ray Discとすると青色光で読み取るディスクという一般名詞と解釈され、商標登録ができないという理由で、BDがBlue-rayではなくBlu-rayとなった。

5-7　BDとDVDの断面比較

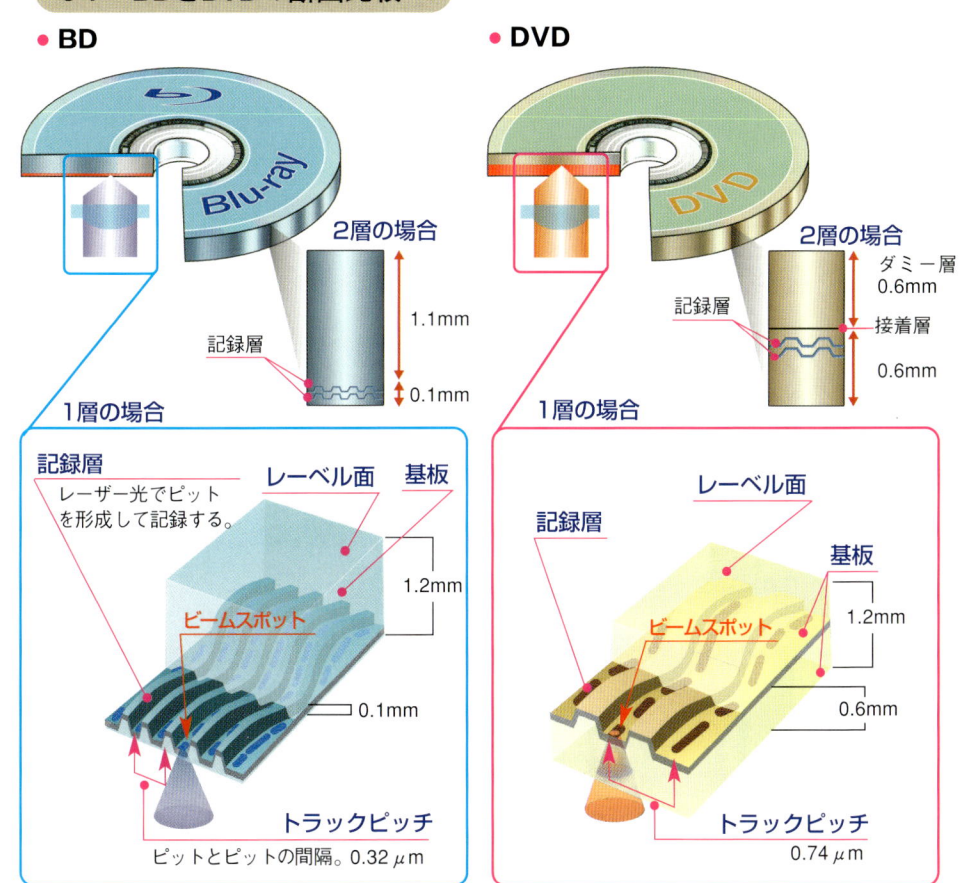

● BD

2層の場合
1.1mm
記録層
0.1mm

1層の場合
記録層
レーザー光でピットを形成して記録する。
レーベル面
基板
1.2mm
ビームスポット
0.1mm
トラックピッチ
ピットとピットの間隔。0.32μm

● DVD

2層の場合
ダミー層 0.6mm
記録層
接着層
0.6mm

1層の場合
記録層
レーベル面
基板
1.2mm
ビームスポット
0.6mm
トラックピッチ
0.74μm

5-8　スポットとトラックピッチ

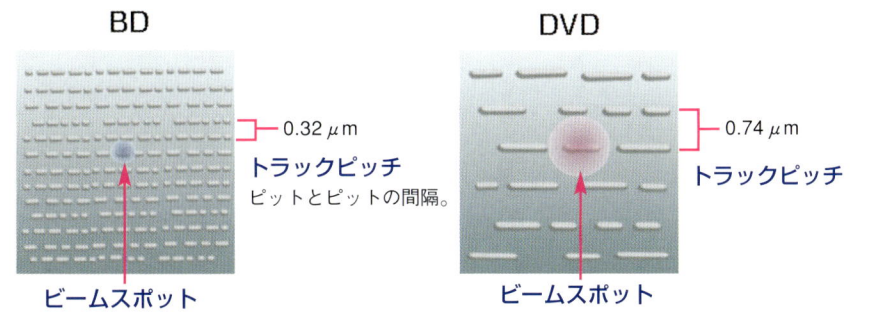

BD
0.32μm
トラックピッチ
ピットとピットの間隔。
ビームスポット

DVD
0.74μm
トラックピッチ
ビームスポット

※ トラックピッチの単位である μm（マイクロメーター）は、1mmの1000分の1。髪の毛1本の太さが約0.1mmなので、BDでは髪の毛1本の中に300本以上のトラックがあるということになる。

豆知識 BDXL対応のドライブはどのBDにも対応しているが、従来からあるBDドライブではBDXLを認識できない。

MO（光磁気ディスク）

Keyword
GIGAMO 富士通とソニーが共同開発したMO規格。外観は従来のディスクだがギガバイトのデータを保存でき最大容量は2.3GBになる。

▶ 光磁気ディスクの基本情報

　光磁気ディスクとは、以前よく利用されていたフロッピーディスクで使われている**磁気記憶方式**とCDなどで使われている**光学方式**を併用した書き換え可能なパソコン用の外部記憶媒体の１つで、**MO（Magneto Optical）ディスク**とも呼ばれている。形や大きさは、ほぼフロッピーディスクと同じだがMOディスクの方が少し厚みがあり、記憶容量はMOディスク（1.3GB）でフロッピーディスク900枚分のデータが保存できてしまう。

　ディスクの種類は、５インチディスク（ASMO（アスモ）という規格品）もあるが、一般的には3.5インチディスクが使われていて、128MB、230MB、540MB、640MBの容量のものがある（現在128MBは生産中止）。さらにGIGAMO（ギガモ）という規格の大容量ディスク（1.3GBや2.3GB）もある。

　MOはカートリッジに収められているので傷や埃が付きにくく、フロッピーディスクのように磁石を近付けただけではデータへのダメージもなく、CDなどのように紫外線の影響もないことから耐久性が非常に高いので、データ保持寿命は50年から100年ともいわれている。MOディスクを読み書きするためのMOドライブはパソコンにはほとんど搭載されていないため、外付けMOドライブを用意する必要がある。また、通常640MBまでのディスクを読み書きするドライブではGIGAMOディスクには対応していないので、専用のGIGAMOドライブが必要になる。GIGAMOドライブであれば従来のMOディスクの読み書きもできる。

▶ 光磁気ディスクへの書き込みや読み出しのしくみ

　書き込み作業には、２段階の処理が行われるため読み出し時よりもやや時間がかかる。MOドライブの**バイアスマグネット**からディスクに向けて**磁界**を与えると同時に、ディスクの下からレーザー光をディスク全体に照射する。そして、ディスクの記録層の磁化方向を一定の方向に揃えて既存のデータを消す処理が行われる（消去処理）。そして、バイアスマグネットが回転して磁界の向きを変えながら、記録層のデータを書き込む場所だけにレーザー光を照射してデータを記憶していく（書き込み処理）。こうすることで、データが高密度化されるようになる。

　読み出し時には**レーザー光**だけが使われるので、書き出し時に比べると高速に処理される。

豆知識　製造メーカーによるMOディスクの耐久試験の結果からも、耐久性の面ではMOディスクに匹敵するメディアは他にないといわれているためプロユースの需要がある。

5-9 MOドライブの構造

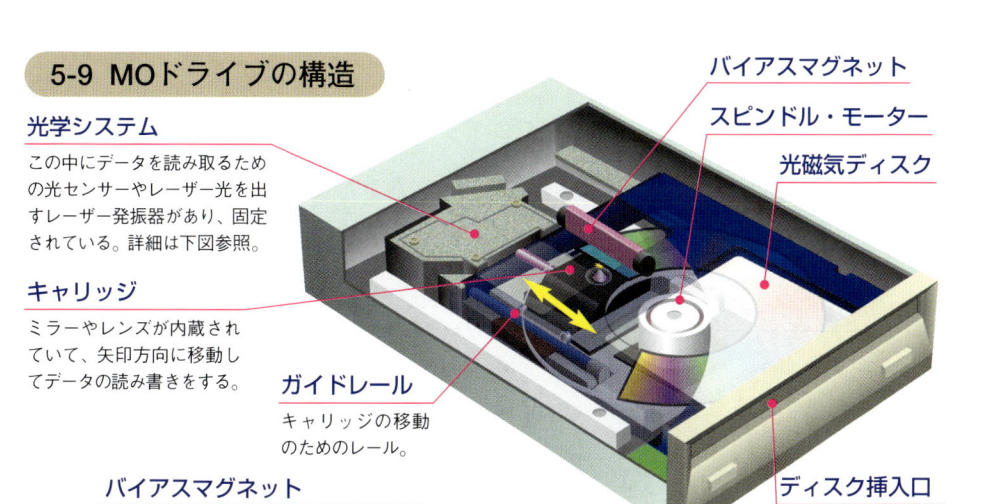

光学システム
この中にデータを読み取るための光センサーやレーザー光を出すレーザー発振器があり、固定されている。詳細は下図参照。

キャリッジ
ミラーやレンズが内蔵されていて、矢印方向に移動してデータの読み書きをする。

ガイドレール
キャリッジの移動のためのレール。

バイアスマグネット
バイアス磁界発生用磁石のことで、ディスクに一定方向の磁界を与える。磁界の向きを変える場合は180度回転する。

バイアスマグネット

スピンドル・モーター

光磁気ディスク

ディスク挿入口

レーザー発振器
レーザー光を発射する。

光センサー
ディスクからの反射光を検出する。

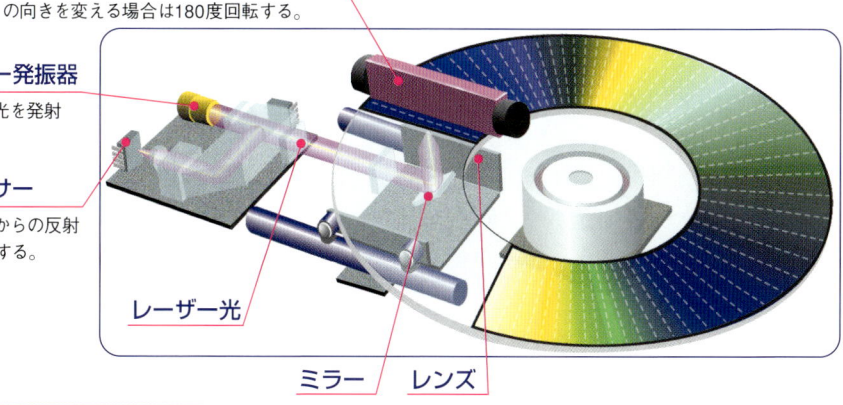

レーザー光

ミラー　レンズ

5-10 記録のしくみ

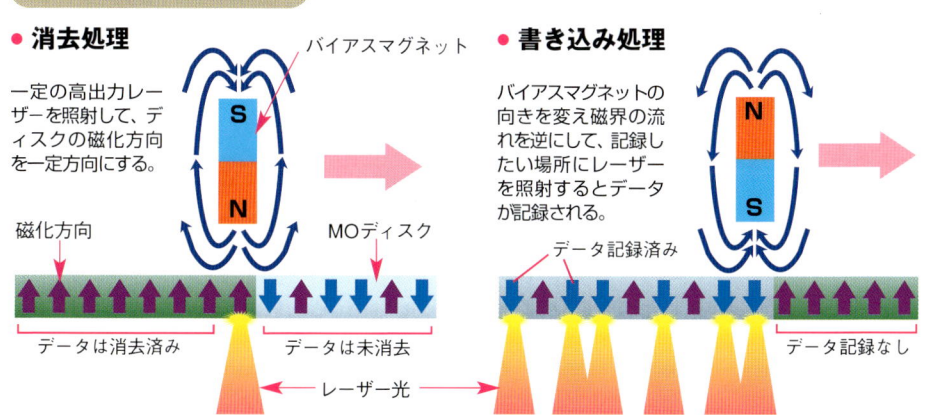

● **消去処理**
一定の高出力レーザーを照射して、ディスクの磁化方向を一定方向にする。

バイアスマグネット
MOディスク
磁化方向
データは消去済み　データは未消去
レーザー光

● **書き込み処理**
バイアスマグネットの向きを変え磁界の流れを逆にして、記録したい場所にレーザーを照射するとデータが記録される。

データ記録済み　データ記録なし

なるほど MOディスクに一度保存したデータは、データの消去やフォーマットだけでは、完全には消えない。市販のファイル復元ソフトなどがあれば簡単にデータが復元されてしまう。

メモリカード

Keyword **フラッシュメモリ** RAMとROMの要素を合わせ持った保存媒体のこと。電源を切ってもデータが消えないという特徴がある。

▶ メモリカードの種類

パソコンやデジタルカメラなどの記憶媒体として使われている小さなカードのことで、デジタルビデオカメラや携帯電話などの小型デジタル機器で多く利用されている。また、パソコンと周辺機器との間でデータのやり取りなどもでき、切手程の大きさなので持ち運びにも便利である。

メモリカードには、名前や形状、または容量などが異なるいくつかの種類があるが、どれも共通しているのが**フラッシュメモリ**をカード型にパッケージしたものであるということ。

そのフラッシュメモリとは、磁気ディスクなどを使わずに、データを半導体素子に電気的に記憶させるもので、データの消去や書き換えが何度でもでき、一度にすべてのデータを消す事も可能である。ただし、コンピューターのメインメモリのRAMと違うのが、電源を切ってもデータは消えないという点である。その上、データの読み書きの際に消費する電力も抑えられていてほとんどかからないという長所もある。

代表的なメモリカードは「コンパクトフラッシュ（CFカード）」「メモリースティック」「xDピクチャーカード」「SD/SDHC/SDXCメモリカード」「miniSDHCカード」などがあり、対応する機器もそれぞれのメモリカードごとに違う（図5-11）。

なお、デジタルカメラの記憶媒体としての主流はスマートメディア（非常に薄型のため容量の限界）→xDピクチャーカード→SDメモリカードと変遷してきた。

▶ メモリカードの構造

上記のようにメモリカードには規格や形状が異なっている様々な種類があるが、構成要素はおおむね共通だ。機器との間でデータをやり取りするための端子（コネクタ）、機器との間のデータのやり取り、読み書きを制御するコントローラチップ、要のフラッシュメモリチップ、動作のタイミングを司る水晶振動子、誤消去を防ぐライトプロテクトスイッチなどで構成されている。これらの部品はそれぞれの規格に応じた形状の基板上に実装され、パッケージに納められ製品となっている。

なお、フラッシュメモリの構造の最大の特徴は**蓄えられた電荷は酸化膜によって漏れ出さないようになっている**ため**電源を切ってもデータが保持**されたままになっていることだ。

一口メモ フラッシュメモリを使用した小型記憶装置は将来さらに価格が下がり、市場において小型化を進めるHDDとの競合がよりいっそう強まるといわれている。

5-11 メモリカードの種類

写真：株式会社バッファロー提供

コンパクトフラッシュ
容量：最大128GB
特徴：CFカードともいう。デジタル一眼レフカメラなどで使用されている。

写真：オリンパス株式会社提供

xDピクチャーカード
容量：最大2GB
特徴：2002年に開発され、メモリカードの中でも一番小さい。対応カメラの機種が減り、普及率が下がる傾向にある。

写真：ソニー株式会社提供

メモリースティック PRO-HG デュオ
容量：32GB
特徴：ソニー製の機器に利用される。デジタルカメラではメモリースティックPRO-HGデュオが主流である。

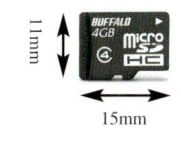

SDメモリカード
容量：2GB

SDHCメモリカード
容量：4GB〜32GB

SDXCメモリカード
容量：64GB

特徴：音楽の著作権保護機能が内蔵されている。また、誤消去防止用のロックがある。SDXCは新世代カードとして注目されている。

microSDHC メモリカード
簡単なアダプターを付けることでSDHCメモリカードとして利用できる。

写真：株式会社バッファロー提供

5-12 メモリカードの内部

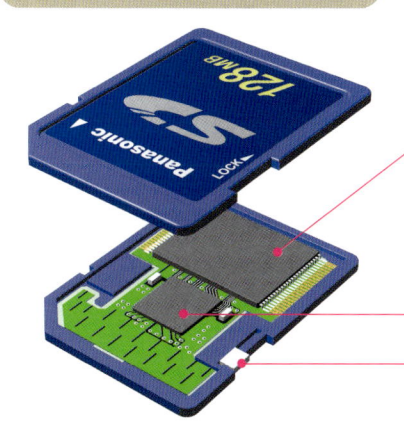

フラッシュメモリチップ
不揮発性のメモリ素子。フラッシュメモリチップをカード内で複数並べたり重ねて実装することで、大容量カードを実現、フラッシュメモリチップを横に並べるとカードサイズが大きくなってしまうが、重ねて実装することで厚さを確保するだけで実現できる。

コントローラ

ライトプロテクトスイッチ

第5章

豆知識 SDHCメモリカードとmicroSDHCカードの中間の大きさのminiSDHCカードもあるが、microSDHCカードの登場により市場規模は縮小を続けている。

USBメモリ

> **Key word**　USB（Universal Serial Bus）コネクタ　パソコンと周辺機器の接続用シリアルインターフェース。電源を切らずに接続の抜き差しができる。

● USBメモリの基本情報

　持ち運び可能なコンパクトサイズの記憶媒体で**フラッシュメモリ**にUSBコネクタを付けた簡単なものだが、今ではデザインも豊富にあり種類も多い。

　パソコンのUSBポートに接続して手軽にデータを保存でき、最近ではフロッピーディスクドライブが搭載されていないパソコンも多く、フロッピーディスクに代わり、USBメモリが広く使われている。容量も1GB～256GBと種類があり、大容量のデータも高速転送できる。保存と消去の繰り返しで約100万回の書き換えが可能だとされているものもある。

　USBメモリに使われているフラッシュメモリは、前項のメモリカードに使われているものと同じで、データの書き換えが可能で電源を切ってもデータは消えないメモリのことである。

　なお、最新規格のUSB3.0の場合は1つ前の規格であるUSB2.0（転送速度最大480Mbps）との互換性を維持しながら転送速度を最大5Gbpsまで広げた。

　また、USBの規格には、「USB Mass Storage Class」というハードディスクなどをリムーバルディスクとして認識するための仕様があり、USBメモリもそれに準じていて、パソコンのOSが持っている「Mass Storage Class」用のドライバーがそのまま使える。そのため、Windows XP以降USBメモリを使う場合は、ドライバーをインストールする必要がなく、差し込むだけですぐに使える。

● セキュリティ付きUSBメモリ

　USBメモリは手軽な記憶媒体として活用されているが、一方でセキュリティ面での不安もある。例えば、小さなメディアゆえに紛失してしまったり、データを持ち運びできるため**情報の流出などの危険性がある**。

　そこでデータへの不正アクセスを防ぐための**指紋認証セキュリティ機能**や**パスワード認証機能**の付いたUSBメモリもあり、データへのアクセスを制限できる。

　また、データ暗号化機能の付いたタイプは購入時に添付されたソフトをパソコンにインストールすると、パソコンとUSBメモリの組み合わせによりデータを暗号化できる。さらに、データはUSBメモリとパソコンの同じ組み合わせにより復元が可能になる。他にも、USBメモリ内にはデータを保存せずネットワーク上にデータを保存し、USBメモリがアクセスを許可する鍵の役目をするタイプもある。

> 知っ得　USBメモリ購入時には、サイズや値段だけでなく他にもライトプロテクト装置の有無、付属ソフトの有無、キャップの固定機能などいろいろ比較する要素はある。

5-13 USBメモリのしくみ

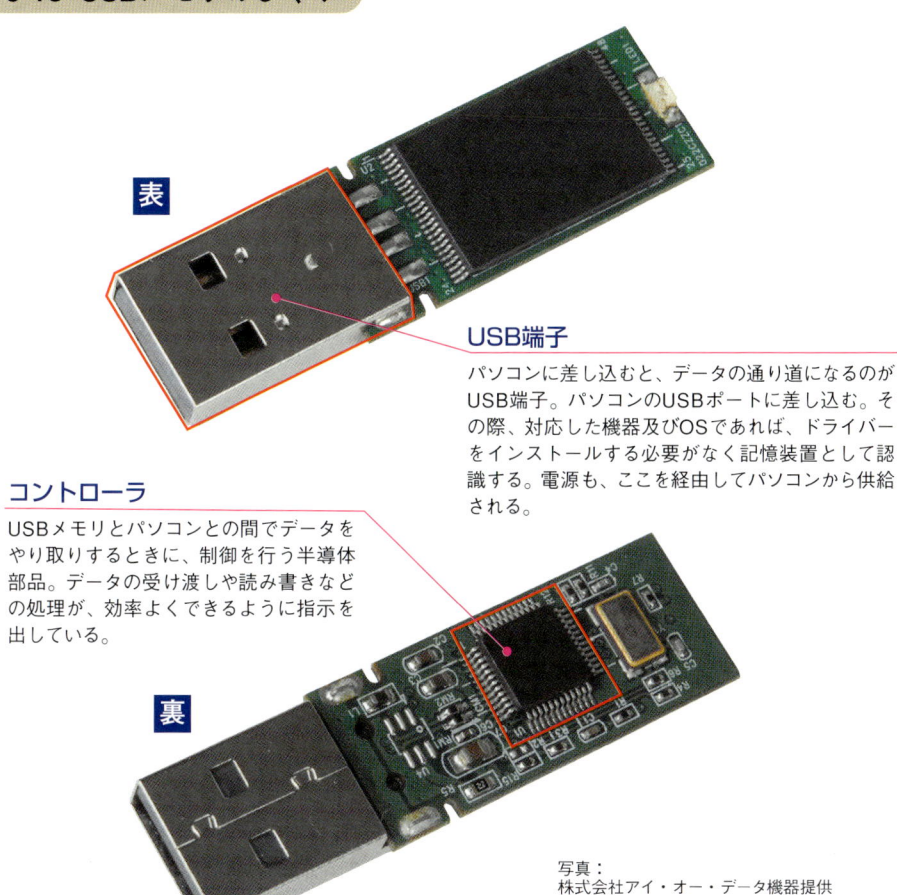

表

USB端子
パソコンに差し込むと、データの通り道になるのがUSB端子。パソコンのUSBポートに差し込む。その際、対応した機器及びOSであれば、ドライバーをインストールする必要がなく記憶装置として認識する。電源も、ここを経由してパソコンから供給される。

コントローラ
USBメモリとパソコンとの間でデータをやり取りするときに、制御を行う半導体部品。データの受け渡しや読み書きなどの処理が、効率よくできるように指示を出している。

裏

写真：
株式会社アイ・オー・データ機器提供

5-14 USBメモリとパソコンの接続口

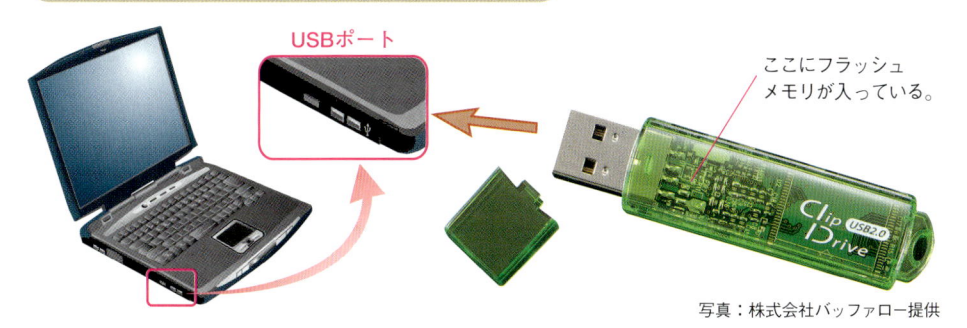

USBポート

ここにフラッシュメモリが入っている。

写真：株式会社バッファロー提供

一口メモ USBメモリは簡単に持ち運べデータ流出など悪用されることも考えられる。そのため、大学や企業などではUSBポートを使用不可にしようとする動きもある。

NAS（ネットワーク対応HDD）

Keyword　**ファイルサーバー**　内蔵している記憶装置をネットワーク上の他のコンピューターと共有し、外部からの利用も可能にするコンピューター。

❯ NASとは

　NAS（Network Attached Storage）はネットワーク対応ハードディスクのことで、ネットワークに接続して複数のパソコンやデジタル家電のデータを共有するための記憶装置でコントローラとハードディスクが搭載されている。

　外観は、パソコンにUSBやIEEE1394などで接続して利用する外付けハードディスクとほとんど同じだが、NASは内部にデータの読み書きを制御するCPUや独自のOSが組み込まれていて、ファイルサーバーとして動作することができる。

　機種にもよるが高速なCPUを搭載して転送速度の高速化を実現したり、データの保存を高速化するソフトやコピーを高速化するソフトなどを利用して作業効率を図っている。また、最近では、スマートフォンから専用アプリで手軽に接続できる製品が登場し、利用範囲も広がっている。

❯ NASの特長ある機能

　現在のNASに搭載されている特長となる機能と技術を紹介しよう。

★ DLNA（ディーエルエヌエー）サーバー機能

　パソコンやカメラなどのコンテンツをNASに保存させ同じネットワークにつないだDLNAガイドライン対応のテレビやデジタル家電から視聴可能にする機能。

　また、特定のテレビと接続すると録画用のHDDとしても利用することができる機能もある。

★ Webアクセス機能

　インターネット上にあるNASのメーカーのサーバーを利用してデータのダウンロードやアップロードを可能にする機能。従来利用されていたNASは家や会社などのLANの閉じられたネットワーク環境だったが、最近のWebアクセス機能対応のNASはインターネット経由で利用範囲が大幅に広がり、いつでもどこからでも大容量のデータが手に入る環境を実現できることになった。

★ RAID（レイド）

　RAID（Redundant Arrays of Inexpensive Disks）とは、複数のハードディスクを搭載できる機種において、強力なセキュリティの高速性を実現する技術のことで、これに対応していると万が一ハードディスクが故障してもデータを復旧できる。

　ただし、データ復旧の方法や保存方法の違いによりRAIDのモードは複数あり、機種によってその対応モードは異なり、効果にも差異がある。

豆知識　DLNA（デジタル・リビング・ネットワーク・アライアンス）はパソコンやデジタル家電との相互接続性を確保し、ホームネットワークを推進させる非営利団体のこと。

5-15 NASの内部

- 静音ファン
- メイン基板
- USBポート
- 電源スイッチ
- LANポート
- 電源コネクタ
- 電源LED／アクセスLED：このランプの色や点滅状態で、エラーやメッセージが確認できる。
- ファンクションスイッチ：製品の設定を初期化するときなどに利用する。

この画像は1台のHDDが内蔵されたタイプだが複数台利用するように設計されたタイプもある。

5-16 NAS使用イメージ

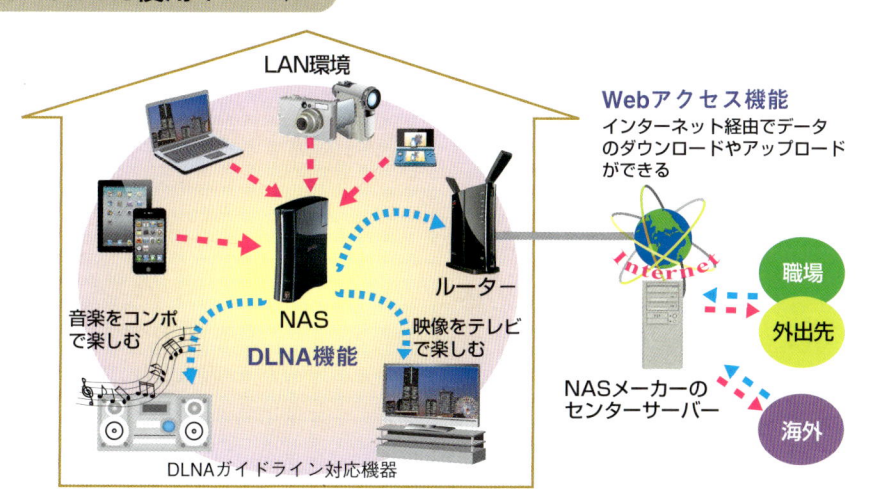

- LAN環境
- NAS
- DLNA機能
- ルーター
- 音楽をコンポで楽しむ
- 映像をテレビで楽しむ
- DLNAガイドライン対応機器
- Webアクセス機能：インターネット経由でデータのダウンロードやアップロードができる
- NASメーカーのセンターサーバー
- 職場／外出先／海外

一口メモ TCP/IPネットワークを用いるNASに対してSAN（Storage Area network）はファイバーチャネルネットワークを用いるネットワークまたストレージシステムのこと。

COLUMN

ひときわ注目!! SSD

● SSDとは

　SSD（Solid State Drive）は半導体ドライブのことでフラッシュメモリを使った補助記憶装置のことだ。外観も使われ方も通常のHDD（ハードディスク）と同じでパソコンを起動するシステムファイルやアプリケーション、作成したファイルなどを保存しておくのに使われる。

写真：株式会社バッファロー提供

SSDの特徴
・動作速度が速い
・消費電力が低い
・軽量で、駆動音がなく、衝撃に強い
・容量あたりの単価が高い

● HDDとの比較

　HDDは、ファイルを読み書きするたびにディスクが回転し、ファイルが記憶されている場所まで磁気ヘッドが移動しなければならないために、「動作速度が遅い」「消費電力が高い」「衝撃に弱く壊れやすい」という欠点がある。

　その欠点を補うために登場したSSDでは、フラッシュメモリを使っているので「動作速度が速い」「消費電力が低い」「軽量で駆動音がなく、衝撃に強い」というメリットがある。その反面、デメリットとしてハードディスクは生産、販売台数が多いことがあって、価格はかなり安くなっているが、**SSDは相対的に高い**ということが挙げられる。ただし、フラッシュメモリの生産が増えているので、今後SSDの価格の値下がりが期待できる。

　なお、最近は購入時にSSDかHDDかを選択することも多い。

第6章
音楽と映像機器のしくみ

The Visual Encyclopedia of Personal Computer

パソコンで音楽を聴くしくみ

> **Keyword** **デジタルデータ** コンピューターで処理ができるように、0と1の2進数で書き換えた情報のこと。

● パソコン内で行われる音声データの処理

　音楽をパソコンに取り込んだ時、パソコンで扱えるデータ形式に変換したり、パソコンからオーディオ出力できるように変換処理を行うのが**サウンドチップ**や**サウンドカード**の役目である。

　そもそもパソコンで扱えるデータはデジタルデータだけである。外部のオーディオ機器、あるいはマイクなどからパソコンに入力したアナログ音声データのままではパソコンで扱うことはできない。そこで、パソコン内部で何が行われているかというとアナログ→デジタル→アナログといった変換処理である（図6-1）。

　具体的に説明すると、まず初めにアナログ音声データは**デジタルデータ**に変換されて音楽ファイルになる。このアナログデータのデジタル化を**A/D変換**または**A/Dコンバータ**という。この「A」はアナログ、「D」はデジタルの頭文字からきている。

　次に、音楽再生ソフトで再生すると、その時サウンドチップでは音声データ処理が行われ、デジタルデータからアナログデータに変換されて接続しているスピーカーやヘッドフォンに送られる。そして私たちの耳に届くのである。

　また、CDやDVDなどの光学式ドライブから送られてきたデジタル音声データもサウンドチップでデータ処理が行われアナログ化して出力機器に送られる。このようにデジタルデータのアナログ化を**D/A変換（D/Aコンバータ）**という。

6-1 音声データの入力のしくみ

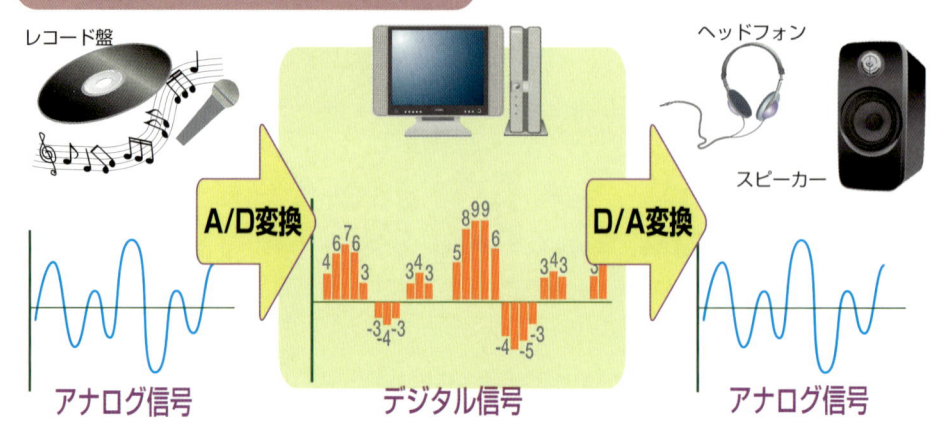

レコード盤　　　　　　　　　　　　　　　　　　　　　　　ヘッドフォン
　　　　　　　　　　　　　　　　　　　　　　　　　　　　スピーカー

A/D変換　　　　　　　　　　D/A変換

アナログ信号　　　　デジタル信号　　　　アナログ信号

> **知っ得** デジタルデータのメリットはデータが劣化せず、ノイズに強く、インターネットでやり取りができ、加工しやすいということである。

アナログからデジタルへの変換のしくみ

アナログデータの定義は「時間の変化に伴い連続的に変化するデータ」だが、ここで取り上げるパソコンに取り込まれたアナログ音声データの場合も、時間の経過とともに変化する空気の振動の強弱を波形で表したものが右図6-2Aの**アナログ音声信号の波形**である。

波形データから一定の時間ごとに波形を細かく区切って、音がどのように変化していくのかを割り出す作業を**サンプリング**と呼ぶ(図6-2B)。詳しく説明すると、まずは1秒間あたりの波形を取り出し、何回に分割するかを決める。これを**サンプリング・レート(周波数)**といい、単位は「Hz(ヘルツ)」で表す。例えば、音楽CDで使用されるサンプリング・レートが44.1Khzの場合であれば、1秒間あたり44,100回に分割するということを意味する。

次に、サンプリングした1個1個の音量データ(振動の強さ)をそれぞれどの位の精密さでデジタル化するかを割り出していく。この割り出した数値を**サンプリング・ビット数**という。このように、サンプリングした時間と音量に関する情報をデジタル信号に置き換えることを**量子化**という(図6-2C)。

そして、量子化されたデジタル信号はパソコンが理解できる2進数データに置き換えられる(図6-2D)。これを**符号化(エンコード)**という。なお、2進数とは「0」と「1」の2種類の数字を使って数を表現する進法である。

6-2 A/D変換のしくみ

A アナログ音声信号の波形

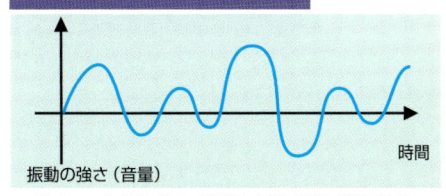

パソコンに取り込んだ音は人間の耳に聞こえる範囲でアナログ音声信号として波形で表される。

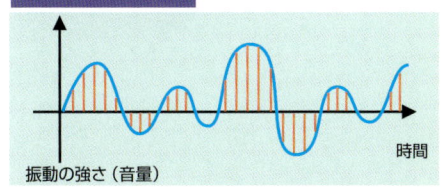

B サンプリング

1秒間あたりのサンプリング(一定の間隔ごとに波形を区切る)回数がサンプリング・レートになる。

C 量子化

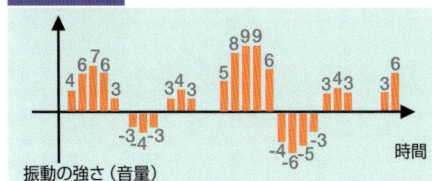

サンプリングした個々のデータを数値で表したものがサンプリング・ビット数になる。

D 符号化

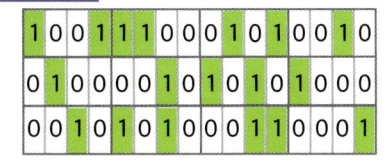

0と1で2進数データに変換する

> **豆知識** アナログ音声データからデジタル音声データへの変換時にサンプリング周波数とサンプリングビットが大きいほど音質が良くなるがデータ量も多くなる。

サウンドカード

> **Keyword**
> **5.1ch** 正前、左右前方、左右後方、低音出力用の6つのスピーカーを置くことで360度から音が聴こえ臨場感のある音を楽しめるシステム。

サウンドカードの役割

サウンドカードは、パソコン内で音声の入出力処理を行う**サウンドチップ**が搭載された拡張用の回路基板のことで、マザーボード上のPCIやPCI Expressスロットに取り付けて使う。

ただし、最近のパソコンにはマザーボード上に性能の良いサウンドチップが初めから組み込まれていて（オンボードという）、十分なサウンド機能を実現できるため、普通に音楽を聴く位ではわざわざサウンドカードを取り付ける必要がなくなってきた。

ところが、音楽鑑賞が趣味で音質にこだわりを持つ人や、多重チャンネルで臨場感のある音楽を楽しみたいオーディオマニアや、ゲームをパソコンで楽しむ人にとってはサウンドカードは依然として重要なツールである。

なお、音楽制作作業などをする際に使われるサウンドカードは、さらに高音質化されていてかなり高価なものでもありオーディオカードと呼ばれ、ここでいうサウンドカードとは区別されている。

オンボードではなくサウンドカードを選ぶ理由

オンボードのサウンドチップでは音声データの処理から再生までをパソコンのCPUでソフトウェア的に処理するため、CPUに負荷がかかりすぎて、音飛びしたり、システムに影響を及ぼすことがある。特にゲームなど3Dエフェクト処理を一緒に行う場合はサウンドを再生するのにCPUを占有してしまい、画面の動きが悪くなったりと影響が出やすい。多重チャンネルなど複雑化する音声データの処理についても同じだ。そこで、これらの処理をサウンドカード上のサウンドチップで行えばCPUにかかる負担が軽くなるのでシステム自体への影響が少なくなる。

サウンドカードを選ぶポイント

サウンドカードに実装される対応チャンネル数（4.1ch、5.1ch、6.1ch、7.1chなど）やインターフェースの種類などは自分の手持ちや購入予定のスピーカーなどとも合わせて選ぶ必要がある。また、ゲーム用のコントローラであるジョイパッドやジョイスティックを接続するためのジョイスティックポートが実装されているサウンドカードもあるので用途に合わせたサウンドカードが必要になる。

> **一口メモ** chは「チャンネル」のことで、接続可能なスピーカーの数を表している。2chは2個のスピーカーで通常のステレオサウンドのことである。

6-3 サウンドカード

写真：クリエイティブメディア株式会社提供

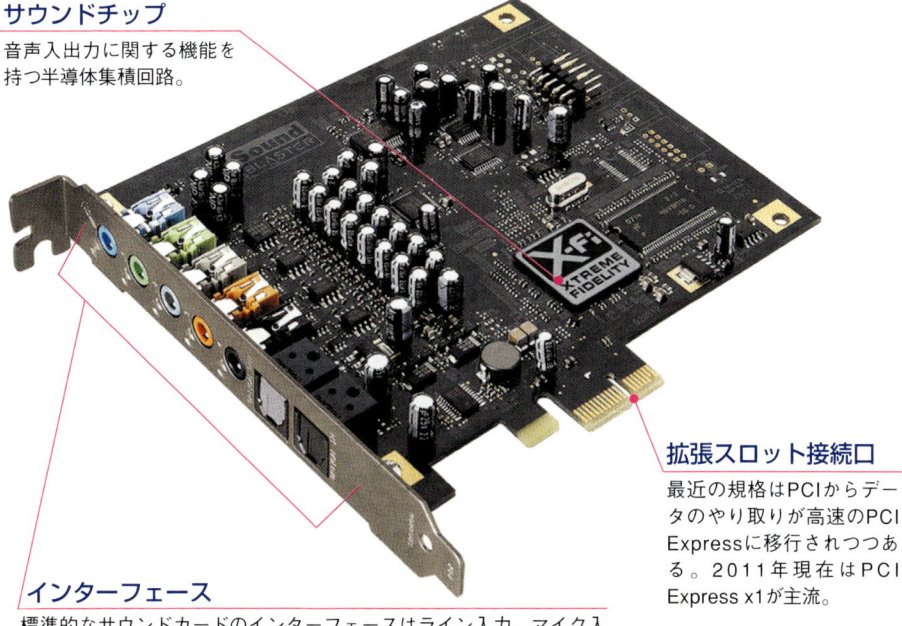

サウンドチップ
音声入出力に関する機能を持つ半導体集積回路。

拡張スロット接続口
最近の規格はPCIからデータのやり取りが高速のPCI Expressに移行されつつある。2011年現在はPCI Express x1が主流。

インターフェース
標準的なサウンドカードのインターフェースはライン入力、マイク入力、ライン出力などだが、光デジタル入出力のコネクタがあるサウンドカードもある。これにデジタル機器を接続すれば、デジタル音声による録音や再生ができ、AVアンプを接続すればサラウンド再生もできる。

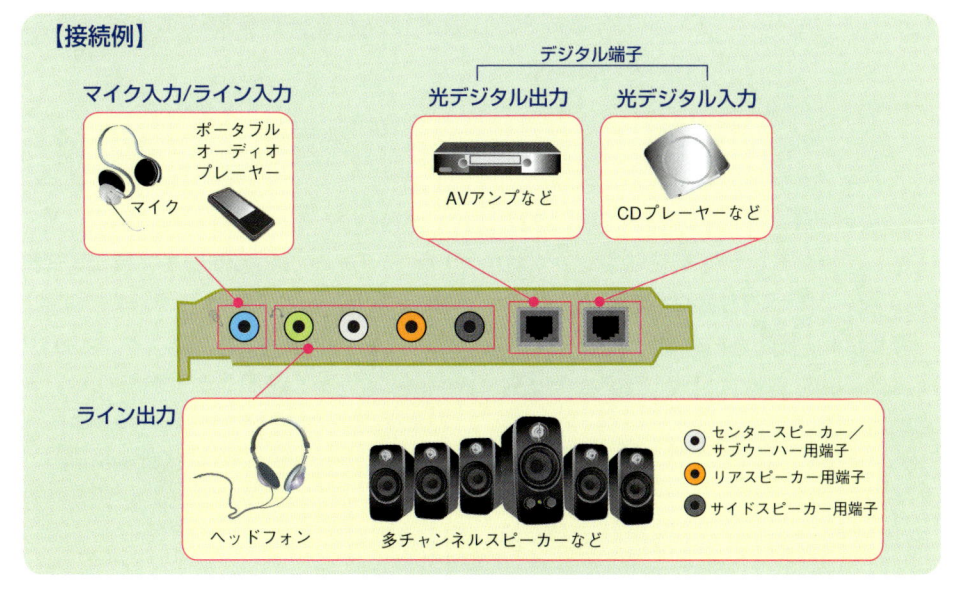

【接続例】

マイク入力/ライン入力
マイク
ポータブルオーディオプレーヤー

デジタル端子
光デジタル出力：AVアンプなど
光デジタル入力：CDプレーヤーなど

ライン出力
ヘッドフォン
多チャンネルスピーカーなど

○ センタースピーカー／サブウーハー用端子
○ リアスピーカー用端子
○ サイドスピーカー用端子

豆知識 5.1chは6個のスピーカーを使って音声を調節するのに、「6ch」と呼ばない理由は重低音用スピーカーはサブウーハーと呼び、「0.1」と数えるためである。

パソコンでテレビを見るしくみ

> **Keyword** 地上デジタル放送　地上波によるデジタル方式の無線局からのテレビ放送のことで、2011年7月に地上アナログ放送から完全移行した。

▶ 地上デジタルテレビ放送が視聴できるパソコン

　パソコンに地上デジタルテレビチューナーが搭載されていれば、B-CASカード（デジタル放送受信機に同梱されているICカード）を挿入し、UHFアンテナ線をつなげるだけでパソコンで地デジ放送が視聴できる。このタイプは**地デジ対応パソコン**として販売されている。テレビチューナーが搭載されていないパソコンでも**USB外付け地デジチューナー**を接続すればテレビは見られるようになる。

　地デジ対応パソコンではテレビ番組を視聴できるだけでなくハードディスクに番組を録画したり、ブルーレイドライブを内蔵しているパソコンならば録画した番組をブルーレイディスクに保存することも可能だ。もちろん、テレビを視聴しながら同時にインターネットで情報を収集したり、ブログを書くといったパソコンでの作業も普通に行える。

　ディスプレイについては、HD（ハイビジョン）放送の場合1440×1080ドットの解像度なので、ディスプレイは1440×1080以上のものがいい。地デジ対応パソコンで1920×1080ドットの高解像度のものであれば、フルHD（ハイビジョン）映像も楽しめる。

▶ 地上デジタルテレビ放送を見るためのパソコンの条件

　パソコンのディスプレイとグラフィックスカードが**HDCP（エイチディーシーピー）**という規格に準拠している必要がある。HDCPとは映像を出力する機器と映し出す機器を接続するときに**信号を暗号化し、コンテンツを不正にコピーされないようにする著作権保護技術**のこと。

　Windows7発売後に販売されているディスプレイやグラフィックスカードであれば、ほぼHDCP対応になっているがHDCP非対応の場合は映像が映し出されないので注意が必要。取扱説明書やメーカーに問い合わせるなどして確認する必要がある。

　そして、もう1つの条件はグラフィックスカードを動作させるためのソフトウェア（ドライバー）が**COPP（シーオーピーピー）**という技術に対応していること。COPPも**デジタルコンテンツの著作権保護技術**の1つで、パソコンで動作するソフトウェアとグラフィックスチップ（GPU）の間でやり取りする信号を暗号化し、他のソフトウェアからの不正コピーを防ぐ技術。これはWindows XP SP2以降のパソコンやWindows Media Player10以降であれば対応している。

知っ得　ワイヤレステレビパソコンなら、アンテナケーブルを付属の機器に接続すれば、パソコンとは無線で電波を送ってくれるのでパソコンを自由に移動できて便利。

6-4 著作権保護技術とは

COPP対応グラフィックスカード：
映像を出力する機器

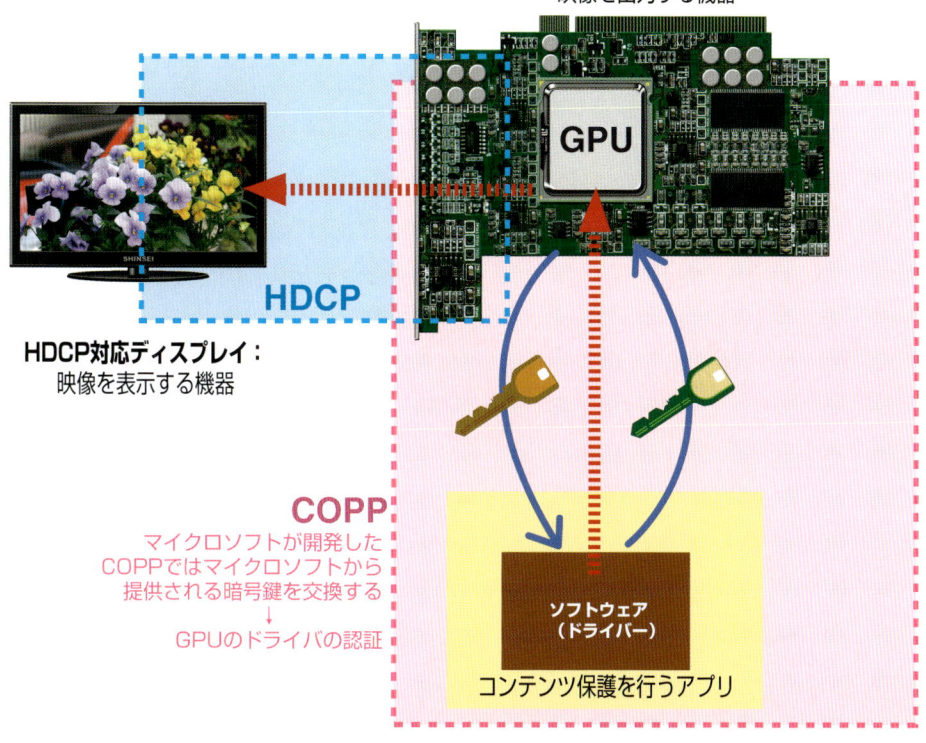

GPU

HDCP対応ディスプレイ：
映像を表示する機器

HDCP

COPP
マイクロソフトが開発した
COPPではマイクロソフトから
提供される暗号鍵を交換する
↓
GPUのドライバの認証

ソフトウェア
（ドライバー）

コンテンツ保護を行うアプリ

🌐 地上デジタルテレビ放送を見るためのパソコンのスペック

　パソコンのOSは、Windows XP SP2以上で、推奨メモリが1GB以上であれば視聴可能といわれているが、OSはできればWindows VistaやWindows 7のほうが問題が少ない。メモリも2GBより大きければ、そのほうが望ましい。

　CPUについては、膨大なデータの処理をスムースに行うためにも最新のもののほうがいいといえるが、地デジチューナーを扱うメーカーによれば、ノートパソコンの場合は「Core i3 330M（2.13GHz）」以上、デスクトップパソコンの場合は「Core i3 530（2.93GHz）」以上を推奨している。

　HDD（ハードディスク）に関しては録画を頻繁に行うのであればあるほど大容量のHDDが必要になる。例えば、HD（ハイビジョン）放送を100時間録画するには約200GBの容量が必要になり、フルHD（ハイビジョン）放送になれば、100時間録画すると約700 GBの容量が必要になる。このように大容量のHDDが必要な場合は大容量の外付けHDDなどを利用することも可能だ。500GB、640GB、1TB…とさらに容量の大きなものもあるので、必要に応じて選ぶようにしよう。

豆知識 HDCP対応の映像再生機器やディスプレイなどの表示機器が持つインターフェースはHDMIとHDCP対応DVIになる。

地デジチューナー

> **テレビチューナー** アンテナで受信した電波をテレビで映像や音声として視聴できるような電気信号に変換する装置。

▶ テレビチューナーの種類

　テレビ放送は長い間、地上アナログ放送が主な放送だったので一般的なテレビにはアナログ放送対応の**テレビチューナー**が内蔵されていた。1986年衛星放送が始まるとそれに加えて**BS/CSアナログチューナー**が搭載されるようになり、2003年にデジタル信号によるデジタル放送が始まってからはデジタル放送対応の**テレビチューナー**が必要になった。

▶ パソコン用テレビチューナー

　2008年以前にパソコンで地上デジタル放送を視聴するには、地デジチューナーが搭載済みの液晶ディスプレイとパソコン本体がセットになったパソコンを購入しなければならなかったが、2008年になり地デジチューナーのみが単体で販売されるようになってからは、パソコンのPCIスロットやPCI Express x1スロットに増設することが可能になった。また、外付けタイプの地デジチューナーもあり、簡単にUSBでパソコンに接続できるようになった。

　また、地デジチューナーは地上デジタル放送を受信するための機器だが、観るだけでなく、地デジキャプチャーという録画して編集できる機能が付いたものもある。

　2011年現在では、地デジ、BS、110度CSデジタル放送の3波を受信できるチューナーや、地デジ放送とBS放送やCS放送を同時に視聴・録画できるWチューナータイプなどもある。

6-5 PC用内蔵 地デジチューナー

● PCI Express x1内蔵 地デジチューナー

写真：株式会社バッファロー 提供

豆知識 チューナーに装着しなければいけないB-CASカードのシステムは、BSデジタル放送の有料番組視聴において、視聴者を限定するシステムとして始まった。

6-6 PC用外付け 地デジチューナー

アンテナ入力端子

B-CASカード
限定受信システムの為に必要なICカード。著作権保護、有料放送、自動表示メッセージ、データ放送の双方向サービスなどに利用される。

B-CASカード挿入口

地デジチューナーのしくみ

　地デジ放送は番組の電気信号をデジタル信号に変換(符号化)し高周波に乗せるためデジタル変調を行い家庭に向けて搬送波として送信している。これをアンテナで受け、チューナーでは送信されてきた高周波から希望のチャンネルを選局しデジタル搬送波からデジタル信号を取り出す(復調)機能を担っている。

　復調には2段階あり、まずは放送局側が送信時に搬送波をまとめるために行うOFDM(直交周波数分割多重)という変調の復調。さらに各搬送波のデジタル変調の復調を行う。

　なお、デジタル信号を高周波に乗せるために行うデジタル変調には波長の振幅、振幅数、位相(状態や位置)、または複数の要素をまとめて変化させるなどの方法があり、地デジ放送では位相を変化させるQPSK、位相と振幅を変化させる16QAM(1回に4bit送信)や64QAM(1回に6bit送信)が採用されている。1つのチャンネルの搬送波で複数の番組を送信できるので固定受信向けに64QAM、移動受信向けにはQPSKという具合に番組ごとに相応しい変調の採用も可能である。

> **知っ得** 地上デジタル放送の放送方式はISDB-Tと呼ばれ複数の変調方式が利用できることによる複数のサービスの実現とOFDM方式による妨害に強いという特長がある。

グラフィックスカード

Key word **PCI Express** マザーボードとグラフィックスカードをつなぎ、データを伝送する役割を持つバスのこと。

▶ グラフィックスカードの役割

　グラフィックスカードはCPUが転送した画像データをディスプレイに高速に表示させるための基板のことで、グラフィックスカードの性能が良ければグラフィックスを速く美しく表示させることが可能になる。

　最近では、マザーボードのスロットにグラフィックスカードを差さなくても、CPUにグラフィックス機能が搭載されている（HDグラフィックス）パソコンがあり、それなりの画像処理を行ってくれる。

　ただし、3Dゲーム画面のように画像が次々と移り替わるような動画を快適に表示させたり、高精細な画像を楽しみたい場合は、別売りの高性能なグラフィックスカードを購入して、それをマザーボードのスロットに取り付ける必要がある。

▶ グラフィックスカードの取り付け

　グラフィックスカードには**AGPグラフィックスカード**（パラレル転送）や**PCI Expressグラフィックスカード**（シリアル転送）と呼ばれるものがあり、マザーボードの「AGPスロット」や「PCI Express×16スロット」に取り付ける。

　最近は転送速度や容量の大きいPCI Expressグラフィックスカードが主流となっている。このグラフィックスカードは、例えばハイビジョン映像を表示できる2,048×1,536ドットという超高解像度の画像を高速に表示したり、動画もテレビのように滑らかに表示する機能を持っている。

▶ グラフィックスカードのしくみ

　グラフィックスカードにはマザーボードのCPUやメモリと同じような役割を持つビデオサブシステム回路が搭載されている。このビデオサブシステム回路は3つの回路で構成されており、**GPU**（Graphics Processing Unit）、**グラフィックスメモリ**、そして**ビデオインターフェース回路**である（図6-7）。

　ディスプレイ上に画像を表示させるには、まずグラフィックスカード上のGPUを使う。GPUは画像の処理をする装置で**ビデオチップ**（かつてはグラフィックスアクセラレーターと呼んだ）と呼ばれる。**CPUは始点の座標と終点の座標と線の色情報**をGPUに転送するだけで、座標の計算はGPUが行い、GPUが図形を描いている間はCPUは別の仕事ができてパソコン全体の動作は非常に速くなる。GPUは直

豆知識 グラフィックスカードは、「ビデオカード」「グラフィックスボード」「ビデオボード」「VGA」など、いろいろな呼び方がある。

線だけではなく四角形、円、３Ｄ画像も高速に表示できる。

次に、CPUからGPUを通して転送されてきた画像データを記憶するのが**グラフィックスメモリ**である。グラフィックスメモリの容量は多いほうが画像データが多く記憶され、画像がよりきれいに滑らかになる。

ビデオインターフェース回路というのはグラフィックスメモリに記憶された画像データをディスプレイが表示可能なデジタル信号に変換して転送する回路である。最近はデジタル信号をそのまま出力できるデジタルディスプレイを使うことが多くなったので、グラフィックスメモリに記憶された画像データをGPUを通した後で、TMDS信号（デジタル信号）に変換してディスプレイに転送する。アナログ信号への変換が必要ないため画像の劣化は少なくなる。

6-7　グラフィックスカードのしくみ

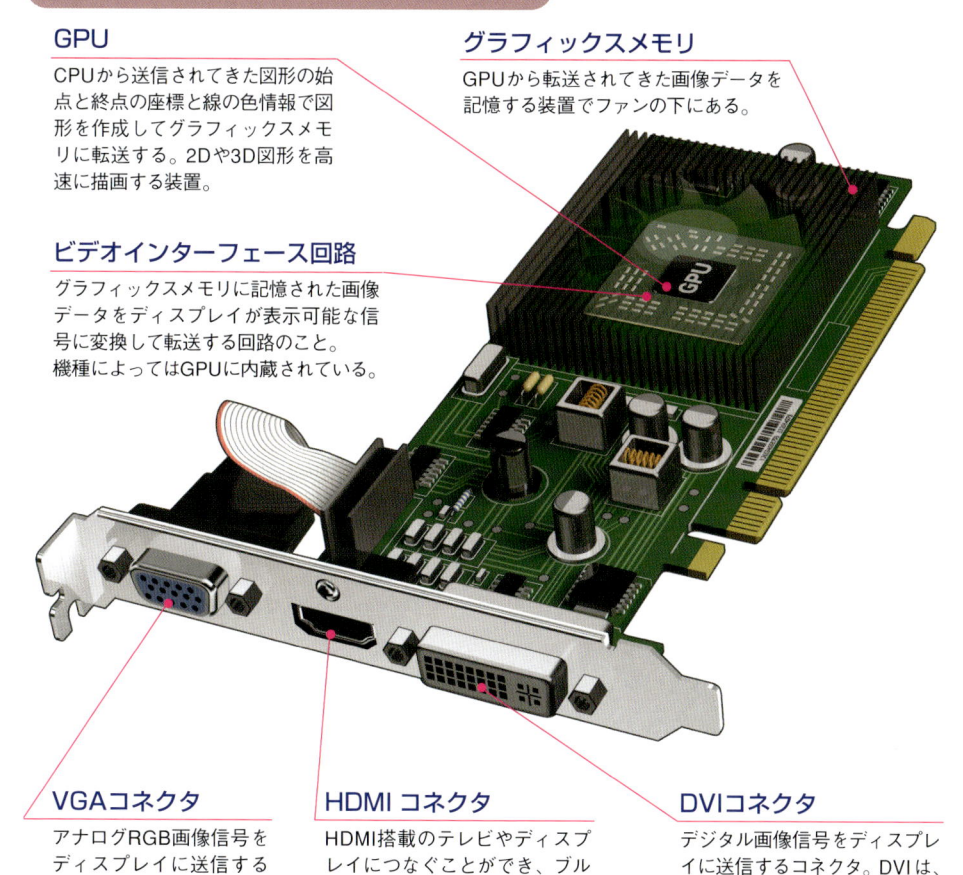

GPU
CPUから送信されてきた図形の始点と終点の座標と線の色情報で図形を作成してグラフィックスメモリに転送する。2Dや3D図形を高速に描画する装置。

グラフィックスメモリ
GPUから転送されてきた画像データを記憶する装置でファンの下にある。

ビデオインターフェース回路
グラフィックスメモリに記憶された画像データをディスプレイが表示可能な信号に変換して転送する回路のこと。機種によってはGPUに内蔵されている。

VGAコネクタ
アナログRGB画像信号をディスプレイに送信するコネクタ。アナログRGBコネクタともいう。

HDMI コネクタ
HDMI搭載のテレビやディスプレイにつなぐことができ、ブルーレイやデジタル放送をハイビジョン出力可能。

DVIコネクタ
デジタル画像信号をディスプレイに送信するコネクタ。DVIは、Digital Visual Interfaceのこと。

> **豆知識** PCI ExpressのPCIというのはPeripheral Component Interconnectの略でこれもバスの規格の1つである

MIDI音源

> **MIDIデータ** ファイルの拡張子が「.mid」のデータ。音声ではない演奏に関する情報だけのファイルのことで再生するには音源が必要になる。

MIDIは世界共通の規格

MIDIはパソコンと電子楽器をつなぎ音楽データをやり取りする世界共通の**規格**のことで、Musical Instrument Digital Interfaceの略である。MIDIデータは演奏する音程、音の強さ、楽器の種類、音の長さなどの演奏方法がデジタル化して記録され、さらに曲名、トラック名、著作権に関する様々な情報を持つ楽譜のようなものである。

MIDIデータは「音」を含まないため、オーディオファイル（MP3ファイルなど）と比べるとファイルサイズが小さい。

MIDI音源とは

MIDIデータ自体は音を持たないため、パソコンで聴くには**音源**で再生しなければならない。つまり、記録されている情報（何の楽器でどのように演奏するか）に従い音を出せる**MIDI音源**が必要になる。MIDIデータが楽譜ならば、音源はいわば楽器のようなものである。

MIDI音源には**ソフト音源**と**ハード音源**の2種類がある。ソフト音源は**ソフトウェアシンセサイザー**といい、パソコンに内蔵されたソフトを使いデジタル信号処理を行い音を出す。なお、WindowsパソコンにはMicrosoft GS Wavetable SW Synthというソフトウェアシンセサイザーが標準搭載されていてパソコンで再生できるようになっている。ただし、ハード音源に比べると音の質は下がる。

そこで市販のソフトウェアシンセサイザーを購入したり、オーディオMIDIカードを増設して高音質にすることも可能。

一方、ハード音源には**外部MIDI音源**の機器が必要でパソコンとUSBケーブルで接続する。専用のマイクロプロセッサーを装備した高性能な音源でソフト音源よりも優れた音質で再生できるが、高価なものになる。

パソコンと電子楽器の接続

MIDI対応の電子楽器（MIDIキーボードなど）はMIDIケーブルで外部MIDI音源を介すか、あるいは直接パソコンに接続する。最近は、USB接続対応の機器もありUSB接続も可能。MIDIキーボードで演奏した曲をパソコンでソフト（シーケンサーソフト）を使い記録したり、音源で再生できる。これら一連の音楽制作作業をDTM（デスクトップミュージック）と呼ぶ。

一口メモ シーケンサーソフトとは音楽制作用のソフトウェアのことで、別名DAW（Digital Audio Workstation）ソフトともいわれる。

ヘッドセット

> **Key word** **インターネット電話** インターネット回線を使って相手と音声で通信する。パソコン同士なら無料で世界中の人と通話ができる。

❯ ヘッドセットとは

　ヘッドフォン（イヤーフォン）とマイクが一体化した装置がヘッドセットで、パソコンでスカイプなどのインターネット電話やメッセンジャーなどの音声（ボイス）チャットをする時に使用する。携帯電話やゲーム機などでも使われる。

　ヘッドセットの種類はオーバーヘッドタイプ、ヘッドフォンのヘッドバンドを首の後ろにまわして使うネックバンドタイプ、耳にひっかけて使う耳掛けタイプ、イヤーフォンタイプなど様々なタイプのものがある。

　オーバーヘッドタイプやネックバンドタイプはヘッドフォン部にマイクが内蔵され、ボイスパイプを通して拾われた声がマイクに届くしくみになっている。耳掛けタイプはマイクとイヤーフォンが一体化し、イヤーフォンタイプはケーブル部にインラインマイクが搭載してある。

　パソコンとの接続はヘッドセットのケーブルのヘッドフォンコネクタとマイクコネクタをそれぞれパソコン側のイヤホン端子とマイク入力端子に接続する。最近ではパソコンのUSBポートに接続して使えるヘッドセットやBluetooth機能搭載のパソコンの場合は、ケーブルなしで接続可能なタイプのヘッドセットが使える。

6-8 耳掛けタイプ（ワイヤレス）

- イヤーフック
- 電源
- マイク
- 無線通信回路基板
- スピーカー
- ステレオ対応コード　左右のヘッドセットを接続している。

> **知っ得** Bluetoothは携帯情報器向けの2.45GHz帯の電波を利用した無線通信技術のことで、電波の利用には免許も要らず誰でも利用できる。

iPod（アイポッド）

> **Keyword　ジェネレーション**　iPodの表記で使われるGeneration/Gは「世代」を意味し、これにより製品発表期を示しモデルを特定できるようにする。

▶ iPodの特長

　iPodは米国アップル社が開発した**携帯型メディアプレーヤー**である。小型なのに数万曲と膨大な音楽データを入れることが可能。さらに動画、ポッドキャスト、画像、そしてExcelやWordなどのファイルの記録媒体としても使える。

　ただし、録音機能はない。そのためiPodに音楽や動画などを入れるには、まずはパソコンに音楽や動画などのデータを取り込む。この時必要なのが**iTunes（音楽、動画の管理・再生ソフト）**になる。そして、パソコンとiPodをUSB接続してiPodを同期するとiTunes内のデータがiPodに転送されるしくみだ。

　音楽CDのデータをiTunesに取り込む際に初期設定ではAACファイルとして保存されるが、設定を変えればAIFF、MP3、WAVなどのフォーマットも選べる。また、後からMP3に変換が可能だ。

　2011年現在、iPodの種類は、かつてはiPodと呼ばれていたiPod classic（160GB・HDD内蔵）、iPod shuffle（2GB・フラッシュメモリ内蔵）、iPod nano（8GB/16GB・フラッシュメモリ内蔵）、iPod touch（8GB/32GB/64GB・フラッシュメモリ内蔵）があり販売されている。2010年9月発売のiPod touchに関しては音楽や動画の再生の他、カメラ機能が追加され画像が撮れるようになった。また、無線LANでWebブラウザーを開きインターネットが使えるようになったり、もはやメディアプレーヤーの域を越え、携帯情報端末（PDA）といわれている。

▶ iPodの操作のしくみ

　iPodの大きな特長である操作方法は、iPodの種類によって多少異なる。iPod classicでは指一本で簡単に操作できる**クリックホイール**が搭載され、iPod shuffleは音楽のシャッフル再生を主な目的とするためディスプレイは持たず、コントロールパッドで操作を行う。

　そして、2010年9月発売のiPod touch、iPod nano（第6世代）にはiPhoneやiPadでお馴染みの**マルチタッチディスプレイ**が搭載されている。これは画面上で何本かの指を動かすと、ディスプレイ表面のタッチセンサーが指先の接触により生じた静電容量の変化を感知して(静電容量方式)、指の位置や動き、また速さなどに関する情報を得る。それにより画面の拡大、縮小、スクロールなどの操作ができるようになる。

116　**一口メモ**　iPod classicのクリックホイールとは、円状のタッチパッドを回転させるように軽く指で触れて操作を行う方法。

6-9 第4世代iPod touchの概要

大きさ
111mm×58.9mm

重さ
101g

厚さ
7.2mm

音量調節ボタン
音量調節時には画面にボリュームバーが表示される。

ホームボタン
アプリケーションやフォルダーが並ぶホーム画面に戻る。

ディスプレイ
Retina（網膜）ディスプレイを搭載。左右に指をフリック（スライド）してアルバムを選べる。
特長は
◆3.5インチ（対角）
◆ワイドスクリーン
◆960×640ピクセル解像度、326ppi
◆マルチタッチディスプレイ

6-10 マルチタッチディスプレイ（静電容量方式）のしくみ

タッチセンサー + 強化ガラス
多数の電極パターンが基盤状に作成されていて電界が形成されるので、指先のタッチにより生じる静電容量の変化を感知し（下図参照）、位置を認識して、ディスプレイに情報を伝える。

資料：アップル株式会社提供

Retinaディスプレイ

第6章

豆知識 iPod touchとiPhoneの違いは、iPod touchには通話機能、GPS、デジタルコンパス、SMSなどの機能がない。携帯型メディアプレーヤーとしてはほぼ同じである。

デジタルカメラ

> **Key word** **イメージセンサー** 撮像素子ともいわれ、レンズを通して取り込まれた光の像を信号化する半導体のこと。主にCCDとCMOSなどがある。

❯ デジタルカメラの種類

　デジタルカメラはおおまかに分類すると**コンパクトデジタルカメラ**と**デジタル一眼レフカメラ**になる。コンパクトには小型でシーン別のオート撮影ができるタイプからマニュアル撮影機能が付いた高性能のもの、またネオ一眼というレンズ交換はできないが外観が一眼レフカメラのようなタイプでコンパクトよりはズーム倍率が大きいものがある。

　一方、レンズから入った光をミラーで反射させてファインダーに被写体を表示させるのがデジタル一眼レフだが、最近ではミラーを持たないミラーレス一眼（マイクロ一眼）カメラもあり通常のデジタル一眼レフカメラよりはコンパクトなサイズになっている。

❯ デジタル画像が記録されるしくみ

　レンズから被写体の光が**CCD/CMOS**などのイメージセンサー（撮像素子）に到達すると、光の強さに応じて**受光素子**（フォトダイオード）が反応する。受光素子はイメージセンサー上に小さく並んでいて、例えば受光素子が200万個あると総画素200万画素のデジタルカメラということになる。

　そして、受光素子にはカラーフィルターが付いていて（図6-12）イメージセンサーの表面に結ばれた光の像（生データ）を光の強弱で色の情報を集めて電気信号に変換し、画像処理エンジンでデジタルデータに変換する。つまり、生データを目に見えるように現像して、データの圧縮をしてメモリカードに画像を記録する。

❯ 画素数について

　デジカメで撮った写真は小さな点が集合して成り立つ。この点を**画素**（ピクセル）という。1枚の写真で画素数が多ければ写真ははっきりときれいに写る。画素数が多いほうが写真は高細密になるがコンパクトデジカメの場合は小さいイメージセンサー（図6-13）にあまり多すぎる画素数では逆にノイズが増える。つまり、高画素数が必ずしも写真の高画質につながるというわけではなく、**イメージセンサーのサイズが大きく関係してくる**のだ。そこで、通常印刷においてL版の写真の場合なら150万画素程度、はがきサイズでは200万画素程度あれば十分であるということを覚えておくと、カメラを選ぶときの目安にもなる。

> **知っ得** 従来のCMOSセンサーより約2倍の感度を実現した「裏面照射型CMOSセンサー」はSONYが実用化に成功した。

6-11 デジタルカメラの構造

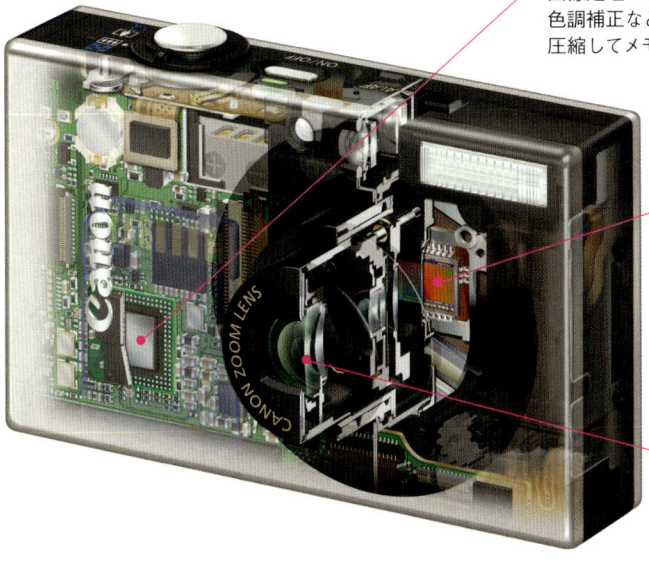

イメージプロセッサー
画像処理エンジンのこと。画像データの色調補正などの処理をしたり、データを圧縮してメモリカードへ記録させる。

イメージセンサー
撮像素子（CCDやCMOS）ともいう。外から集まった光を画素ごとに電気信号に変換する。

レンズユニット

画像：キヤノン株式会社提供

6-12 CMOSセンサーの構造

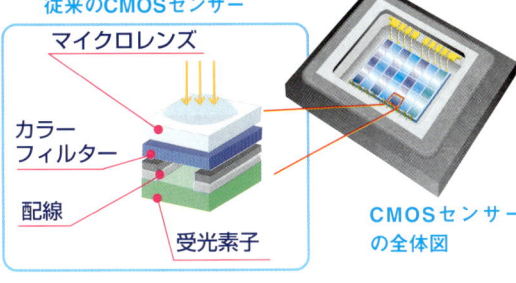

裏面照射型CMOSセンサー
- マイクロレンズ
- カラーフィルター
- 受光素子
- 配線

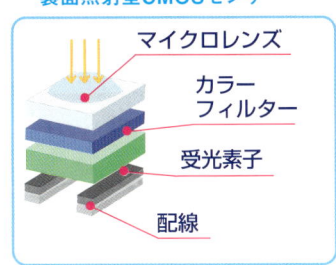

従来のCMOSセンサー
- マイクロレンズ
- カラーフィルター
- 配線
- 受光素子

CMOSセンサーの全体図

裏面照射型CMOSセンサーとは
従来のセンサーでは入ってきた光が配線層で多少遮られていたが、受光素子と配線の構造を反転することで、入射する光の量が増えるため、センサーの受光感度が向上した。

6-13 CMOSセンサーのサイズ比較

35mmフィルム型 
高級デジタル一眼レフで採用。フルサイズモデルという。
サイズ (mm)
36 x 24

APS-C 
デジタル一眼レフで広く採用。
サイズ (mm)
23.4 x 16.7

1/2.33型 
コンパクトデジタルカメラで広く採用。
サイズ (mm)
6.2 x 4.6

豆知識 パナソニックとOLYMPUSが開発した新しいCMOSセンサーがLive MOSセンサー、低消費電力でノイズも少ないセンサーでOLYMPUSやパナソニック製品で使用。

デジタルビデオカメラ

> **Key word** **DVカメラ** HDデジタルVCR協議会で標準規格としているDV方式に対応している家庭向けカメラのことで、DVはDigitalVideoの略。

❯ デジタルビデオカメラの種類

　デジタルビデオカメラは撮影した映像や音声をデジタルデータに変換して記録する。記録媒体は主に**HDD**、内蔵メモリまたはメモリカードになっている。

　一般的に家庭向けに販売されているものを**DVカメラ**といい、画質はSD（スタンダード）画質、HD（ハイビジョン）画質、フルHD画質の3種類あるが、2011年現在では**HD**や**フルHD**ビデオカメラが主流になってきている。フルHD画質であれば大画面テレビで見ても見劣りしない高精細な映像になる。

❯ デジタルビデオカメラの撮影のしくみ

　デジタルビデオカメラの光学レンズから光が**CCD/CMOS/MOS**などのイメージセンサー（撮像素子）に到達して受光素子が光の強弱に反応し、色に関する情報を集めて電気信号に変え、画像処理エンジンでデジタルデータに変換する。ここまではデジタルカメラのしくみと同じだが、動画として記録するために**毎秒60回**（キヤノンの場合）のスピードで連続して光の取り込みを行う。また、マイクで記録された音声も電気信号に変換される。

　その後データをコーデックエンジンで高速に圧縮して、記録媒体に記録される。

　これらすべてデジタルで行われるので、画質が劣化することはない。

❯ イメージセンサーのしくみ

　イメージセンサー（撮像素子）にはCCD、CMOS、MOSなどがあるが最近の主流は**CMOS**センサーを採用しているデジタルビデオカメラが多い。ただしパナソニック社では**MOS**は**CCD**や**CMOS**と比べるとより小型で高感度になるという見解から多くの製品に**MOS**センサーを用いている。

　さらに高精細、鮮やかな色を再現する**3MOS**という、**イメージセンサーを3枚に**して各レンズで光を3原色の**レッド(R)**、**グリーン(G)**、**ブルー(B)**に分解し個別に処理するテクノロジー（図6-15）を使った製品もある。元々放送局などで使用されるプロ用のビデオカメラには以前から3CCDセンサーや3CMOSセンサーが搭載されていたが、小型化が実現し家庭用のデジタルビデオカメラでも用いられるようになってきた。

豆知識 3MOS、3CCD、3CMOSセンサーなどは3板式、あるいは3管式センサーとも呼ばれている。

6-14 DVカメラの構造

イメージセンサー
毎秒60回ごとに外から集まった映像信号を画素ごとに電気信号に変換してデジタル化する。

コーデックエンジン
撮影したものの再生や保存をするためにデコーダーやエンコーダーするためのエンジン。

イメージプロセッサー
画像処理エンジンのこと。イメージセンサーからデータを取り出し、色調補正など画像の処理を行う。

画像：キヤノン株式会社提供

6-15 3MOSのしくみ

3MOSではRGBの各色専用のイメージセンサーを利用するため、高精細な映像を表現でき、色のくすみや色転びが起こりにくく、本来の被写体の色を忠実に再現できるといわれている。

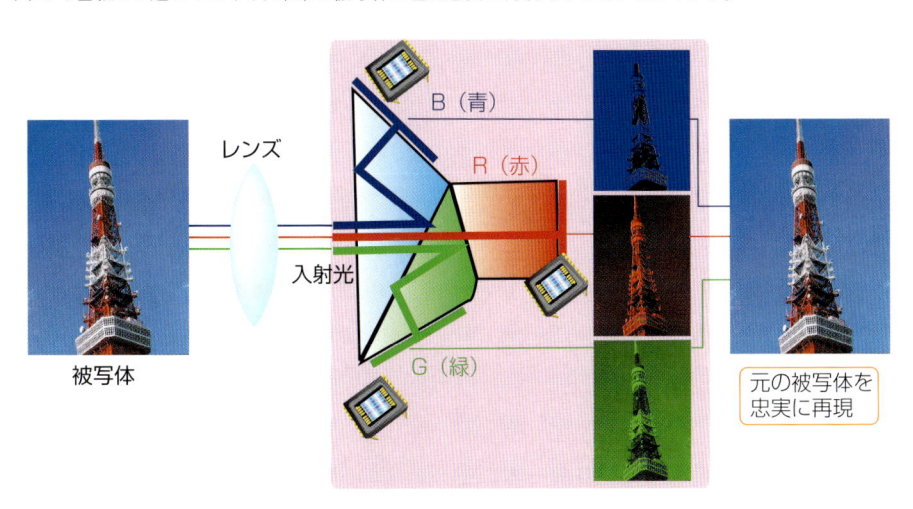

- レンズ
- 入射光
- 被写体
- B（青）
- R（赤）
- G（緑）
- 元の被写体を忠実に再現

なるほど ダブルメモリータイプのDVカメラでは、内蔵メモリに映像を記録しているときに空き容量が少なくなると、自動的にSDカードへの記録に切り替えてくれる。

COLUMN

ひときわ注目!! 音楽管理サービス

● 音楽管理/配信サービスの新たな形とは

　クラウドコンピューティングを使う様々なサービスは世界で活発化する時代になったが、ついに音楽管理/配信サービスの分野でもクラウド型のサービスが導入され始めている。

　今後、利用者が所有するパソコンにダウンロードして保存するのではなく、クラウドサービスの提供者の所有するサーバーに保存するようになる。そして、利用者が持つスマートフォンなどの複数の他の携帯端末機器などでいつでもどこでも同じデータを共有できるようになり音楽が聴けるというわけだ。このようなクラウドサービスが今後主流になるといわれている。

　すでに米アマゾンではAmazon Cloud Driveというオンラインストレージサービスをいち早く開始しているが、ここでは、新たに参入するグーグルとアップルの新サービスについて取り上げてみたい。

● グーグルの試み

　米グーグルは、Music beta by Googleというクラウドベースの音楽配信サービスを2011年5月に米国内で開始した。

　サービス内容はCDやネット配信でパソコンに取り込んだ音楽ファイルをクラウド上にあるストレージにアップロードすると、自分の所有するパソコンやスマートフォンやタブレット型端末などでストリーミングが可能になるというもの。まだ、米国内でのサービスで招待制になっているが、今後世界各地に開かれたサービスになるだろう。

● アップルの試み

　アップルはiCloudという新サービスを2011年秋頃開始する予定だ。

　今まではハブとなるパソコンでiTunesを介して音楽データなどは管理されていたが、iTunesもクラウド化されて今後はパソコンではなくクラウドでデータ管理ができるようになる。音楽データは複数の所有する他のデバイスに自動的にダウンロードされるため同期をするという意識も薄れ、さらに便利になるといわれている。

第7章
OSのしくみ

The Visual Encyclopedia of Personal Computer

OSとは

> **基本ソフト** OSのことで、パソコンに基本的な仕事をさせるために、命令や手順を提供するソフトウェアのこと。

◆ OSはどんなソフト？

　パソコンを起動するのに必要なソフトがOS（オペレーティングシステム）である。パソコンの電源を入れるとまずCPUが動き半導体に記憶されているBIOS（バイオス）という起動プログラムが動く。この時パソコンの画面ではメーカー名や英文字が表示されたりしている。

　Windowsパソコンの場合は、画面にWindowsのロゴが表示されるが、この時OSが読み込まれていて起動している。

　OSが完全に起動するとデスクトップ画面が表示される。ここからはメールソフト、Word、Excel、ブラウザーなど様々なアプリケーションの起動が可能で、これらのアプリケーションはすべてOS上で起動している。ベースとなるOSは基本的な仕事をするので**基本ソフト**と呼ばれている。

◆ OSの種類

　OSにはいくつか種類があるが、マイクロソフト社の**Windows**は世界標準といわれ、よく知られているOSである。1985年のWindows1.0発売以来現在までバージョンアップしてきた。

　これ以外にもアップル社のMacintosh（マッキントッシュ）パソコンに搭載された**Mac OS**や企業などのサーバー運用に使われる**UNIX**（ユニックス）などもある。UNIXはOSの元祖ともいわれ1960年代に開発された。コンピューターの機種に関係なく動作するC言語で記述され、多くのプラットフォームに使用されるようになった。

　また、UNIXをベースとして世界中のプログラマたちの協力のもと開発・改良されているフリーソフト（無料）の**Linux**（リナックス）（P130参照）がある。

7-1 起動とOSの関係

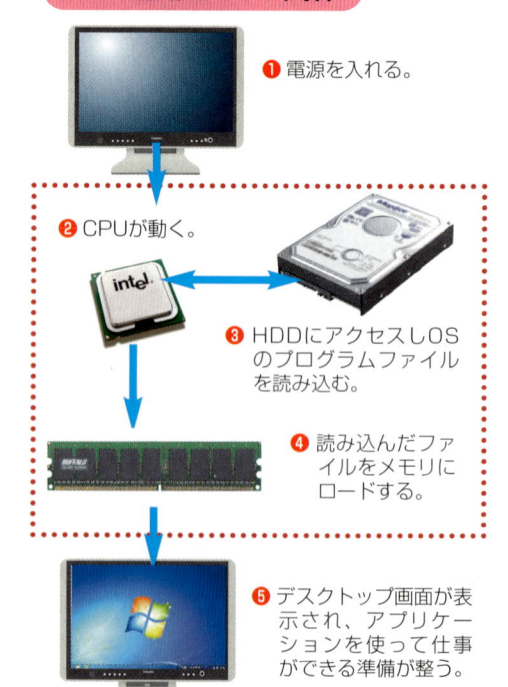

❶ 電源を入れる。

❷ CPUが動く。

❸ HDDにアクセスしOSのプログラムファイルを読み込む。

❹ 読み込んだファイルをメモリにロードする。

❺ デスクトップ画面が表示され、アプリケーションを使って仕事ができる準備が整う。

豆知識　本格的な商用OSの元祖は、IBMが1964年に発売した汎用コンピューター（System/360）に搭載された「IBM System/360 Operating System」である。

OSの仕事

Key word アプリケーション共通の機能　パソコンを使うための基本的な機能、パソコンの電源がオンの間OSは目に見えないところで動き続けている。

▶ アプリケーションのインストールと起動

OSの仕事はアプリケーションをハードディスクにインストールし、起動して使えるようにすること。アプリケーションが起動するのは、OSが空いているメモリにそのアプリケーションを割り当てたからである。この時、実装のメモリが不足しそうな場合は、ハードディスクの一部をメモリに見立てた**仮想メモリ**を確保し、見た目のメモリ容量を大きくして処理する機能を持つ。

▶ アプリケーション共通機能の提供

OSは、どのアプリケーションにも共通して必要な『入出力』『画面表示』『印刷』『保存』などの基本的機能をアプリケーション側の要求に応じて提供する。

例えば、ワープロソフトでも表計算ソフトでも、キーボードから入力し、結果画面を表示するといった共通の作業は、それぞれのアプリケーション側にそれらの基本的機能を組み込むよりも、必要な時にOSからその機能を呼び出すほうがアプリケーションの開発効率がよく、プログラミングをしなくても作れる。

このようにアプリケーションがOS側の機能を呼び出して利用するしくみを**API**（Application Program Interface）という。

▶ マルチタスク機能の提供

複数のアプリケーションを同時に起動して切り替えながら作業したり、並行して複数の作業を行うことを**マルチタスク機能**という。

OSはCPUを管理し、一定時間ごとに複数の作業を順に振り分けて処理させて、1度に複数の作業が行われているように見せている。

▶ ユーティリティの提供

ユーティリティとは、OSやアプリケーションの機能や操作性を良くするために追加されるソフトウェアのことで、インターネットのブラウザーやメールソフト、また作業効率を良くするための『ディスククリーンアップ』や『ディスクデフラグ』、セキュリティに役立つ『セキュリティセンター』などが挙げられる。

これらはユーザーの要求に応えて起動するが、このようなユーティリティはWindowsやMac OSなどに多数標準搭載されている。

豆知識 ソフトウェアの新旧はバージョン番号でわかる。番号が大きいほうが新しいものとなる。

Windows

> **Key word** — **PC/AT互換機** 1984年にIBMが発売したパーソナルコンピューター「PC/AT」に互換性のあるパーソナルコンピューターのこと。

◎ Windowsの歴史

初期のPC/AT互換機用OSとしては、マイクロソフト社の**MS-DOS**が使われていたが、1986年にWindows 1.0をマイクロソフト社が発売したのをきっかけにWindowsの開発が始まった。

その後1992年に個人向けパソコンのOSとしてWindows 3.1が発売され、PC/AT互換機に搭載された。1993年にはWindows NTが企業のサーバー向けに、1995年にWindows CEがハンドヘルドPCやPDAなどのモバイル機器向けに発売された。

2001年にはWindows XPという個人向けとサーバー向けが統合されたOSが発売され、2007年にWindows Vista（ビスタ）、2009年にWindows 7（セブン）が発売され現在に至っている。

◎ Windowsの特徴

2011年現在、世界において依然として高い普及率を誇るWindowsだが、MS-DOSと大きく異なる点は**GUI**（Graphic User Interface）である。Windowsになってからはマウスを使い画面上のメニューから目的の項目やアイコンをクリックやダブルクリックして操作するようになった。この誰でも見た目で容易にパソコンを操作できるしくみが**GUI**だ。

これに対して、MS-DOSのようにテキストベースでコマンド（命令）をキーボードから入力して操作するしくみを**CUI**（Character based User Interface）という。

さらに、他にも特徴として挙げられるのが、複数のアプリケーションを同時に起動したり、複数のウィンドウを開いて様々な作業を並行して行える**マルチタスク機能**や、1台のパソコンに複数のユーザーを登録してユーザーごとに切り替えて利用できる**マルチユーザー機能**だろう。マルチユーザー機能は1台のパソコンをユーザーごとにそれぞれ好みの使い勝手に設定でき、プライバシーも守ることができるという機能だ。

そして、Windows Vista以降は、ユーザーのファイル管理への負担を軽減するために、アイコンの表示方法やファイルの整理方法が変更されたり、日本語のフォント環境やデバイスドライバーの管理方法も改善されている。

Windows 7になってからはさらにOSが軽くなり低スペックのパソコンでも快適に操作ができるようになったり、高度なマルチタスク処理が可能になり、高速化が進み起動時間が短縮されているのも特徴の1つといえるだろう。

> **知っ得** ウィンドウつまり窓をいくつも開くことができ、同時に複数のソフトを起動して表示したり、切り替えたり、操作したりできるのがWindowsの語源である。

7-2 Windowsの開発過程

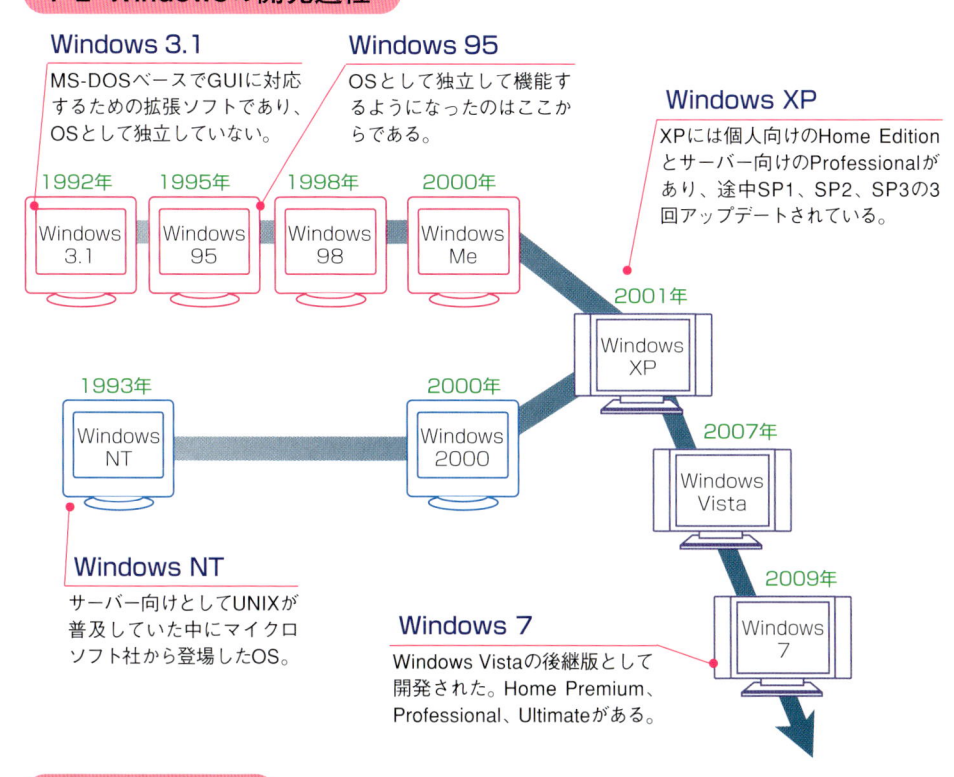

Windows 3.1
MS-DOSベースでGUIに対応するための拡張ソフトであり、OSとして独立していない。

Windows 95
OSとして独立して機能するようになったのはここからである。

Windows XP
XPには個人向けのHome Editionとサーバー向けのProfessionalがあり、途中SP1、SP2、SP3の3回アップデートされている。

- 1992年 Windows 3.1
- 1995年 Windows 95
- 1998年 Windows 98
- 2000年 Windows Me
- 1993年 Windows NT
- 2000年 Windows 2000
- 2001年 Windows XP
- 2007年 Windows Vista
- 2009年 Windows 7

Windows NT
サーバー向けとしてUNIXが普及していた中にマイクロソフト社から登場したOS。

Windows 7
Windows Vistaの後継版として開発された。Home Premium、Professional、Ultimateがある。

7-3 GUIとCUI

● GUI

マウスでアイコンをクリックして選択し、ダブルクリックしてアプリケーションを開く。このようにアイコンなどを使って、パソコンを操作するしくみをGUIという。

● CUI（コマンドプロンプト）

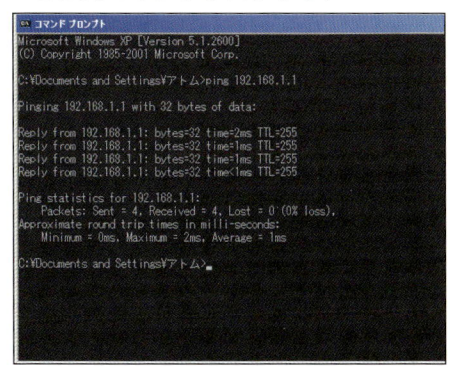

Windowsのアクセサリにある「コマンドプロンプト」では、キーボードから命令を入力してパソコンを操作するが、このしくみをCUIという。

豆知識 MS-DOSはシングルタスクでアプリケーションはもちろん、ウィンドウも1つずつしか開くことはできない。1つずつ仕事を終了させ、次の仕事に移るというものであった。

Mac OS

Keyword
Macintosh（マッキントッシュ） アップル社が1984年から販売しているパソコンのシリーズ名。略称はMac（マック）。

▶ Mac OSの歴史

1984年に発売のMacintoshに搭載されたOSを「System 1」といい、Mac OSの前身にあたる。

次に1986年に発売された日本語対応のOSを「漢字Talk 1.0」といい、「漢字Talk 7.5.5」まではこの名称が使われていた。

その後、1997年に発売されたMac OS 7.6からは日本語対応のOSも含めすべて**Mac OS**という名称のもとに統一された。2001年に発売されたMac OS X（テン）ではバージョン10（v10）を意味するローマ数字の「X」となっている。その後のバージョンアップについては、v10.2のJaguar（ジャガー）、v10.3のPanther（パンサー）、v10.4のTiger（タイガー）、v10.5のLeopard（レパード）、v10.6のSnow Leopard（スノーレパード）、そして、OS X Lion（ライオン）と続いている。

▶ Mac OSの特徴

Mac OSがWindowsとは大きく異なる点は、マウスを使って操作できるGUIを初期から取り入れていること。これは、Windowsの開発にも少なからず影響を与え、**GUIの普及に大きく貢献**したといえる。

また、Mac OSは**画像処理能力に優れている**のはよく知られているが、この分野の優れたアプリケーションが初期から開発され、現在でも印刷、出版、デザイン業界などでは多く利用されている。ただし、全体的にはMac OSに対応したアプリケーションは少なく、個人ユーザーが伸びなかった原因の1つといえるかもしれない。対応アプリケーションが少ない理由として、アップル社がほとんどMacintoshの情報を公開しなかったことに原因があり、互換パソコンが販売されず、アプリケーションの開発も進まなかったからである。

ファイルの拡張子に対する考え方もWindowsとは大きく違った。Windowsでは拡張子がすべてのファイルに必要で拡張子で管理されている。ところがMac OSではファイル管理には基本的に拡張子は必要ないというシステムだった。

そして、**Mac OS X**からはMac OS 9までとは異なる**UNIX系OS**になり、旧来のOSと比べて非常に安定している。それに加えて、アップル社がこだわるデザイン性のよさと、iPod、iPad、iPhoneなどの他製品の爆発的な人気にも後押しされて、Macパソコンも根強い人気がある。

知っ得 Macではハードウェアの呼び名も独自なものがある。一例として、WindowsパソコンでいうマザーボードはロジックボードとなることがĞ挙げられる。

7-4 Mac OSの開発過程

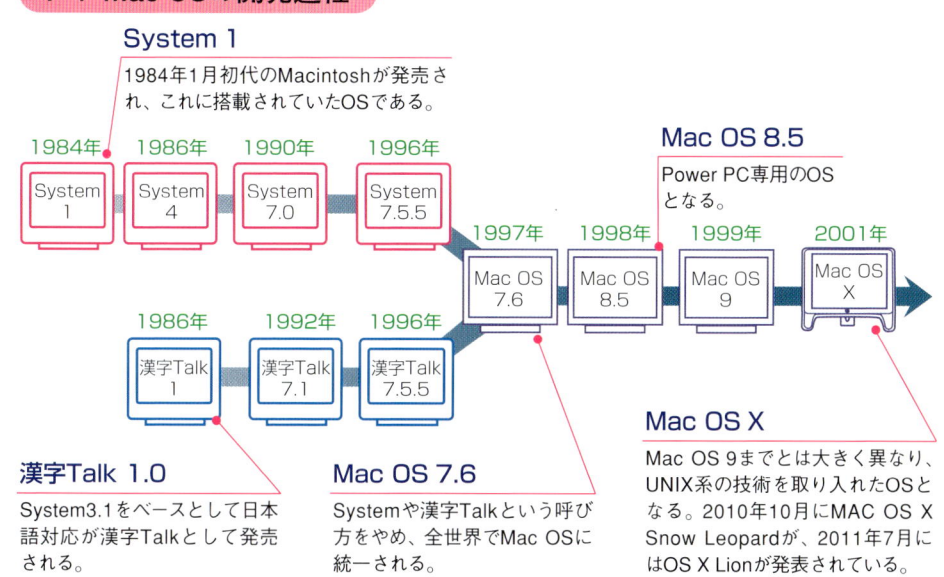

System 1
1984年1月初代のMacintoshが発売され、これに搭載されていたOSである。

- 1984年 System 1
- 1986年 System 4
- 1990年 System 7.0
- 1996年 System 7.5.5
- 1997年 Mac OS 7.6
- 1998年 Mac OS 8.5
- 1999年 Mac OS 9
- 2001年 Mac OS X

- 1986年 漢字Talk 1
- 1992年 漢字Talk 7.1
- 1996年 漢字Talk 7.5.5

Mac OS 8.5
Power PC専用のOSとなる。

漢字Talk 1.0
System3.1をベースとして日本語対応が漢字Talkとして発売される。

Mac OS 7.6
Systemや漢字Talkという呼び方をやめ、全世界でMac OSに統一される。

Mac OS X
Mac OS 9までとは大きく異なり、UNIX系の技術を取り入れたOSとなる。2010年10月にMAC OS X Snow Leopardが、2011年7月にはOS X Lionが発表されている。

7-5 Mac OS X Snow LeopardとLion

- **Snow Leopard** 
- **Lion**

写真：アップル株式会社提供

▶ iOSとMac OS Xの関係

　iOSとは、iPhone、iPod touch、iPadに搭載されているOSのことで、基本的にはMac OS Xをタッチパネルの携帯端末に合うように再構成して作られている。

　そして、今度はそのiOSの特徴であるマルチタッチスクリーンやiPadに似たホーム画面など、iOSの技術やしくみを取り入れたのがOS X Lionだといわれている。

豆知識 アップル社のPower MacとはCPUにアップル、IBM、モトローラの3社で開発したPower PCを搭載しているパソコンのことである。Power Mac G3からとなる。

Linux

Key word フリーソフトウェア　WindowsやMac OSなどと異なり、世界中のプログラマが開発、改良を加えて作成している無料のOSである。

❯ Linux（リナックス）の起源

　1991年、フィンランドのヘルシンキ大学の学生リーナス・トーバルズが開発したOS。リーナスは大学3年で初めてUNIXとC言語のコースを選択し本格的な学習を始めた。翌年にはIBM互換機を買ってアセンブリ言語を学び始め、初期には周辺機器を動かすプログラム、つまりデバイスドライバーを作っていた。

　その後、アンドリュー・タネンバウムの執筆した「オペレーティング・システム設計と理論」に掲載されていたMINIXという、OSのソースコードを改良してLinuxを開発した。ところが、リーナスはファイルを管理するコードについては全く新しい考えを取り入れて作成した。

　Linuxが他のOSと異なる点は、開発したソースコードをインターネット上で公開したことにある。そのため、世界中の人々がソースコードを見て修正を加えたり、新たな提言がなされた。このようにして無償で世界中の人々の協力の元、Linuxの開発、改良が進められた。

❯ Linuxの特徴

　無料ソフトの普及を目指す**FSF**という団体が進めている**GNU**プロジェクトで開発されたソフトを中心に、**GPL**というライセンス体系がある。これは、ソースコードの公開を原則とし、改良や再配布を行う自由を認めるとともに無料であることが前提である。LinuxはこのGPLによって保護され無料で配布されている。

　ただし、Linuxという名称は本来OSの中心的な機能を持つ**カーネル**（図7-6）だけを指していて、OSとして必要な機能を提供するカーネル以外の部分はGNUプロジェクトで作成されたプログラムを採用している。そして、一般的なユーザーが利用するには難しく、通常はそれ以外の補完ソフトと解説書をまとめてパッケージ化したものを**Linuxディストリビューション**といい、無償で利用可能なものと商用パッケージとして有料のものがある。

　また、Linuxはネットワーク機能やセキュリティ機能に優れていて、必要な機能だけを動かすことができる安定性の高いOSであり、他のOSのようにフリーズしてシステムを起動し直すことはほとんどない。そのため、インターネットサーバーで多く利用されるようになった。

　さらにサーバーやデスクトップだけでなく、様々なプラットフォームの基幹としても採用されている。

知っ得　FSF（Free Software Foundation）とは「あらゆるソフトウェアは自由に利用できるべきである」ということを基本理念としている団体である。

7-6 Linuxディストリビューション構成要素

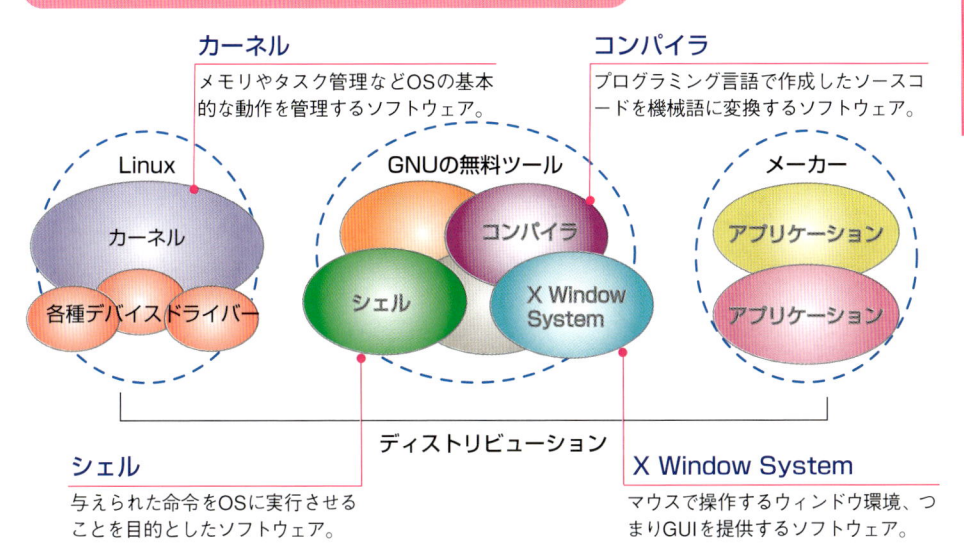

カーネル
メモリやタスク管理などOSの基本的な動作を管理するソフトウェア。

コンパイラ
プログラミング言語で作成したソースコードを機械語に変換するソフトウェア。

- Linux
  - カーネル
  - 各種デバイスドライバー
- GNUの無料ツール
  - コンパイラ
  - シェル
  - X Window System
- メーカー
  - アプリケーション
  - アプリケーション

ディストリビューション

シェル
与えられた命令をOSに実行させることを目的としたソフトウェア。

X Window System
マウスで操作するウィンドウ環境、つまりGUIを提供するソフトウェア。

7-7 Linuxでサーバー構築

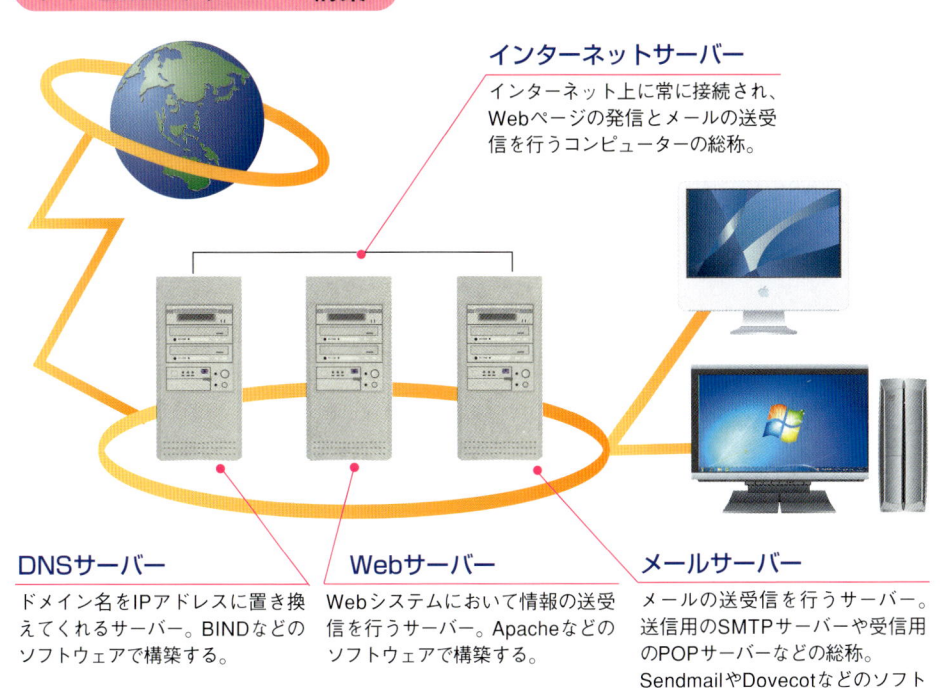

インターネットサーバー
インターネット上に常に接続され、Webページの発信とメールの送受信を行うコンピューターの総称。

DNSサーバー
ドメイン名をIPアドレスに置き換えてくれるサーバー。BINDなどのソフトウェアで構築する。

Webサーバー
Webシステムにおいて情報の送受信を行うサーバー。Apacheなどのソフトウェアで構築する。

メールサーバー
メールの送受信を行うサーバー。送信用のSMTPサーバーや受信用のPOPサーバーなどの総称。SendmailやDovecotなどのソフトウェアで構築する。

豆知識 Linuxにおけるペンギンのロゴは有名であるが、このロゴさえも自由に使うことができ、手直しすることも許されていることには驚かされる。

日本語入力システム

> **Key word** インプットメソッド　コンピューターに文字を入力するためのソフトウェアのことで、特に日本語などの2バイト言語の入力に必須。

日本語入力システムとは

　日本国内で販売されたパソコンであれば、どのメーカーのパソコンでも日本語入力モードに切り替えれば、当たり前のようにキーボードからひらがなを入力し漢字に変換して日本語を入力することができる。

　これは日本語入力システム（インプットメソッド）がOSと一緒にインストールされているからである。もし、これがインストールされていなければ、キーボードからいくら文字を入力したところで表示されるのはアルファベットや記号だけとなり日本語を表示できない。

　Windowsパソコンに組み込まれている日本語入力システムは**Microsoft IME**といい、マイクロソフト社が開発したインプットメソッドで日本語版、中国語版、韓国語版というようにそれぞれの言語にMicrosoft IMEがある。日本語版については、Windows 95に付属されたMicrosoft IME 95に始まり、2011年7月現在ではWindows 7にMicrosoft IMEバージョン10.1が、Office 2010にはOffice IME 2010が付属され販売されている。

　そして、Macパソコンに組み込まれているのは**ことえり**でアップル社が開発した日本語入力システムである。

　これ以外にもジャストシステム社が販売している**ATOK**（エイトック）が広く知られていてWindowsとMacにそれぞれ対応している。また、2010年12月にはグーグル社が開発した**Google日本語入力**（グーグル）が無料で公式発表され、こちらもWindowsとMacの両方に対応している。

　それぞれの日本語入力システムには言語バーが用意され（図7-9）、使いやすく日本語入力の設定ができるようになっている。

日本語の入力方法

　日本語を入力するには2つの方法がある（図7-10）。キーボードのアルファベットキーを押して、ローマ字読みしたひらがなを入力する方法を**ローマ字入力**といい、この方法が主流である。覚えるキーの数が少なく、この入力方法の利用者が多いことから、日本語入力システムはこの方法が初期値として設定されている。

　また、キーボードのかなキーを押して、ひらがなを入力する方法を**かな入力**という。利用者が少ないとはいえ、入力する時に打つキーの数は少なく、キーの表記通りに打つのでローマ字読みを考える必要がないのは便利である。

> **知っ得**　ワープロソフトなど一部のアプリケーション以外は自分で日本語入力モードに変更しなければ日本語入力ができない。一般的に 半角/全角 キーを押すたびにモードが変更される。

7-8 日本語入力システムの仕事

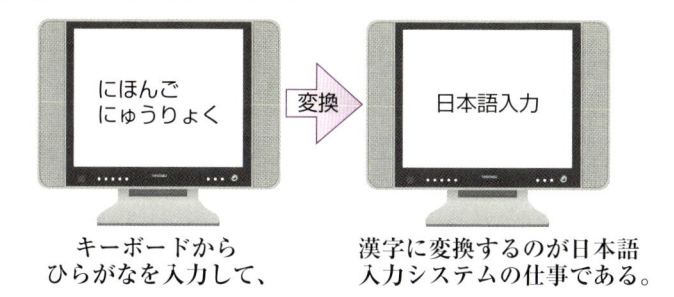

キーボードから
ひらがなを入力して、

漢字に変換するのが日本語
入力システムの仕事である。

7-9 言語バー

Microsoft IME バージョン10.1

Office IME 2010

ATOK for Windows

Google 日本語入力 for Windows

7-10 ローマ字入力とかな入力

● ローマ字入力

H A R U
I C H I B A N N

アルファベットキーを押してローマ字
読みでひらがなを入力する。

はるいちばん

● かな入力

は る い ち は ゛ ん

かなキーを押してひらがなを入力する。

はるいちばん

豆知識 ローマ字入力とかな入力は、設定画面を表示しなくても [Alt]+[カタカナひらがな]キーを押すたびに入力設定を切り替えることができる。

COLUMN

ひときわ注目!! デバイスドライバー

● OSに組み込まれているデバイスドライバー

　パソコンのソフトウェアとしてOSがあるが、これに組み込まれているものにデバイスドライバーがある。

　パソコン内部の電子部品や周辺機器をデバイスといい、これらを動かすためにはプログラムが必要だ。これをデバイスドライバーといい、OSとハードウェアの間を取り持つソフトウェアとなる。省略してドライバーともいうが、ねじ回しと間違えないでもらいたい。

　ドライバーには種類が数多くありOSや機器ごとに異なり、それぞれのメーカーが提供するものである。けれども、パソコンの内部の主要な電子部品やマウスやキーボードなどのような基本的な機器のドライバーはすでにOSに組み込まれているため、通常はドライバーの存在を意識せずにパソコンや周辺機器を使うことができる。

● 購入時に組み込むデバイスドライバー

　例えば新しいプリンターを購入した場合に、OSに一般的なプリンタードライバーが用意されていて、プリンターを接続すると自動的にドライバーがインストールされるものもある。このように、機器を接続すると自動的に使えるようになるしくみをプラグアンドプレイという。

　ただし、使用したいプリンターが用意されているドライバーに対応していない場合や、後に不具合が起きることも考えられるため、プリンターに添付されているCD-ROMから、あるいはメーカーのサイトから適したドライバーをインストールしたほうがいい場合もある。

　プリンターに限らず、このように新しい機器を追加した時には、ドライバーの追加は欠かせない。

● デバイスドライバーの更新

　機器メーカーはインターネット上に、それぞれの機器のドライバーをOSごとや不具合を修正したものなど用意しているので最新のドライバーをダウンロードすることが可能である。

第8章
アプリケーションの
しくみ

The Visual Encyclopedia of Personal Computer

アプリケーションとは

応用ソフト（アプリケーションソフト） OS上で一定の目的を持って仕事をするためのプログラムのこと。

アプリケーションの仕事

パソコンを使って年賀状を作成する、イラストを描く、インターネットを利用するなど、特定の目的を持って仕事するためのソフトウェアがアプリケーションである。アプリケーションソフトやアプリともいう。

また、基本的な仕事を受け持つOS、つまり基本ソフトの機能を土台として文書作成や表計算などという、より専門的な仕事に応用利用するソフトウェアということから**応用ソフト**ともいう。

その仕事の内容に応じてワープロソフト、表計算ソフト、グラフィックスソフト、映像再生ソフト、ゲームソフトなど様々なアプリケーションがある。

パソコンが様々な仕事に利用でき汎用性が高い一番の理由は、目的に応じた多くのアプリケーションが存在し、必要に応じて自由にインストールして使うことができるからだ。

ただし、アプリケーションはOSが適応していなければインストールできない。例えば、Windows対応のものはMac OSにはインストールできないし、OSのバージョンにも対応が必要である。

作成データはアプリケーションごとに特定のファイル形式があり、対応した形式のファイルのみを扱うことができる。

アプリケーションの配布

アプリケーションは数が多く、配布方法も様々である。ブラウザーのようにOSに搭載されていたり、市販のパッケージ製品でもパソコンにプレインストールされているものもある。ワープロソフトや表計算ソフトなどはこの例といえる。

なお、パソコンにプレインストールされているウイルス対策ソフトは、自分で購入した製品に比べて使用期限が短いのが一般的であり、配布方法が異なるとその内容も異なることがある。

また、雑誌の付録やインターネット上のサイトから配布されるものもある。これには無料で使える**フリーウェア**、一定期間使って気に入ったら購入すればいい**シェアウェア**、パッケージ製品のサンプル版の**試用版ソフト**などがある。

シェアウェアでは代金を払うとパスワードやIDが与えられ、アプリケーションの使用制限が解除され、すべての機能が使えるようになる。

パッケージ製品の購入は高額に感じるが、様々なサポートを受けることができるメリットは見過ごせない。

知っ得 アプリケーションをハードディスクに入れて使えるようにすることをインストールやセットアップという。インストールするためのソフトウェアをインストーラという。

8-1 様々なアプリケーション

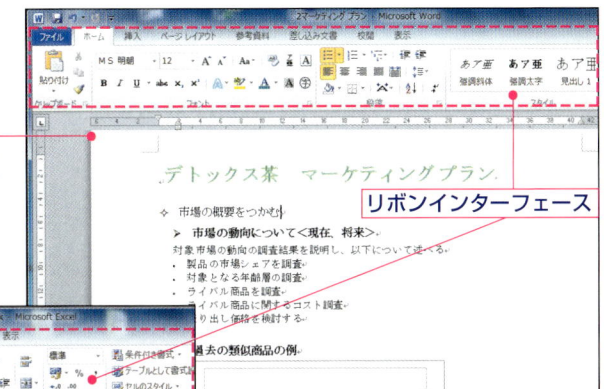

ワープロソフト
文書を作成するためのアプリケーション。文字列の装飾や画像の挿入もできてレイアウト機能に優れている。

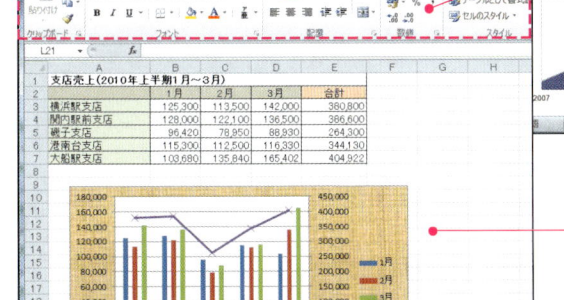

リボンインターフェース

表計算ソフト
計算表を作成するためのアプリケーション。作成した表からグラフを作成したり、条件に合ったデータを検索する機能もある。

データベースソフト
多くのデータを集めて整理するためのアプリケーション。さらに集めたデータの並べ替えや検索、抽出などを行える。

ブラウザー
インターネットのWebページを見るためのアプリケーション。HTMLファイル、画像、動画、音声などを表示や再生する。

豆知識 インターネット上でフリーソフトやシェアウェアを配布していてよく知られているサイトには、「窓の杜」や「Vector（ベクター）」などがある。

ワープロソフト

> **文書作成ソフト** 文書を作成する時に使うアプリケーション。文書にはイラストや写真、そして表などを入れることができる。

ワープロソフトの特徴

ワープロソフトは文書作成を主な目的として作られたアプリケーションの総称であり、パソコンを使っている人ならば1度は使ったことがあるだろう。

ワープロソフトと同じように文書を作成するアプリケーションに**テキストエディタ**がある。Windowsのメモ帳やMac OSのSimple Textなどである。キーボードから文字を入力、変換して文書を作成し、書き直し(編集)も簡単にできる。

これに加えてワープロソフトは、用紙のサイズ、文字のフォント(形)やサイズなどを指定して文書を作成できる。

その他にも装飾機能やレイアウト機能などの多くの機能があり、文字の色やサイズの変更、文字揃えや文字詰め、デザイン文字の作成などができたり、イラスト、写真、表なども挿入できる。

このように総合的な文書作成ができ、ビジネス文書などの作成に用いられるのがワープロソフトである。作成した文書は編集したり手直しするのも簡単で、印刷すれば手書きのものよりも読みやすいものとなる。

Microsoft Word

ワープロソフトは、利用する人も多く様々な機能があるが、Windowsで1番よく使われているのはマイクロソフト社のMicrosoft Wordであろう。これは、Wordがパソコンにバンドル(付属配布)して販売されることも多く、企業や公共の機関でも標準使用されたことが理由であろう。

Microsoft WordはMicrosoft Officeの1つとして提供されている。そのため、表計算ソフトのExcelなどOfficeに含まれるその他のアプリケーションとの互換性がよく、お互いのデータを有効に利用することが可能である。

2011年7月現在の最新バージョンはWord 2010で、Word 2007から登場したリボンインターフェースを継承し、さらに向上したパフォーマンスで利用者は多い。なお、Windows対応以外にMac対応のものも販売されている(Word 2011)。

この他にもWindows対応のものにはジャストシステム社の**一太郎**がある。この一太郎はMS-DOS時代に全盛を誇り、使用している日本語入力システムの**ATOK**は使いやすさに定評があり、Wordをはるかに上回っていた時期もあった。

知っ得 Windowsのアクセサリにはワードパッドがある。これもワープロソフトの1つだが、機能は少なく簡易なものである。

表計算ソフト

Keyword
ワークシート 表計算ソフトで基本となるのがワークシートで、このシートにデータを入力して集計や分析をする。

❯ 表計算ソフトの特徴

　表計算ソフトは数値データの集計や分析に利用されるアプリケーションである。起動画面は行と列からなる多数のマス目で成り立つ。このマス目を**セル**といい、データをこの1つひとつのセルに入力して、計算表を作成する。このようにセルが並んだ表を**ワークシート**または**スプレッドシート**という。

　表計算ソフトの特徴である3つの機能を以降に紹介する。

　1つ目は**計算表の作成**である。例えば、簡単に見積書が作成できる。計算機を使って様々な計算をする必要はない。計算結果を表示させたいセルに数式や関数を入力しておけば、必要な数値を入力するだけでいい。表計算ソフトが計算式を処理して結果を自動的に表示する。また、数値を入力し直せば、合計を自動的に再計算する機能もある。

　2つ目は**グラフの作成**である。作成した計算表から様々なグラフを作成することができる。円グラフや棒グラフなどグラフの種類も多数あり、レイアウトやデザインも自由に選ぶことができる。

　3つ目は**データベースの作成**である。データベースとは住所や顧客情報などを多数入力したものをいう。このデータベースから必要な情報だけを取り出すことができる。きめ細かな管理はできないが、一般的な管理なら十分対応できる。

❯ Microsoft Excel

　表計算ソフトはWindows以前MS-DOS時代から事務処理などでよく利用されていたが、この時代にはLotus 1-2-3 (ロータス ワン ツー スリー) やアシストCalc (カルク) などが主に用いられていた。

　現在でも、表計算ソフトはワープロソフトの次に利用する人が多い商用アプリケーションであろう。パソコンにWordと共にバンドルされていることもあり、Windowsで表計算ソフトといえばマイクロソフト社のMicrosoft Excel (エクセル) といっても過言ではない状況である。企業や公共の機関でExcelを標準使用しているところも多い。

　Microsoft ExcelはMicrosoft Officeの1つとして提供されているので、Officeに含まれるその他のアプリケーションとの互換性がよく、お互いのデータを有効に利用することが可能である。

　Excelには**マクロ**という自動化の機能があるが、作業効率をよくする便利な機能の1つである。

豆知識 「OpenOffice.org」などのように無料配布されているオフィスソフトはソースに関する情報を開示して開発され、ほとんどがMicrosoft Officeと高い互換性がある。

データベースソフト

> **Keyword** データベース 多くのデータを集めて整理したもので、必要に応じてデータを検索、抽出できるようにしたもの。

❯ データベースとは

　データベースの語源は第2次大戦後にさかのぼる。米軍が1箇所にアクセスすればすべての情報が得られるようにと、点在していた膨大な資料を1つの基地に集約して効率化を図った。この時、1箇所に集められた情報基地をData Base（データベース）と呼んだことに始まる。

　つまり、データベースとは一定の目的のために収集したデータの集まりのことをいい、データ数は多いほど有効であるが管理するのは大変である。

　図書館を例にすると、本の数は多いほど目的の本のある可能性は高くなるが見つけ出すのは容易ではない。見つけ出すには大量の本を系統的に整理したり、管理する必要がある。本を種別で分けるとか、あいうえお順に並べるとか、索引カードを利用することを考える。このようにすると、大量の中から効率的に目的の本を探すことができる。

　つまり、大量のデータを系統的に集めデータベースにしたら、効率よく検索できるしくみが必要である。このしくみがあってこそ快適にデータベースを利用できることになる。このしくみを**データベース管理システム（DBMS）**というが、しくみを含めてデータベースとも呼ぶ。

　そして、DBMSにアクセスしてデータベースを管理、運用するためのアプリケーションがデータベースソフトである。

❯ リレーショナルデータベースソフト

　データベースの元となるデータは、1件ごとに複数の項目を入力する。この項目を**フィールド**、1件分のデータを**レコード**、これらのデータの集合を**テーブル**という。このようにデータベースを表にする方式が一般的で、これを**リレーショナルデータベース**という。テーブルは目的別に複数作成することが可能で、これらのテーブル同士を関連付けて情報を取り出すことも可能である。

　データベースで使われている操作用言語は**SQL**（エスキューエル）が一般的で、アメリカ企画協会（ANSI）やJISで標準化されている世界標準規格の言語である。

　中小規模のデータベース用としてよく知られるものに、Microsoft Officeの1つとして提供される**Microsoft Access**（アクセス）がある。

　また、中小規模から大規模なものまで広範囲に企業を中心に利用され、世界的に高いシェアを占めているのが、オラクル社の**Oracle**（オラクル）である。

140　　🗒️一口メモ　Microsoft Excelにもデータベース機能があるが、データ処理方法の違いで大量データを高速処理できない。また、複数のテーブルを作成して関連付けることもできない。

ブラウザーとメールソフト

> **Key word** **HTML** Webページを記述するために開発されたマークアップ言語で、文書構造の定義や、文書内に画像や動画などを配置できるようになる。

❯ ブラウザーとは

　ブラウザーはWebブラウザーやインターネット閲覧ソフトともいい、Webページを表示するためのアプリケーションのことをいう。

　パソコンのOSがWindowsでもMac OSでも、ブラウザーがインストールされていれば、世界中どこのWebページでも見ることができる。

　Webページとは、HTML言語などで記述されたHTML形式のテキストファイルで、**タグ**という命令語を使って画像、動画、音楽などのデータファイルをページ内に配置できる。

　世界初のブラウザーは**Mosic**（モザイク）といい、1993年に米国イリノイ大学で開発された。

　現在よく利用されているブラウザーはWindowsに標準搭載されている**Internet Explorer**（インターネットエクスプローラー）やMac OS XやiPadに標準搭載されている**Safari**（サファリ）がある。他にも、Mozilla（モジラ）プロジェクトが提供している**Firefox**（ファイヤーフォックス）やグーグル社が開発した**Google Chrome**（クローム）などが有名である。

❯ メールソフトとは

　メールソフトはメーラーとも呼ばれ、インターネットで作成した電子メールを送受信したり、または受信済みなどのメールを管理するために、パソコンにインストールして使うアプリケーションのことである。

　メールソフトを使えば、文書以外にもファイルや写真などを添付して、送信や受信のやり取りができる。

　以前のWindowsパソコン（XPやVista）にはそれぞれOutlook ExpressやWindowsメールといったマイクロソフト社が提供するメールソフトが標準搭載されていたが、Windows7になってからは標準でメールソフトが付属されなくなった。その代わりマイクロソフト社は、インターネットから**Windows Live メール**（ライブ）をダウンロードして、メールソフトとして使えるようにしている。

　また、メールソフトは他にもMicrosoft Officeに含まれている**Outlook**（アウトルック）などもよく使われている。Outlookはスケジュールの管理など様々な情報を統合的に管理する機能を合わせ持っていて、ビジネスシーンにおいての利用者が多いのも特長である。

　さらに、Mozilla（モジラ）プロジェクトが提供している**Thunderbird**（サンダーバード）などがある。

> **知っ得** ブラウザーとはbrowseを語源とし、興味のあることを流し読みしたり、またはぶらぶら見て歩くことをいう。インターネットでは「閲覧」を意味する。

グラフィックソフト

ペイント系とドロー系 アプリケーションを使いパソコンで図形を描いたり、取り込んだ画像を加工するときの描画方法の種類。

描画方法の違いとは

グラフィックソフトとはパソコンでイラストを描いたり、デジタルカメラやスキャナから取り込んだ画像を加工するのに使うアプリケーションをいう。グラフィックソフトには描画方法の違いから**ペイント系**と**ドロー系**がある（図8-2）。

ペイント系とは、紙に筆で絵を描く感覚に近く、図形や画像を細かい色の付いた**ドット**（点）の集まりで描画する方法。つまり、それぞれのドットの位置と色をデータとして記憶・管理している。画像を形成する単位がドットのため、拡大表示すると直線や曲線の輪郭がギザギザになっているのがわかる。

これに対しドロー系は基本単位が**オブジェクト**である。線や面で作図し、線の長さ、角度、図形の位置、色などをすべて数値データ（ベクターデータ）として記憶・管理するためギザギザにならず滑らかな描画となるのが特徴である。

ペイント系グラフィックソフトの特徴

ペイント系には**描画ソフト**と**フォトレタッチソフト**がある。描画ソフトとはイラストや図形などの作図、フォトレタッチソフトはデジタルカメラやスキャナで取り込んだ画像の加工を主な目的としたソフトである。どちらもドットで画像を処理するビットマップ画像（ラスター画像）となり、解像度（画像密度）が高くなればギザギザは目立ちにくい。

ペイント系には、フリーハンドのツールがあり、手描きの要領で図形が描けて、扱いもそれほど難しくない。

ペイント系描画ソフトにはWindowsのアクセサリの**ペイント**、フォトレタッチソフトとしてはアドビ社のPhotoshop（フォトショップ）などがある。

ドロー系グラフィックソフトの特徴

ドロー系の描画方法はX軸Y軸のこの地点からこの地点まで結んで曲線を描くというように座標を計算しながら描くベクターデータで、拡大縮小が簡単にでき品質も変わらない。様々な機能があり高性能なため使いこなすのが難しい。

ドロー系グラフィックソフトの代表にはアドビ社のIllustrator（イラストレーター）や設計用のCADソフトなどがある。

また、ペイント系で紹介したPhotoshopなどはドロー系の機能も兼ね備えたアプリケーションである。

知っ得 ペイント系グラフィックソフトで描画した時に出るギザギザをジャギーという。

8-2 ペイント系とドロー系の違い

● **ペイント系**

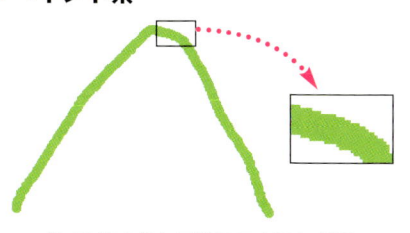

ペンで描くのと同様にマウスをドラッグして描くことができる。よく見ると線の縁がギザギザしている。

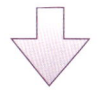

⇩

ドットを組み合わせて描画されている。

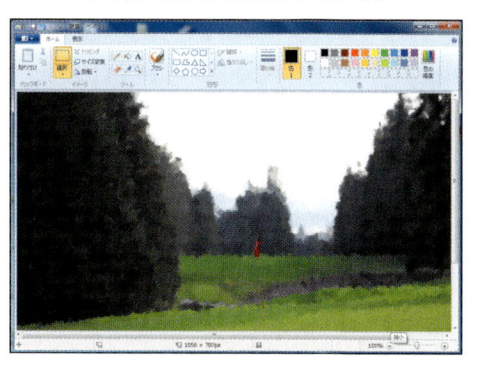

● **ドロー系**

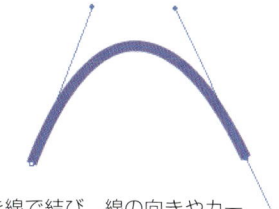

点と点を線で結び、線の向きやカーブの度合いを指定して曲線を描くので、滑らかな線が表示できる。

⇩

線や面などのオブジェクトを組み合わせて描画されている。

8-3 フォトレタッチソフトを使った写真の加工

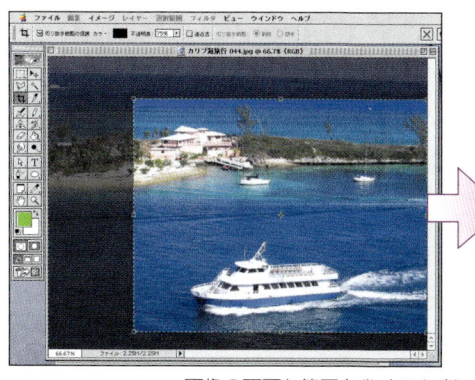

画像の不要な範囲を省くこと（トリミング）などの加工ができる。

> **豆知識** 後から位置や大きさの変更、色の変更をすることがドロー系のデータなら簡単である。これに対して、ペイント系のデータでは変更できないことも多い。

COLUMN

ひときわ注目!! データファイル

● 様々なファイル

　ハードディスクなどの記憶装置に保存されているデータをファイルという。ハードディスクにはパソコンで仕事をするのに必要なOSやアプリケーションが入っているし、アプリケーションなどで作成したデータが入っている。前者をプログラムファイル、後者をデータファイルと呼ぶ。

　データファイルにはアプリケーションで作成したデータ以外にもデジタルカメラやスキャナなどで取り込んだ画像、ブラウザーで表示したWebページ、テレビ放送の録画など様々なファイルがある。

● ファイル名とアプリケーションの関連付け

　アプリケーションで画面上に作成したデータはメモリに記憶されるが、これはアプリケーション終了と同時に消えてしまう。そこで、作成データはファイル名を付けてハードディスクにファイルとして保存する。

　Windowsの場合、ファイル名は主ファイル名と拡張子から構成される。例えば、Wordなら「四国旅行.docx」Excelならば「見積書.xlsx」となる。

　主ファイル名を入力して保存すれば拡張子が自動的に付く。このように作成されたファイルは拡張子やアイコンの形から、作成したアプリケーションもわかる。

　ファイルをダブルクリックすれば、対応したアプリケーションが起動されてファイルが開く。これは、ファイルがアプリケーションに関連付けされているからである。

　例えば、JPEGファイルの写真をダブルクリックすると、関連付けされたフォトレタッチソフトが起動して写真が表示されるが、他のフォトレタッチソフトで開くように関連付けを変更することも可能である。

　　　四国旅行.docx

拡張子
アプリケーションが自動的に付ける。非表示の場合もある。

主ファイル名
一部の半角記号を除いて好きな名前を付けることができる。

Microsoft Office 2003以前のファイルの拡張子は異なり、Excel 2003の場合は「○○○.xls」で、Word 2003の場合は「○○○.doc」となる。

第9章
インターネットの
しくみ

The Visual Encyclopedia of Personal Computer

ネットワーク

> **インターネット** TCP/IPというプロトコル（通信規約）に従い、世界中のネットワークを相互に接続した地球規模のネットワーク。

◆ LANとWAN

　コンピューターの世界でネットワークといえば、複数のコンピューターを有線や無線で接続し、**プロトコル**（P154）という通信規約に従って情報（データ）をやり取りできるようにした網状につながったシステムのことをいう。

　家庭や職場など同じ建物内の比較的狭い範囲内で2台以上のパソコンやプリンターなどの周辺機器を結ぶネットワークを**LAN**（Local Area Network）といい、会社の本店と支店のように遠隔地にあるコンピューターやLAN同士を結ぶネットワークを**WAN**（Wide Area Network）という。

　公的機関や大企業、大学や研究施設では独自の専用線でWANを構築している場合も多いが、一般ユーザーや企業のパソコンは、**プロバイダー**（ISP：Internet Services Provider）というインターネット接続業者に加入し、インターネットにつながるWANに接続する。さらに、プロバイダー同士もネットワークを形成し、ネットワーク同士は**IX**（Internet eXchange／インターネット エクスチェンジ）を経由して相互に接続され、海外のネットワークとも接続される。このように、様々なネットワークを相互に接続した地球規模のWANが**インターネット**だ。

◆ ネットワークの基本構成　〜有線LANの場合〜

　最も身近な家庭や職場のネットワーク（LAN）はパソコンと**ルーター**、**ハブ**などの通信装置をLANケーブルでつないで構築する。ルーターはLANとLAN、LANとインターネットなど異なるネットワーク同士を結んでデータの経路を選択したり、中継を行う通信機器だ。通常、パソコンにはLANポートという接続口の付いた**LANカード**（NIC：ネットワークインターフェースカード、LANアダプターともいう）が内蔵されている。LANカードには、製造時にメーカー番号と製造番号からなる**MACアドレス**という固有の番号が付けられており、LANの中でデータをやり取りする時にパソコンを識別する役割を果たす。有線で接続する場合は、このパソコンのLANポートにLANケーブルを差し込み、もう一方をルーター側のLANポートに差し込む。ルーターにLANポートが1つしかなかったり、数が足りない場合はルーターに**ハブ**という集線装置をつなぎ、ハブとパソコンをLANケーブルで接続する。

　なお、有線LANには**イーサネット**という規格があり、接続形態、伝送速度や距離、ケーブルの種類等が決められている。

> **知っ得** ネットワーク同士を個々に接続するとコストがかかり伝送効率も悪いため、IXはネットワーク間の接続をまとめ、効率的なデータ転送や通信コストの緩和を図っている。

9-1 インターネットは地球規模のネットワーク

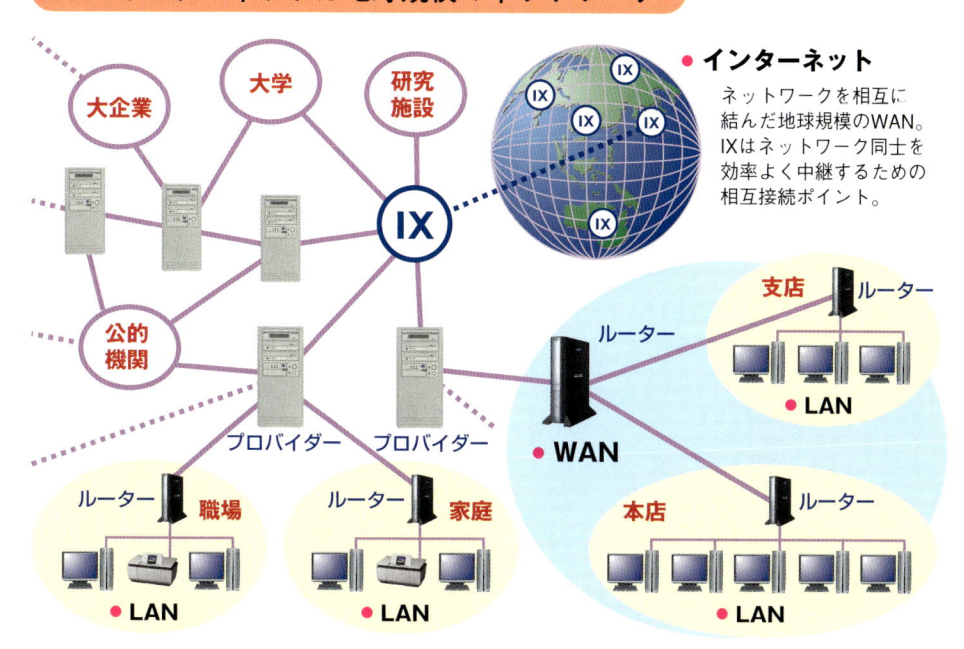

● インターネット
ネットワークを相互に結んだ地球規模のWAN。IXはネットワーク同士を効率よく中継するための相互接続ポイント。

大企業／大学／研究施設／公的機関／プロバイダー／職場 ●LAN／家庭 ●LAN／WAN／支店 ●LAN／本店 ●LAN／ルーター／IX

9-2 ネットワーク（有線LAN）の基本構成

● スター型LAN
ハブを中心に各通信機器を放射状に接続する接続形態。

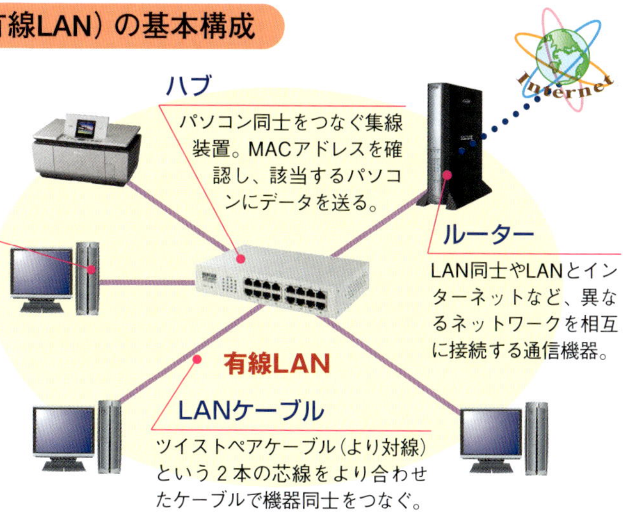

ハブ
パソコン同士をつなぐ集線装置。MACアドレスを確認し、該当するパソコンにデータを送る。

LANカード（NIC）
LANポートの付いたパソコンに内蔵されている通信装置。製造時にパソコンを識別するMACアドレスが付けられている。

ルーター
LAN同士やLANとインターネットなど、異なるネットワークを相互に接続する通信機器。

有線LAN

LANケーブル
ツイストペアケーブル（より対線）という2本の芯線をより合わせたケーブルで機器同士をつなぐ。

● 現在よく使われているイーサネットの規格

規格名	接続形態	最大伝送速度	伝送距離	ケーブルの種類
100BASE-TX	スター型	100Mbps	最大100m	ツイストペアケーブル
1000BASE-T	スター型	1Gbps	最大100m	ツイストペアケーブル

豆知識 NICはNetwork Interface Card（ネットワークインターフェースカード）の略。無線に対応したものは無線LANアダプターといい、無線LANの子機の機能を搭載している。

無線LAN（Wi-Fi）

Key word Wi-Fi　Wi-Fi Allianceという業界団体により無線LAN機器間の相互接続性が認証されたことを示す名称。最近では無線LANと同義で使用される。

▶ 有線LANと無線LAN

身近なネットワーク接続には有線LANと無線LANがある。有線LANは従来より使われており、ルーターとパソコンなどの機器をLANケーブルで接続する。一方、無線LANは**ワイヤレスラン**ともいい、ケーブルの代わりに**無線LANルーター**（P22）という**親機**（**アクセスポイント**ともいう）を用意し、親機と**子機**となるパソコンなどの機器の間を**電波**（無線）で接続する。

最近のノートパソコンやiPhoneなどのスマートフォン、iPadなどのタブレット端末は無線LANの子機（**無線LANアダプター**）の機能を内蔵しているので、家庭でも外出先でも親機があれば無線LANを利用してインターネットに接続できる。

子機を内蔵していないデスクトップパソコンなどの機器には外付けの子機を取り付ければ無線LANで接続可能だ。

▶ 無線LAN接続のしくみ

無線LANで使用する電波の周波数は「2.4GHz」と「5GHz」の2種類だ。無線LANには「**IEEE802.11**」の後に**a/b/g/n**（以下11a/11b/11g/11n）と続く4つの規格があり、規格ごとに電波の周波数や通信速度が異なる。親機と子機を接続するには原則として同じ規格同士が基本だが規格が違っても周波数が同じなら接続は可能だ。ただし、通信速度は遅いほうの規格に準ずる。ちなみに、11aは5GHzのみ、11bと11gは2.4GHzのみを使用する。最新の11nは11a/11b/11gの上位規格で両周波数を使用できるが、11n対応と表示されていても対応する子機が多い2.4GHz専用の製品もあるので確認が必要だ。

パソコンなど子機を親機につなぐ時に不可欠なのが**SSID**（親機の名前やネットワーク名）という親機の名前と**暗号化**というセキュリティの設定だ。親機の電波はアンテナから放射状に広がり、屋内で30～60m、見通しのいい屋外なら60～250m程届くため、子機は周辺の他の親機が発する電波も感知できる。そこで、子機では最初に通信相手となる親機を選択する必要がある。けれども、親機を選択するだけでは第三者が無断で使用したり、時にはデータを盗まれたりする危険性があるため、親機が決めた暗号化キーを知っている子機とのみ送受信するという**ユーザー認証**や、データを傍受しても通信内容を読み取れないようにするという暗号化が不可欠となる。暗号化方式には**WEP**や**WPA**などがあり、現在では安全性が強化されたWPAが主流だ。

知っ得　「11n対応」と表示されている無線LAN製品でも「11b/g/n」と表示されていれば2.4GHz専用で、「11a/b/g/n」と表示されていれば両周波数に対応している。

9-3 有線LANと無線LAN

● 有線LAN

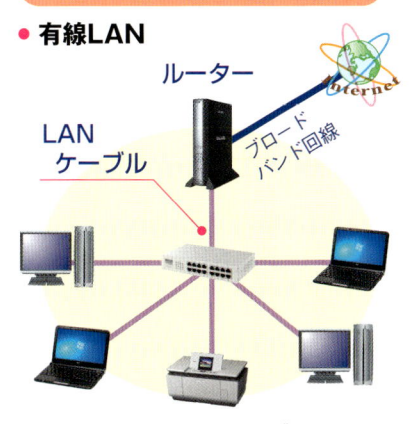

ルーターと各機器をLANケーブルで接続する。

● 無線LAN

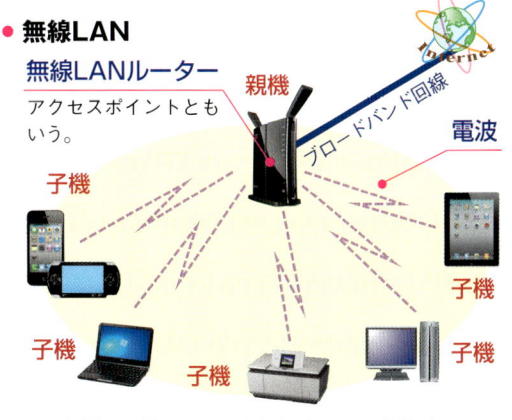

無線LANルーター：アクセスポイントともいう。

親機と子機の間で電波をやり取りして接続する。

9-4 無線LAN接続のしくみ

● 無線LANの規格

規格名	周波数	通信速度	特徴
IEEE 802.11a（11a）	5GHz	最大54Mbps	電波干渉は受けにくいが障害物に弱く、見通しの悪い屋外の使用には適さない。
IEEE 802.11b（11b）	2.4GHz	最大11Mbps	低速。11gと互換性があるが電子レンジなどの電波干渉に弱い。携帯ゲームなどに使用。
IEEE 802.11g（11g）	2.4GHz	最大54Mbps	11bと互換性があり、対応製品が多い。同じ2.4GHzを使う製品の電波干渉に弱い。
IEEE 802.11n（11n）	2.4GHz 5GHz	最大300Mbps	2つの周波数に対応し、他の3規格と互換性がある。高速で電波が安定している。

● 無線LAN接続の手順

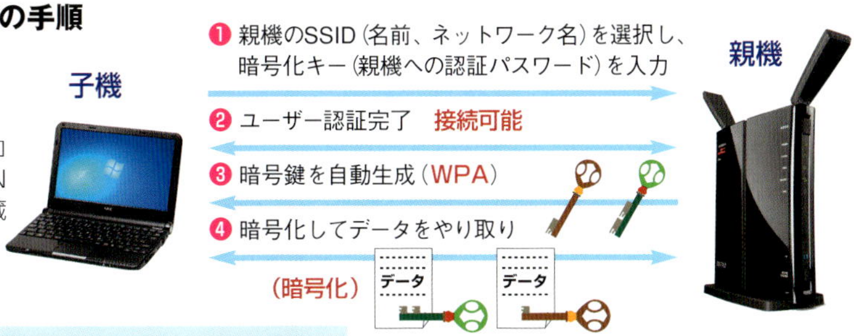

通常、ノートパソコンは子機（無線LANアダプター）を内蔵している。

❶ 親機のSSID（名前、ネットワーク名）を選択し、暗号化キー（親機への認証パスワード）を入力
❷ ユーザー認証完了　接続可能
❸ 暗号鍵を自動生成（WPA）
❹ 暗号化してデータをやり取り
（暗号化）

・外付けの子機

無線LAN子機の機能を内蔵していないパソコンでは、右のような外付けの子機（無線LANアダプター）を取り付ければ無線LANを利用できる。

USB型
カード型

・WPA

WPAは従来からある常に同じ暗号鍵を使うWEPを改良した方式。通信中でも自動で定期的に鍵自体をひんぱんに変更してデータの暗号化を行う。

豆知識 現在よく使われている暗号化方式には「WEP」「WPA-PSK（TKIP）」「WPA2-PSK（AES）」の3種類があり、「AES」が最も安全性が高い。

インターネット回線

> **Key word** **インターネット回線** インターネット接続に利用する回線。当初の電話回線をはじめ、ADSL、CATV、光ファイバーなどがある。

● インターネット接続の種類と回線

　パソコンの一般ユーザーは、プロバイダーを介して専用回線でインターネットに接続するが、プロバイダーまでは様々な回線を使って接続できる。当初は通常の電話回線（アナログ電話回線）を利用し、使用時のみ接続する**ダイヤルアップ接続**が主流だったが、帯域が狭く通信速度が遅いため、ISDN回線（デジタル電話回線）を使った接続と共に**ナローバンド**と呼ばれ、最近では余り使われていない。

　現在は、帯域が広く高速通信が可能なADSL、CATV（ケーブルテレビ）回線、光ファイバーなどを使った**ブロードバンド**による**常時接続**が一般的だ。

● 電話回線（アナログ電話回線）による接続

　電話回線を使ってインターネット接続する方法を**ダイヤルアップ接続**という。電話回線は音声などのアナログ信号しか送受信できないため、ダイヤルアップ接続でインターネットを利用するにはデジタル信号をアナログ信号に置き換える**モデム**という装置が必要だ。デジタル信号をアナログ信号に変換する処理を**変調**、アナログ信号から元のデジタル信号に戻す処理を**復調**という。

　電話回線は、世界中に張り巡らされたネットワークで、モデムはパソコンに標準で搭載されているため、ダイヤルアップ接続は手軽に利用できる。けれども、通信速度が最大**56kbps**と遅いため、情報量の多いデータのやり取りには適さず、通信が途中で途切れることも多い。

　また、プロバイダーのアクセスポイントに電話をかけて通信を行うので、電話をかけているとインターネット接続ができず、インターネット接続中には電話の通信料金がかかるという難点がある。

● ADSL（Asymmetric Digital Subscriber Line）による接続

　ADSL（非対称デジタル加入者線）接続もダイヤルアップ接続と同様に通常の電話回線を利用する。けれども、データ通信には通話に使われていない高周波数帯域を使う高速回線だ。

　電話回線の帯域を分けて利用するには、回線の電話局側と家庭側の両方に**スプリッタ**という機器が必要になる。スプリッタは同じ1本の回線で音声信号とデータ信号（周波数）を分離することで同時に利用できるようにする装置だ。また、パソコンからのデータをADSLの規格に

知っ得　ISDNは通常の電話回線と同じケーブルを利用したデジタル通信サービスで、通信速度は64〜128kbpsと電話回線より高速。電話とインターネットを同時に利用できる。

あったデータに変換するために**ADSLモデム**という信号変換機も必要となる。

ADSLは「非対称」という名が示すように、上りと下りを分けて通信が比較的多くなる下り（ダウンロード）の帯域を広くしているため、通信速度は上りと下りで大きく異なる。現在は下りの最高速度が最大50Mbps、上りは最大12.5Mbpsとなっている。ADSL接続は従来の電話回線を利用するため導入の手間やコストが不要で、他の常時接続と比べ低料金で高速にインターネット接続できる。一方、電話の収容局から遠くなると通信ノイズのため通信速度がすぐに低下したり、サービス提供エリア外になり使用できないという難点がある。

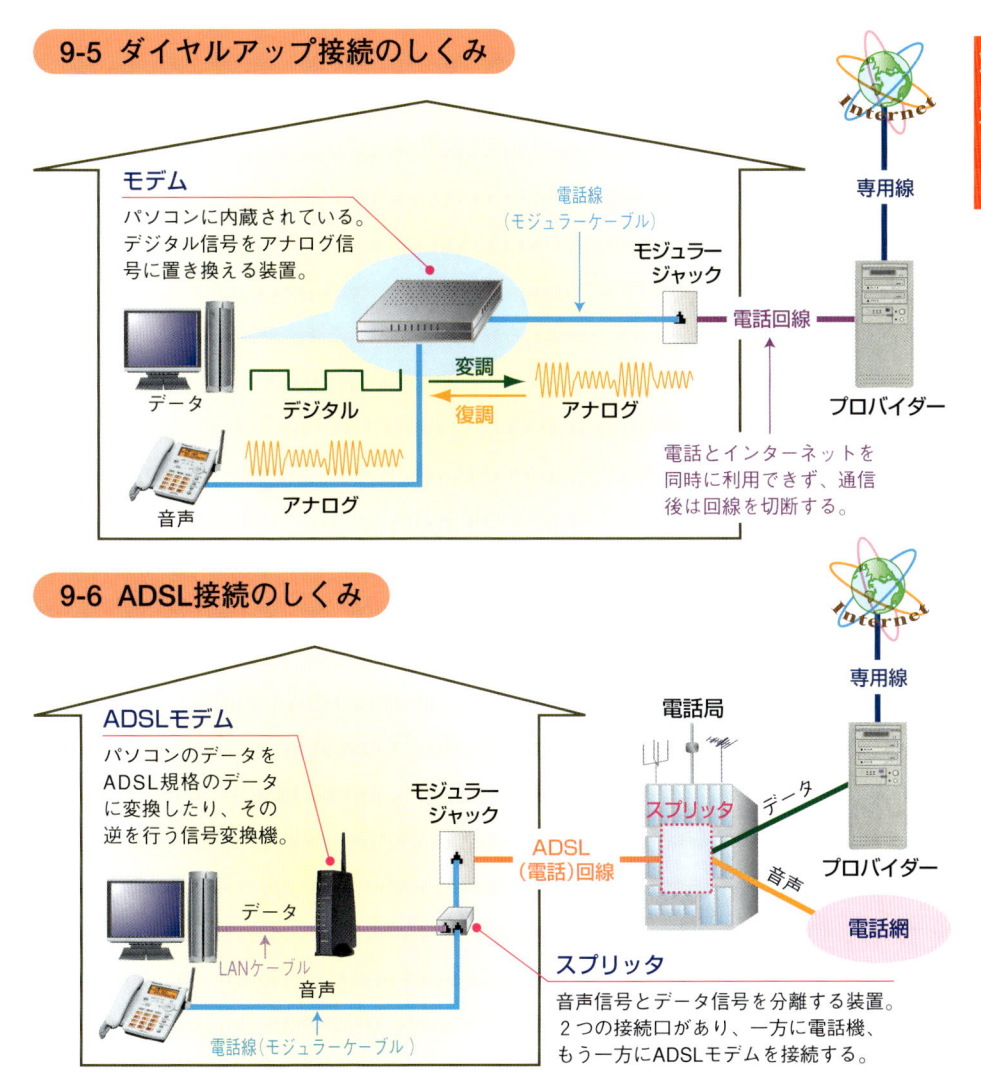

9-5 ダイヤルアップ接続のしくみ

モデム
パソコンに内蔵されている。デジタル信号をアナログ信号に置き換える装置。

データ → デジタル → 変調/復調 → アナログ → モジュラージャック → 電話線（モジュラーケーブル） → 電話回線 → プロバイダー → 専用線 → Internet

音声 → アナログ

電話とインターネットを同時に利用できず、通信後は回線を切断する。

9-6 ADSL接続のしくみ

ADSLモデム
パソコンのデータをADSL規格のデータに変換したり、その逆を行う信号変換機。

データ → LANケーブル → モジュラージャック → ADSL（電話）回線 → 電話局 → スプリッタ → データ → プロバイダー → 専用線 → Internet

音声 → 電話線（モジュラーケーブル） → 音声 → 電話網

スプリッタ
音声信号とデータ信号を分離する装置。2つの接続口があり、一方に電話機、もう一方にADSLモデムを接続する。

> **豆知識** データの転送速度はbps（ビーピーエス）という単位で表し、1秒間に送ることができる情報量をいう。1000bps=1kbps、1000kbps=1Mbpsとなる。

CATV（Community Antenna TeleVision：ケーブルテレビ）による接続

CATVは加入者の家庭に**光ファイバー**や**同軸ケーブル**を利用してテレビ番組を配信するテレビの有線放送サービスだ。

CATVによるインターネット接続はテレビ放送で使っていない周波数帯（空きチャンネル）を利用してデータ通信を行う。光ファイバーや同軸ケーブルは電話線に比べるとノイズに強く伝送損失も少ないが、同軸ケーブルは信号を正確に伝送できる距離が短いので、200～400mごとに増幅器という装置を設置している。

CATV接続には回線の引き込み工事が必要となる。一般家庭ではCATV用の回線を保安器で2つに分け、一方にテレビ放送を受信するための**セットトップボックス（チューナー）**を接続してテレビをつなぎ、もう一方に**ケーブルモデム**を接続してパソコンをつなぐ。ケーブルモデムでデータ信号をCATV回線で送受信できる形に変換し、データ通信を行う。

CATV接続はADSLと同様に下り（ダウンロード）の通信速度が速くなっている。通信速度はCATV局やサービスによって異なるが最大下り160Mbpsのサービスも登場している。利用はCATV局のサービス提供エリアに限定されるが、地域によっては共同住宅などにあらかじめ回線が敷設され、簡単に利用できることも多い。

CATV局は回線事業者とプロバイダーを兼ねているので料金を一括して支払え、一般にテレビ放送と同時に申し込むと通信費用が割安になることが多い。

光ファイバー（FTTH：Fiber To The Home）による接続

光ファイバーは、石英ガラスやプラスチックでできている繊維状のコアとそれを覆うクラッドからできている。光ファイバーを家庭まで引き込み、デジタル信号（電気信号）を光信号に変換してデータ通信を行うのが**光ファイバー（FTTH）接続**だ。光信号は電気信号と異なり電磁誘導の影響を全く受けないためノイズに強く、信号の減衰が大きかった高周波数の信号でも劣化はほとんどないので、遠距離まで高速で安定した伝送が可能だ。

FTTH接続には光ファイバーの引き込み工事が必要となる。一般家庭では光ファイバーを室内に引き込み、**回線終端装置（ONU）**という装置に接続する。回線終端装置は光信号を電気信号に変換したり、電気信号を光信号に変換する装置だ。パソコンを回線終端装置につなぐと、光ファイバーを利用してインターネットに接続できる。複数のパソコンをつなぐにはルーターを回線終端装置につなぎ、ルーターにパソコンを接続すればいい。

FTTH接続は上り下りとも通信速度が同じで通常は最大100Mbps、サービスによっては1Gbps（1000Mbps）という高速通信が行える。このためデータ量が多い動画視聴なども快適で、従来の電話番号が使え通話料も安い光電話や、多チャンネル放送・ビデオを楽しめるひかりTVも利用可能だ。難点は回線工事に手間や費用がかかる点、利用料金が他のサービスに比べて高い点だ。

なるほど 通信速度などによく表記されている「ベストエフォート」とは「最善の努力」といった意味で、通信条件は諸状況によって変わるため最大速度などを保証するものではない。

9-7 CATV接続のしくみ

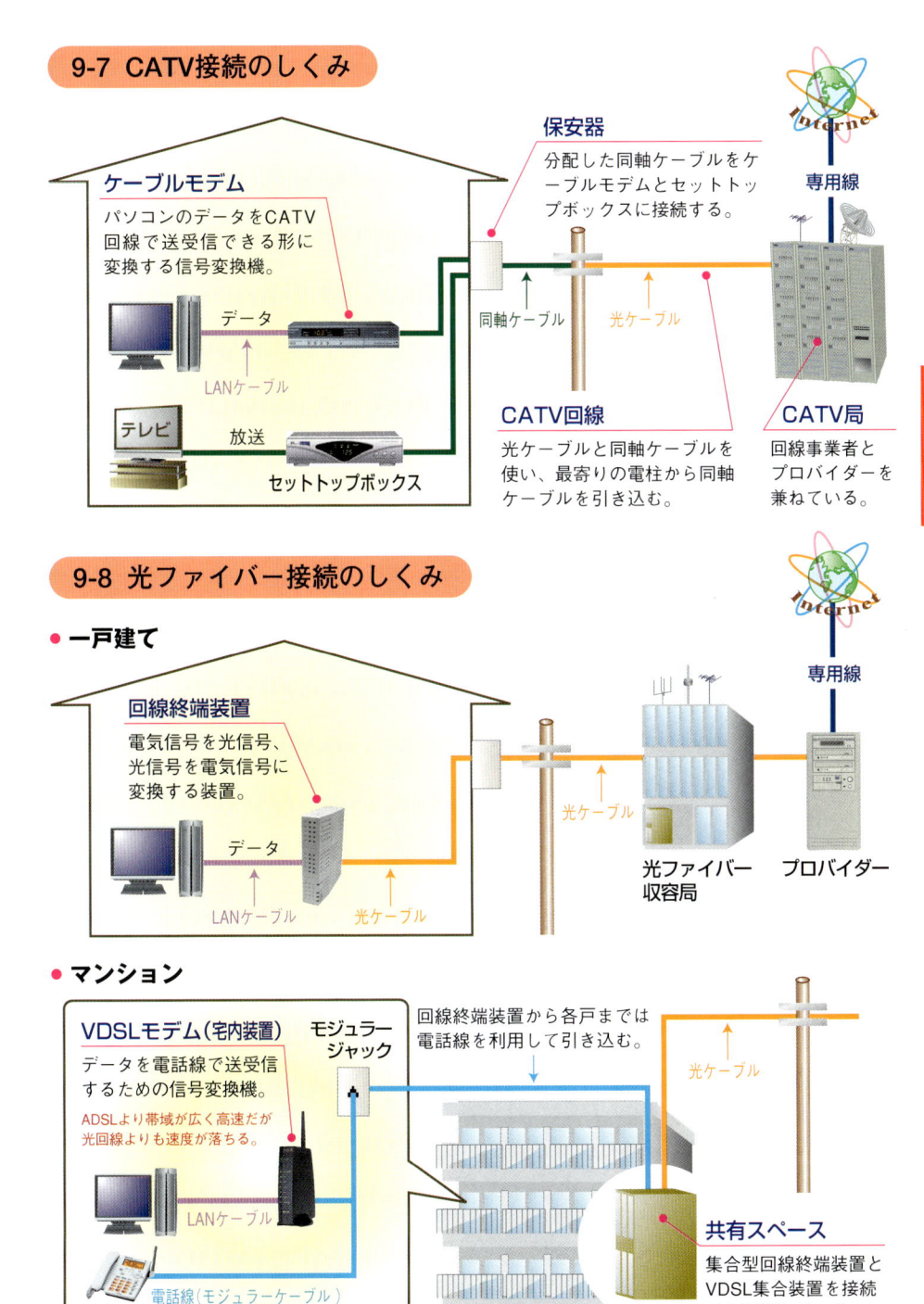

ケーブルモデム
パソコンのデータをCATV回線で送受信できる形に変換する信号変換機。

データ / LANケーブル / テレビ / 放送 / セットトップボックス

保安器
分配した同軸ケーブルをケーブルモデムとセットトップボックスに接続する。

同軸ケーブル / 光ケーブル / 専用線

CATV回線
光ケーブルと同軸ケーブルを使い、最寄りの電柱から同軸ケーブルを引き込む。

CATV局
回線事業者とプロバイダーを兼ねている。

9-8 光ファイバー接続のしくみ

● 一戸建て

回線終端装置
電気信号を光信号、光信号を電気信号に変換する装置。

データ / LANケーブル / 光ケーブル / 専用線 / 光ファイバー収容局 / プロバイダー

● マンション

VDSLモデム（宅内装置）
データを電話線で送受信するための信号変換機。
ADSLより帯域が広く高速だが光回線よりも速度が落ちる。

モジュラージャック

回線終端装置から各戸までは電話線を利用して引き込む。

LANケーブル / 電話線（モジュラーケーブル） / 光ケーブル

共有スペース
集合型回線終端装置とVDSL集合装置を接続口に設置している。

豆知識 2011年3月末時点のブロードバンド契約者数の回線種別のシェアはADSLが24.8%、CATVが13.9%、FTTHが61.3%となっている（出典：（株）MM総研［東京・港］）。

インターネットの構造

> **Key word** **TCP/IP** インターネット通信で使われるプロトコル（通信規約）群の総称。TCPは Transmission Control Protocol、IPは Internet Protocol の略。

▶ プロトコルとは

インターネットでは、接続している様々に異なるコンピューター同士が相互にデータをやり取りできる。これは、あらかじめネットワーク内で共通のルールを決めておき、それに従ってデータをやり取りしているからだ。このルールを**プロトコル**（**通信規約**）という。プロトコルは、どんな回線を使うかという物理的な規約から、実際にブラウザーやメーラーなどのアプリケーション間でデータを受け渡しするための規約まで役割によって分けられ、階層化されて管理されている。

▶ TCP/IPとは

インターネットは、1969年米国防総省内に設立された**ARPA**（国防総省高等研究計画局）が軍事目的のために構築した**ARPANET**（アーパネット）が始まりといわれている。従来の電話網のような中央集中型のネットワークでは電話局が破壊されると通信が途絶えてしまうため、インターネットは核攻撃を受けても全体

9-9 分散型ネットワークとデータのパケット化

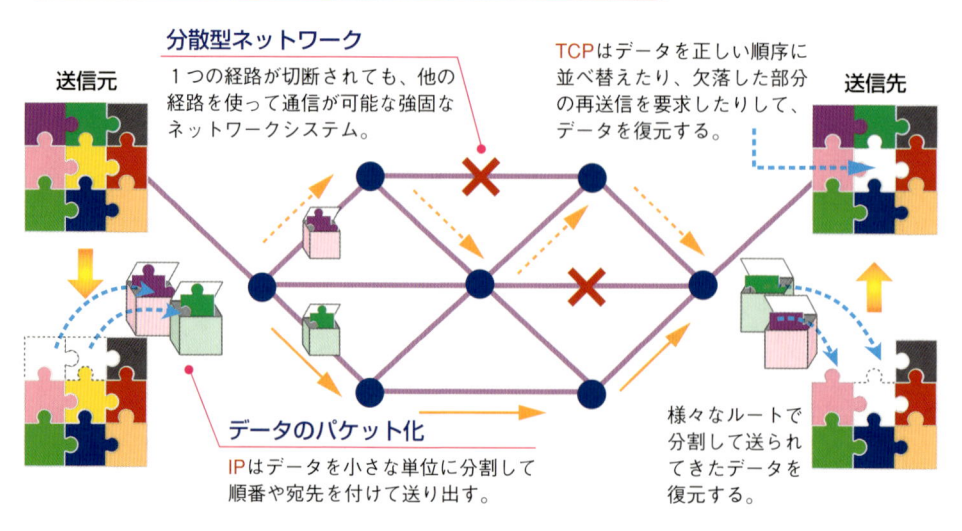

分散型ネットワーク
1つの経路が切断されても、他の経路を使って通信が可能な強固なネットワークシステム。

TCPはデータを正しい順序に並べ替えたり、欠落した部分の再送信を要求したりして、データを復元する。

送信元 → 送信先

データのパケット化
IPはデータを小さな単位に分割して順番や宛先を付けて送り出す。

様々なルートで分割して送られてきたデータを復元する。

豆知識 通信プロトコルは ITU（国際電気通信連合）やISO（国際標準化機構）によって定められている。

が停止することのない強固なネットワークの実現を目的に開発された。

そこで考え出されたしくみの1つが**分散型ネットワーク**だ。これは、1つの経路が切断されても他の経路を使って通信が可能になるというシステムだ。

もう1つは**データのパケット化**だ。パケットは『小包』という意味で、データをパケットという小さな単位に分割して順番や宛先情報を付けて送り、送信先で復元するしくみだ。データを小分けにしてパケットごとに自由な経路で送信できるため受け渡しの時間が短縮され、1本の回線を有効に利用できる。

上記の2つを前提に決められたインターネット通信のルールが**TCP/IP**である。TCP/IPは**TCP**(Transmission Control Protocol)と**IP**(Internet Protocol)という2つのプロトコルを中心に構成された複数のプロトコルの集合体だ。**TCP**は通信経路を確立し、データをパケットに分けて伝送し、正しい順序に並べ替えたり、欠落したパケットの再送を要求したりしてデータを復元し、確実に送り届けるプロトコルで、**IP**はパケットに宛先情報を付けて宛先まで送信するプロトコルだ。

TCP/IPの階層構造の基本となっているのが**OSI参照モデル**だ。TCP/IPはOSI参照モデルを簡略化し、TCP、IPを中心にその他のプロトコルをハードウェアが請け負う下位層と、ソフトウェア（アプリケーション）がデータを受け渡しする上位層とに分けて4つに階層化している。これを**インターネットモデル**という。

データは上位層から下位層へと伝わって送信され、受信時には下位層から上位層に伝わる。階層構造のメリットは、各階層で独自に制御できるように工夫されている点で、トラブル時に素早く原因を見つけたり、迅速に対処したりできる。

9-10 OSI参照モデルとインターネットモデル

	OSI参照モデル		インターネットモデル (TCP/IP)		プロトコル
上位層	第1層 アプリケーション層	第1層	アプリケーション層	ユーザーに最も近く、ユーザー側とサーバー側のアプリケーション（ソフト）間でデータをやり取りする	HTTP FTP TELNET SMTP POP3
	第2層 プレゼンテーション層				
	第3層 セッション層				
送信 受信	第4層 トランスポート層	第2層	トランスポート層	通信経路を確立し、データをパケットに分けて効率よく確実に送り届ける	TCP,UDP
	第5層 ネットワーク層	第3層	インターネット層	パケットに宛先情報を付けて、IPアドレスによりネット上を宛先まで送信する	IP
	第6層 データリンク層	第4層	ネットワークインターフェース層	回線の物理的仕様の規定やMACアドレスによりLAN内でデータをやり取りする	PPP PPPoE イーサネット
下位層	第7層 物理層				

一口メモ OSI（Open Systems Interconnection）参照モデルはコンピューター同士が円滑に通信を行うために国際標準化機構により策定されたネットワーク通信の基本モデルだ。

通信プロトコルの役割

Keyword **ヘッダー** 通信プロトコルではパケットの先頭に付けられる送受信情報や情報の素性などを表す部分。TCPヘッダーやIPヘッダーなどがある。

階層間でのデータの受け渡し

インターネットモデルでは送信側は上位から下位へと送信するデータを渡し、受信側は下位から上位に受信データを渡して処理を行う。送信側のデータはアプリケーション層で**ヘッダー**を付けてトランスポート層に送られ、パケットに分割される。パケットはデータ部分とヘッダーで構成され、上位層のパケットは下位層のデータ部分となる。順次ヘッダーが付加され入れ子状となったパケットは通信回線に送られる。受信側では各層でヘッダーを取り除いてデータを復元する。

9-11 階層間のデータ処理

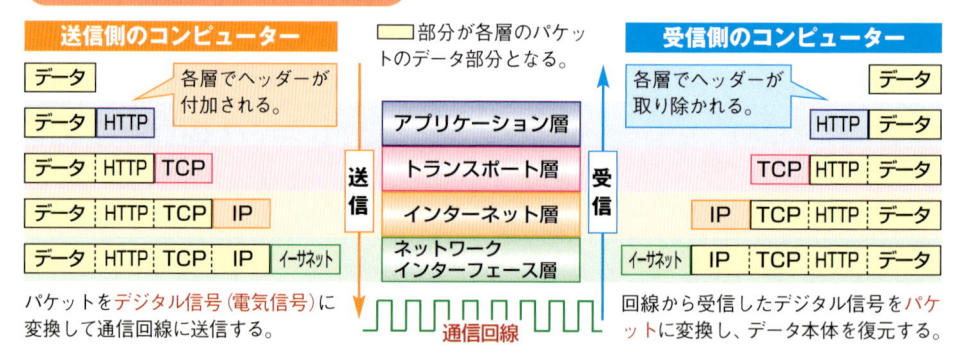

送信側のコンピューター

データ			
データ	HTTP		
データ	HTTP	TCP	
データ	HTTP	TCP	IP
データ	HTTP	TCP	IP	イーサネット

各層でヘッダーが付加される。

パケットをデジタル信号（電気信号）に変換して通信回線に送信する。

□部分が各層のパケットのデータ部分となる。

送信 →

- アプリケーション層
- トランスポート層
- インターネット層
- ネットワークインターフェース層

通信回線

受信側のコンピューター

← 受信

各層でヘッダーが取り除かれる。

			データ
		HTTP	データ
	TCP	HTTP	データ
IP	TCP	HTTP	データ
イーサネット	IP	TCP	HTTP	データ

回線から受信したデジタル信号をパケットに変換し、データ本体を復元する。

各階層の通信プロトコルの役割

アプリケーション層のプロトコルはユーザーとサーバーのアプリケーション間のやり取りを行う。例えば、ユーザーがブラウザーを起動してURLを入力するとWebサーバーにリクエストメッセージが送られ、画面にWebページが表示される。この一連のやり取りがHTTPの役割だ。使用するプロトコルは、ブラウザーなら**HTTP**、メールの送信なら**SMTP**と、アプリケーションや目的によって異なる。

トランスポート層のTCPやUDPはアプリケーションから送られたデータ本体を分割して伝送する役割を果たす。TCPは**TCPヘッダー**（P160）を付けてTCPパケットを作成し、**TCPコネクション**というデータを確実に届ける仮想的な通路を確立する。この通路を使って確認応答を行い、パケットが抜けたり壊れたりした時には再送信要求を行ってデータを確実に送信し、宛先で復元する。一方、UDPは

一口メモ　送信時に上位層から下位層へ各層でデータにヘッダーが付加されていくことをカプセル化といい、受信時に順次取り除かれていくことを非カプセル化という。

確認応答や再送を行わずに高速にデータを届ける。UDPはTCPより確実性は低いが、高速性が優先される音声や動画のストリーミング配信（P172）で使用される。

インターネット層の**IP**はインターネット上のデータのやり取りを行う。TCPパケットに**IPヘッダー**を付けて**IPパケット**を作成し、**IPアドレス**（P158）を参照して通信経路を選び、ルーターからルーターへとデータを転送する。IPがネットワーク内に宛先のパソコンがあるルーターまでデータを届けたら、LAN内のデータのやり取りは**ネットワークインターフェース層**の**イーサネットプロトコル**の役割になる。この層の物理的な回線でやり取りするパケットは**MACフレーム**とも呼ばれ、**MACアドレス**（P162）を参照してやり取りされる。イーサネットプロトコルは、ルーターに届いたデータを該当するパソコンに渡したり、LAN内のパソコンからインターネットでやり取りしたいデータをルーターまで送信したりする。

9-12 各階層の通信プロトコルの役割

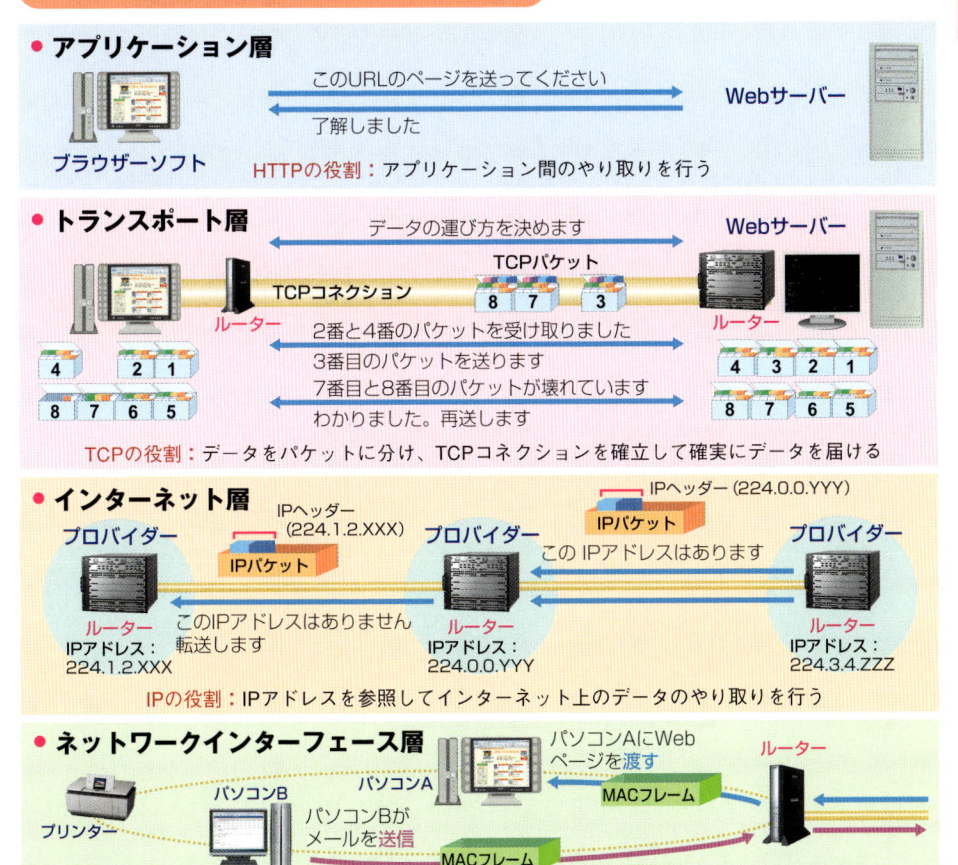

● **アプリケーション層**

ブラウザーソフト ──「このURLのページを送ってください」→ Webサーバー
　　　　　　　　 ←「了解しました」
HTTPの役割：アプリケーション間のやり取りを行う

● **トランスポート層**

データの運び方を決めます
TCPコネクション／TCPパケット
2番と4番のパケットを受け取りました
3番目のパケットを送ります
7番目と8番目のパケットが壊れています
わかりました。再送します

TCPの役割：データをパケットに分け、TCPコネクションを確立して確実にデータを届ける

● **インターネット層**

プロバイダー　IPヘッダー（224.1.2.XXX）／IPパケット
ルーター　IPアドレス：224.1.2.XXX　このIPアドレスはありません　転送します
ルーター　IPアドレス：224.0.0.YYY　このIPアドレスはあります
ルーター　IPアドレス：224.3.4.ZZZ　IPヘッダー（224.0.0.YYY）／IPパケット

IPの役割：IPアドレスを参照してインターネット上のデータのやり取りを行う

● **ネットワークインターフェース層**

プリンター／パソコンB／パソコンA
パソコンAにWebページを渡す
パソコンBがメールを送信
MACフレーム ─ ルーター

イーサネットプロトコルの役割：MACアドレスを参照してLAN内のデータのやり取りを行う

豆知識 MACアドレス（ネットワーク機器固有の識別番号）とIPアドレス（インターネット上の住所）の対応を調べるプロトコルをARP（Address Resolution Protocol）という。

IPアドレス

> **Key word** **IPアドレス** ネットワークに接続されたコンピューターやルーターなどの通信機器1台1台に割り振られた論理的な識別番号。

IPアドレスはネットワーク上の住所

IPアドレスはネットワーク上の住所のようなもので、インターネットに接続したすべての機器に個別に割り当てられている。IPアドレスが重複しないように割り当てや管理を行っているのが、各国のNIC（ネットワークインフォメーションセンター）だ。日本ではJPNIC（Japan NIC）から各プロバイダーなどに割り振られ、ユーザーはプロバイダーからその範囲のアドレスを自動的に割り当てられている。IPアドレスは、MACアドレス（製造時に各通信機器に付けられる固有の識別番号：**物理アドレス**）とは異なり、後から割り当てられ変更も可能なアドレスなので**論理アドレス**と呼ばれている。

IPアドレスにはインターネット上の住所を示す**グローバルアドレス**と、個々のLAN内だけで使える**プライベートアドレス**の2つがある。プライベートアドレスは、LAN内のパソコンにまでIPアドレスを1つずつ割り当てると膨大な数が必要になることから、1つのグローバルアドレスを複数のコンピューターで使えるように考え出された。そのため、LANにつながるコンピューターは外部用と内部用の2つのIPアドレスを使い分ける。LAN内では起動時にルーターで割り振られるプライベートアドレスが使われ、ネット上でデータをやり取りする場合はルーターでグローバルアドレスに変換される。

9-13 グローバルアドレスとプライベートアドレス

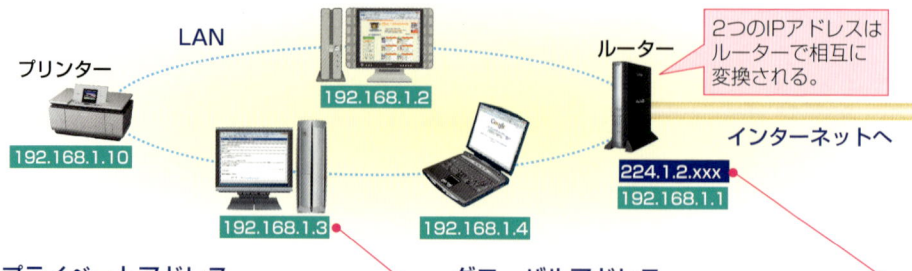

LAN
プリンター 192.168.1.10
192.168.1.2
192.168.1.3
192.168.1.4
ルーター 192.168.1.1
224.1.2.xxx
インターネットへ

2つのIPアドレスはルーターで相互に変換される。

プライベートアドレス
LAN内だけで使え、インターネット上では使えないIPアドレス。「10.0.0.0」～「10.255.255.255」、「172.16.0.0」～「172.31.255.255」、「192.168.0.0」～「192.168.255.255」が割り当てられている。

グローバルアドレス
加入しているプロバイダーから割り当てられるインターネット上の住所。LAN内のパソコンはネット上ではこの住所でデータのやり取りを行うため、ネット上ではLAN内のパソコンは1台のパソコンにしか見えない。

> **一口メモ** 2つのIPアドレスを相互に変換する機能には1対1で対応させるNAT（ナット）や、1つのグローバルアドレスに複数のプライベートアドレスを同時に対応させるIPマスカレードがある。

IPv4とIPv6

IPアドレスは所属するネットワークを表す**ネットワーク部**とコンピューターを表す**ホスト部**で構成されている（右図）。IPアドレスのどの部分を各部に割り当てるかはネットワークごとに異なる。

現在、広く普及しているIPアドレスは**IPv4**（version 4）といい、8ビットずつ4つに区切られた32ビットの数値を使い、「192.168.1.1」というように0から255までの10進数の数字を4つ並べて表す。

けれども、IPv4で表せるアドレス数は2の32乗個（約43億）に過ぎない。そのためインターネットの急速な普及でアドレス数が枯渇し、最近では**IPv6**（version 6）というIPアドレスも使われている。

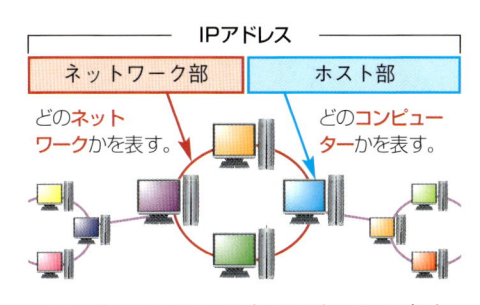

IPv6はIPアドレスを128ビットで表す。IPv6だとアドレス数は2の128乗個とほぼ無限大になるので、不足は完全に解消される。ただし、IPv4とIPv6は互換性がないため、IPv6対応を進めるにはIPv6形式のデータを一時的にIPv4形式のデータの中に入れてIPv4ネットワークを通過させる「トンネル技術」や「IPv4/IPv6アドレス変換技術」などが必要である。

9-14 IPv4とIPv6の表記例

バージョン	表記法	表記例			
IPv4	10進数	32ビット：2進数の数値を「.（ドット）」で4つに区切って10進数で表記			
		192.	168.	1.	1
	2進数	11000000	10101000	00000001	00000001
IPv6	16進数	128ビット：16進数で表記された数値を「:（コロン）」で8つに区切って表記			
		fe80: :（連続した0は省略可能） 212: daff: fe4a: c81a: 3290			
	2進数	1111 1110 1000 0000 0000 0000 0000 0000 0000 0000 0000 0000 10 0001 0010 1101 1010 1111 1111 1111 1110 0100 1010 1100 1000 0001 1010 11 0010 1001 0000			

IPアドレスとドメイン名

IPアドレスは数字の羅列で表されており、人間にはわかりにくい表記になっている。そこで、例えば「124.83.187.140」というIPアドレスを「yahoo.co.jp」というように人間にわかりやすい文字列に置き換えて表したのが**ドメイン名**だ。

IPアドレスを対応するドメイン名で表すしくみを**DNS**（ドメインネームシステム）といい、IPアドレスとドメイン名は**DNSサーバー**で相互に変換される。

124.83.187.140 【IPアドレス】 ⇔ 【ドメイン名】 yahoo.co.jp
DNSサーバーで相互に変換 組織名 組織の種類 国名

なるほど IPv6でのアドレス数は約340澗（かん）だ。ちなみに澗とは「一十百千万億兆京垓秭穣溝」の次の位（10の36乗）で、340澗は「340兆の1兆倍の1兆倍」だ。

ポート番号

> **Key word** **ポート番号** IPアドレスのサブ（補助）アドレスとなり、データをやり取りするアプリケーションを特定する論理的な識別番号。

▶ ポート番号はIPアドレスのサブアドレス

　IPアドレスによってインターネット上のコンピューターは特定できるが、通信相手のアプリケーションまでは特定できない。そこで、トランスポート層のTCPやUDPがデータをやり取りするアプリケーションを識別するために付けられるのが**ポート番号**だ。IPアドレスが住所なら、ポート番号は各部屋のドア番号のようなものだ。ポートはその名の示す通り、データをやり取りする出入口を意味する。

　例えば、ユーザーがWebページを閲覧する場合、ブラウザーを起動してリクエスト（要求）を送るとTCPパケットのヘッダーに**送信元ポート番号**と**宛先ポート番号**が書き込まれる。送信元となるユーザー側のアプリケーション（ブラウザー）を示すポート番号はOSによって空いている番号（例えば「1024」）が自動で割り当てられ、その番号のポートが開いて通信が可能になる。

　一方、宛先となるサーバー側のアプリケーションを示すポート番号はアプリケーション（Webサービス）によって決まっており（Webページの閲覧は「80」）、いつでもアクセスできるように常に開いたままになっている。ブラウザーの「1024」ポートからの要求を受け取ったWebサーバー（「80」）は「1024」ポート宛に返信して通信相手を確認し、要求されたWebページのデータを送る（レスポンス）。こうして通信が終了するとユーザー側のポートは閉じられてしまう（次頁参照）。

　ユーザー側のポート番号は送信する要求ごとに異なるので、サーバー側は要求元のアプリケーションに確実にデータを渡せるというわけだ。つまり、ポート番号によってユーザーが同じブラウザーで複数のウィンドウを開いて別のWebページを見たり、ブラウザーとメーラーを同時に使用したりすることができるのだ。

● TCPヘッダーに書き込まれるポート番号

```
0              15 16           31 （ビット）
┌───────────────┬───────────────┐
│  送信元ポート番号  │  宛先ポート番号   │
├───────────────┴───────────────┤
│         シーケンス番号           │
├─────────────────────────────┤
│         確認応答番号             │
├──────┬────┬──────┬──────────┤
│TCPヘッ│未使用│制御ビット│ウィンドウサイズ │
│ダー長 │   │(6ビット)│(0〜65535)   │
├──────┴────┼──────┴──────────┤
│  チェックサム  │    緊急ポインタ       │
├─────────────┼──────────────┤
│   オプション   │    パディング         │
├─────────────┴──────────────┤
│            データ                │
└─────────────────────────────┘
```

ポート番号
送信元ポート番号と宛先ポート番号が書き込まれる。これによってブラウザーか、メーラーかというようにアプリケーションを区別する。

シーケンス番号と確認応答番号
シーケンス番号は送るデータの最初の番号、確認応答番号には次のデータの最初の番号を付ける。

その他のTCPヘッダーに書き込まれる情報。「オプション」と「パディング」はない場合もある。

> **知っ得** 対応表にIPアドレスと一緒にポート番号を書き込むことにより、1つのグローバルアドレスに複数のプライベートアドレスを同時に対応させる機能がIPマスカレード（P158）だ。

9-15 複数の通信を同時に可能にするポート番号

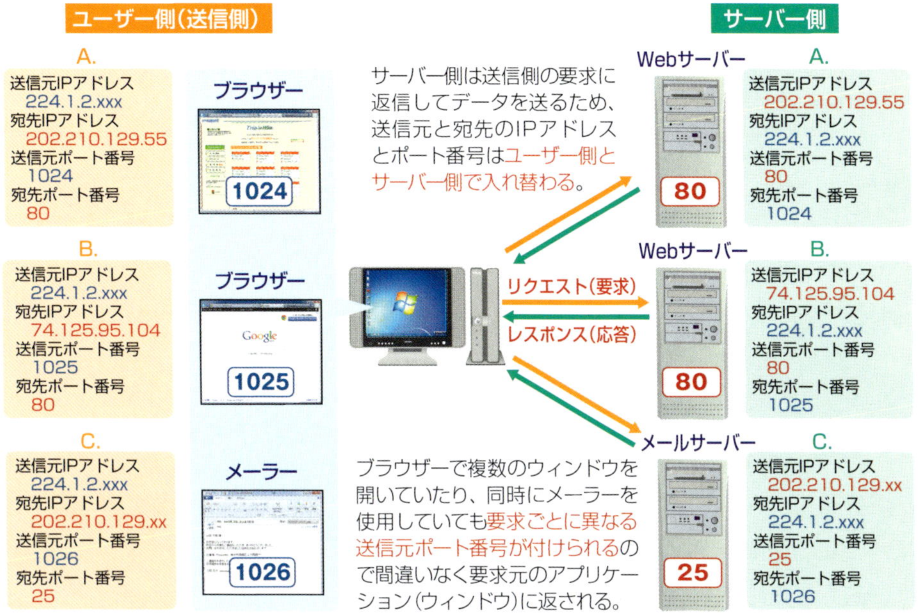

ユーザー側（送信側）

A.
送信元IPアドレス
224.1.2.xxx
宛先IPアドレス
202.210.129.55
送信元ポート番号
1024
宛先ポート番号
80

ブラウザー
1024

B.
送信元IPアドレス
224.1.2.xxx
宛先IPアドレス
74.125.95.104
送信元ポート番号
1025
宛先ポート番号
80

ブラウザー
1025

C.
送信元IPアドレス
224.1.2.xxx
宛先IPアドレス
202.210.129.xx
送信元ポート番号
1026
宛先ポート番号
25

メーラー
1026

サーバー側は送信側の要求に返信してデータを送るため、送信元と宛先のIPアドレスとポート番号は**ユーザー側とサーバー側で入れ替わる。**

リクエスト（要求）
レスポンス（応答）

ブラウザーで複数のウィンドウを開いていたり、同時にメーラーを使用していても**要求ごとに異なる送信元ポート番号が付けられるの**で間違いなく要求元のアプリケーション（ウィンドウ）に返される。

サーバー側

Webサーバー
A.
送信元IPアドレス
202.210.129.55
宛先IPアドレス
224.1.2.xxx
送信元ポート番号
80
宛先ポート番号
1024

80

Webサーバー
B.
送信元IPアドレス
74.125.95.104
宛先IPアドレス
224.1.2.xxx
送信元ポート番号
80
宛先ポート番号
1025

80

メールサーバー
C.
送信元IPアドレス
202.210.129.xx
宛先IPアドレス
224.1.2.xxx
送信元ポート番号
25
宛先ポート番号
1026

25

🔸 ポート番号の種類

　ポート番号には「0」～「65535」までの数字が用意され、コンピューター同士であらかじめ決めておけば、どの番号で通信を行うことも可能だ。けれども、多くのユーザーに頻繁に利用されるサーバー側のポート番号は決まっているほうが便利なため、「0」～「1023」までの番号は**ウェルノウンポート**（well-known：よく知られているポート）と呼ばれ、プロトコルによってあらかじめサーバー側のアプリケーション（Webサービス）に割り当てられている。代表的なサーバー側のポート番号には、「80」（HTTP：Webページ閲覧）、「25」または「587」（SMTP：メールの送信）、「110」（POP3：メールの受信）などがある。ユーザーがWebサービスを利用する時は、通常、宛先ポート番号にウェルノウンポートを指定して要求（リクエスト）メッセージを送信する。

　一方、ユーザー側（送信側）のポート番号はアプリケーションごとに決められているのではなく、一連の通信ごとにOSによって空いている任意の番号が自動的に割り当てられる。また、通信が終わって一定時間が過ぎるとそのポート番号は自動で開放され（ポートが閉じる）、再び他の通信での利用が可能になるため、**エフェメラルポート**（ephemeral：短命な）と呼ばれる。エフェメラルポートには基本的に「1024」以降の番号が割り当てられるが、割り当てられるポート番号の範囲はOSによって異なる。

豆知識 ポートはセキュリティの要にもなる。ファイアウォール（P177）は使わないポートを無効にして外部からの接続を禁じたり、決まったポート以外の接続を遮断したりする。

ルーターとデータ転送

ルーター 異なるネットワーク同士を結んでデータの経路を選択したり、中継を行う通信機器。

ルーターと経路選択

　ネットワーク同士を結ぶルーターはインターネット通信の要だ。ユーザーのパソコンはブロードバンドルーターを介してプロバイダーの高性能なルーターに接続し、ネット上でデータをやり取りする。

　プロバイダーのルーターは、データ（パケット）の IP アドレスをチェックして自分のネットワークに宛先がない場合には、中継先を判断して転送する。これを**ルーティング**（Routing：経路制御）という。この時に参照するのが**ルーティングテーブル**という**経路表**だ。ルーティングには、管理者が手動で作成した経路表で行う**スタティックルーティング**と、ルーター間で自動で情報を交換し合って経路選択を行う**ダイナミックルーティング**がある。インターネットでは通常、ダイナミックルーティングを使用する。

　この方式では、隣接するルーターと常に情報が交換され、最新の経路表を参照できる。経路表には宛先 IP アドレスまでのホップ数（経由するルーターの数）、回線の通信速度や混雑状況、エラー発生率などが記されているため、ネットワークに障害や変更があっても素早く検知して経路変更を行うなど、臨機応変に対応してデータを届けられる。一方、ルーター同士が常に情報交換を行うため、ネットワークに負荷がかかって回線が混雑したり、パケットの処理が遅れることもある。

IP アドレスと MAC アドレスの連携

　IP アドレスは送信元や宛先（最終目的地）を示すエンドツーエンド（端から端）のアドレスだ。けれども、インターネット上のデータはいくつものルーターを経て届けられるため、宛先の IP アドレスだけでなく、中継するルーターを特定するアドレス情報が必要になる。その時使用されるのが **MAC アドレス**だ。MAC アドレスは製造時に機器に付けられる唯一無二のアドレスで、個々のパソコンやルーターを確実に識別できる。データは最終目的地の IP アドレスと、データを手渡す隣接機器の MAC アドレスを付けて転送される。IP アドレスがデータを受信したルーターと同じネットワーク上にあれば MAC アドレスは最終目的地の MAC アドレスになり、別のネットワークなら隣接するルーターの MAC アドレスを付けて転送される。このように、すべての通信機器に付けられている IP アドレスと MAC アドレスは役割が異なり、異なるネットワーク間の通信を可能にしている。

豆知識 ルーターが送られてきた MAC アドレスから IP アドレスを知りたい時には、RARP（Reverse ARP）を使って参照する。

インターネットモデルで見ると、IPアドレスはネット上（インターネット層）で宛先を特定するアドレスで、MACアドレスはLAN内（ネットワークインターフェース層）で機器を特定するアドレスといえる。IPアドレスとMACアドレスは、この2つの階層を行き来する時に連携しあう。ネット上のデータは、IPアドレス（グローバルアドレス）によってバケツリレーのようにプロバイダーのルーター間を転送され、該当するパソコンがあるネットワークのルーターまで送られる。

データを受け取ったLANのルーターは、**ARP**（Address Resolution Protocol）というプロトコルを使ってLAN内のすべての機器に「IPアドレス（プライベートアドレス）に対応するMACアドレスはある？」と問い合わせを行う。これに対して該当するパソコンは自分のMACアドレスを返して応答し、ルーターはそのパソコンのMACアドレスを付けてすべてのパソコンにデータを送信する。該当のパソコンはデータを受け取り、それ以外のパソコンはデータを破棄する。

9-16 LAN内とLAN外で異なるルーターのデータ転送

● LAN外（インターネット上）のデータ転送
LANの**外**では**IPアドレス**で送受信される。

受信側
プロバイダー ルーター
MACアドレス：00-80-87-6y-yy-yy
IPアドレス：224.1.2.XXX

このIPアドレスは私のWANにありません。
隣のルーターに転送します
IPヘッダー（224.1.2.XXX）
（MACアドレス：00-80-87-6y-yy-yy）

プロバイダー ルーター
MACアドレス：00-80-86-1x-xx-xx
IPアドレス：224.0.0.YYY

IPヘッダー（224.0.0.YYY）
（MACアドレス：00-80-87-6x-xx-xx）
このIPアドレスは私のWANにあります

データが転送される方向

送信側
プロバイダー ルーター
MACアドレス：00-80-88-1x-xx-xx
IPアドレス：224.3.4.ZZZ

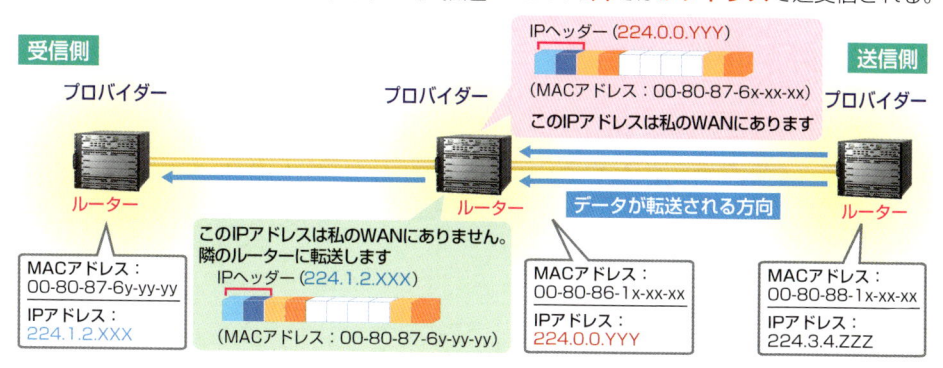

● LAN内のデータ転送
LANの**中**では**MACアドレス**で送受信される。

受信側
MACアドレス：00-16-76-5x-xx-xx
IPアドレス：192.168.1.2

LAN
❷ 私のMACアドレスです
❹ データを受け取りました

MACアドレス：00-1a-92-5x-xx-xx
IPアドレス：192.168.1.3

❷無返答
❹データを破棄

MACアドレス：00-0d-92-5x-xx-xx
IPアドレス：192.168.1.4

❷無返答
❹データを破棄

送信側
インターネット
224.1.2.xxx
192.168.1.1

❶ このIPアドレスに対応するMACアドレスはありますか
❸ データを送ります

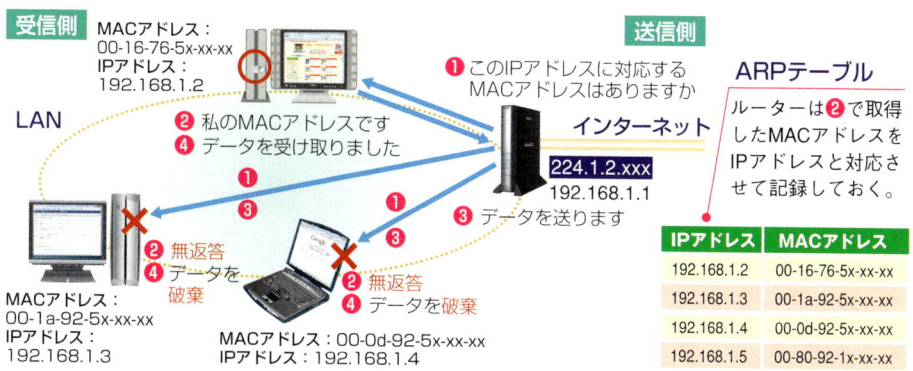

ARPテーブル
ルーターは❷で取得したMACアドレスをIPアドレスと対応させて記録しておく。

IPアドレス	MACアドレス
192.168.1.2	00-16-76-5x-xx-xx
192.168.1.3	00-1a-92-5x-xx-xx
192.168.1.4	00-0d-92-5x-xx-xx
192.168.1.5	00-80-92-1x-xx-xx

一口メモ ルーターがARPで一度取得したMACアドレス情報は一時的にキャッシュ（ARPテーブル）に保管され、通信のたびにARPは行わない。

サーバー

> **Key word**
> **クライアント** ネットワークに接続されたコンピューターで、サーバーコンピューターの提供する機能やデータを利用する側のコンピューター。

▶ サーバーとは

　サーバーとは、他のコンピューターから依頼された要求（**リクエスト**）に応えて（**レスポンス**）、サービスを提供するコンピューターやプログラム（ソフト）のことだ。ネットワーク上のパソコンをサーバーとクライアントの関係に分けて構成する形態を**クライアントサーバーシステム**という。例えば、Webページを見るならWWW（Web）サーバーがサーバーで、自宅のパソコン（ブラウザーソフト）がクライアントになる。

　パソコンとサーバーは基本的な作りは同じだが、業務用のサーバーは多くのデータを蓄積（**データベース化**）し、同時に多数のクライアントの要求に応えられなければならない。また、サーバーは24時間稼動していなければならず、安全性・信頼性も不可欠だ。そのため、CPUやハードディスク、OSなどに、動作に安定性のある堅牢でセキュリティ機能の高い製品を組み込んだ、高性能なコンピューターを使っている。

　インターネットでは様々なサービスが提供されており、サーバーはそれぞれ提供するサービスによって役割が特化している。代表的なものには、WWW（Web）サーバー、メールサーバー、FTP（File Transfer protocol）サーバー、DNS（Domain Name System）サーバー、データベースサーバーなどがある（図9-17）。

▶ 3層クライアントサーバーシステム

　従来のクライアントサーバーシステムでは、クライアント側にアプリケーション、サーバー側にデータベースが配置されているのが一般的だった。けれども、クライアントが多くなるとやり取りするデータ量が増えて通信回線に大きな負担がかかったり、サーバー側の処理が大変になったりする。そこで、考えられたのが**3層クライアントサーバーシステム**だ。

　3層クライアントサーバーシステムは、従来のシステムを論理的に**プレゼンテーション層、ファンクション層（アプリケーション層）、データベース層**の3階層に分けたシステムだ。ファンクション層にアプリケーションを移行し、クライアントはブラウザーソフトなどを使って「操作の受付」と「処理結果の表示」のみを行う。3層に細分化し、データ処理をファンクション層に独立させたことで回線の負担が軽くなり、クライアントに影響せずにアプリケーションの改修が可能になるというメリットがある。

> **知っ得** データベースとはdata（情報）のbase（基地）の意味だ。データを管理する表をリレーションといい、一般的にはリレーショナルデータベースが使われている。

9-17 サーバーの種類と役割

サーバー群

WWWサーバー
Webサーバーソフトウェアが実装され、クライアントからの要求を受けてHTTPプロトコルでWebページ情報を発信する。

メールサーバー
送信用のサーバーと受信用のサーバーに分けられる。使用プロトコルは、それぞれ、SMTPやPOP3などだ。

FTPサーバー
FTPというソフトが稼動して、Webページで使うファイルを保存したり、ユーザーからの要求でファイルを提供する。

アクセスサーバー
認証サーバーともいう。クライアントのパソコンが接続する時にユーザー名とパスワードの確認を行う。

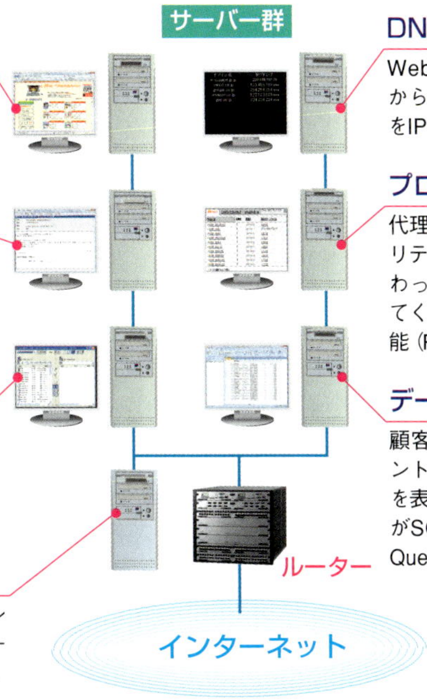

DNSサーバー
Webサーバーやメールサーバーからの問い合わせにドメイン名をIPアドレスに変換して返す。

プロキシサーバー
代理サーバーともいわれ、セキュリティを守るため、パソコンに代わってWebサイトにアクセスしてくれるサーバー。キャッシュ機能（P167）も持っている。

データベースサーバー
顧客データを保存し、クライアントからの要求に応えて、データを表示する。この時、使われるのがSQL（シークェル：Structured Query Language）という言語。

ルーター
インターネット

9-18 3層クライアントサーバーシステム

● **従来のクライアントサーバーシステム**

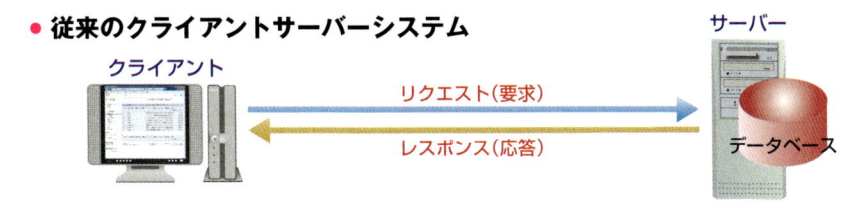

クライアント → リクエスト（要求） → サーバー
クライアント ← レスポンス（応答） ← データベース

● **3層クライアントサーバーシステム**

クライアント側 | **サーバー側**

クライアント — アプリケーションサーバー — データベースサーバー

プレゼンテーション層 | ファンクション層 | データベース層

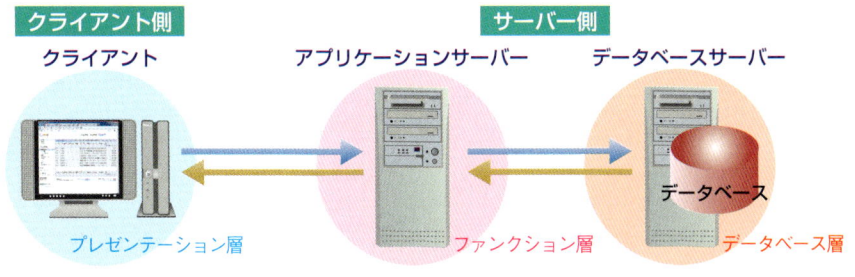

「操作の受付」「処理結果の表示」のみを行う | クライアントの要求を中継したり、データを加工して返したりする | データの保管、データベース処理を行う

一口メモ 3層クライアントサーバーシステムは論理的に分類されたもので、物理的な構成とは必ずしも一致しない。また、インターネットモデルの階層とは異なる。

Webページ閲覧のしくみ

Key word　**Internet Explorer**　マイクロソフト社のWebページ閲覧ソフト（ブラウザー）。この他にFirefox（ファイアフォックス）、Google Chrome（グーグル クローム）、Safari（サファリ）などがある。

▶ URL（Uniform Resource Locator）（ユニフォーム リソース ロケーター）の意味

ブラウザーでWebページを見るためには、アドレス欄に見たいページのURLを入力しなければならない。このURLは次のような意味を持つ。

```
            ┌─── ホスト名 ───┐
    http://www.yahoo.co.jp/
     │      │    │   │  │    │
  プロトコル ホストサーバー名 組織名 組織の種類 国名 フォルダーの意味
```

ブラウザーで使われる代表的なプロトコルには安全性や転送ファイルの種類に応じて、次のようなものがある。

http（Hyper Text Transfer Protocol）HTMLファイル、画像、その他の複合ファイルを、効率的にクライアントへ配布するためのプロトコル。

https（Hyper Text Transfer Protocol Security）HTMLファイルを暗号化してセキュリティを高めたプロトコル。パスワードを入力してログインする画面などに使われる。

ftp（File Transfer Protocol）HTMLファイルを転送したり、プログラムファイルやドライバーをダウンロードするときに使われるプロトコル。

これらのプロトコルはURLの先頭に入力され、どのサーバーにどのようにアクセスするかを設定する。

「www」以下「/」までは「ホスト名」を表す。「www」はWebページを構成する文書や画像ファイルなどを管理しているコンピューター名、次の「.（ドット）」と「.（ドット）」の間（上記では「yahoo」）が組織名、「co」が組織の種類（「co」は企業・会社）を表し、「jp」は「日本」の意味だ。組織名以下はサービスを提供してくれるサーバーコンピューターの住所で、インターネット上のコンピューターやネットワークに付けられる識別子でもあり、**ドメイン名**（P159）とも呼ばれる。

HTTPで使用されるハイパーテキストファイルは、HTML（Hyper Text Markup Language）という記述言語を使って作成されており、**ハイパーリンク**という文書や画像などの位置情報を埋め込める。このハイパーリンクが蜘蛛の巣（**WWW**）を張り巡らせるようにWebページを結び付けている。ブラウザーは、このファイルを探し出してパソコンに表示する。

このようにWebページ閲覧要求が出されると、サーバーから要求したHTMLファイルがパソコンに送られてくる。

> **知っ得**　WWW（World Wide Web）が「世界中に張り巡らされた蜘蛛の巣」と呼ばれるのは、ハイパーリンク機能があるからだ。

▶ Webページがパソコンに表示されるしくみ

　HTTPは、要求（**リクエスト**）と応答（**レスポンス**）を繰り返して目的のWebページを取得する。リクエストメッセージとして使われるのが「GET」コマンドだ。

　これらのやり取りはテキストメッセージで行われる。HTTPが送信した「Webページを送ってください」というメッセージは、TCPパケットとして「ポート番号「80」」「IPパケット」「MACフレーム」が付けられて送信される。これに対して、Webサーバーは「…OK」というメッセージのレスポンスを返す。そのレスポンスに、要求されたWebページのHTMLデータなどを付けて送り返される。

　こうして、パソコンに要求したWebページが表示される。

9-19 HTTPを使ったWebページの取得

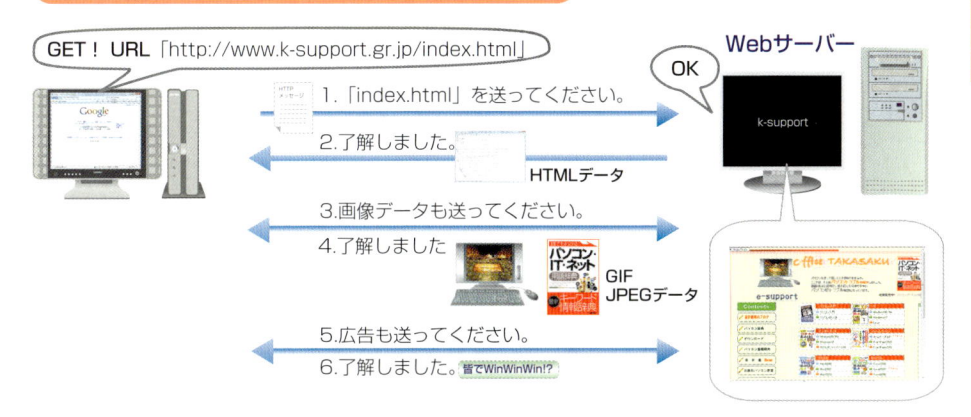

GET！ URL「http://www.k-support.gr.jp/index.html」

1. 「index.html」を送ってください。
2. 了解しました。 HTMLデータ
3. 画像データも送ってください。
4. 了解しました。 GIF JPEGデータ
5. 広告も送ってください。
6. 了解しました。 音でWinWinWin!?

Webサーバー　OK

9-20 プロキシサーバーを使ったWebページの取得

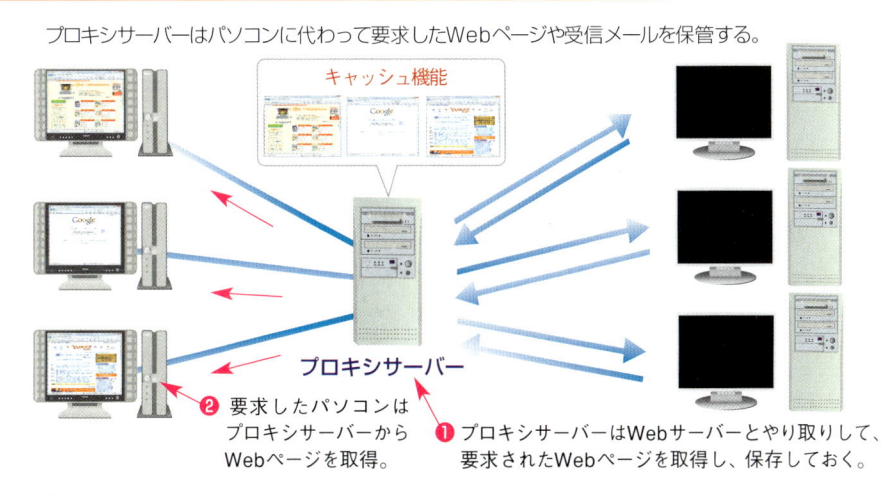

プロキシサーバーはパソコンに代わって要求したWebページや受信メールを保管する。

キャッシュ機能

プロキシサーバー

❷ 要求したパソコンはプロキシサーバーからWebページを取得。

❶ プロキシサーバーはWebサーバーとやり取りして、要求されたWebページを取得し、保存しておく。

豆知識　Webページ閲覧ソフトは、URLのドメイン名をIPアドレスに変換するためにDNS（Domain Name System）にも接続している。

メール送受信のしくみ

> **Key word** **SMTPとPOP3** SMTP(Simple Mail Transfer Protocol)はメールの送信プロトコル。POP(Post Office Protocol)はメールの受信プロトコル。

▶ メール送信のしくみ

　パソコンにインストールした**メールソフト**(以下**メーラー**)でメールを作成して送信ボタンを押すと、メーラーはメールサーバーにメールを送る。この時使われるサーバー側のポート番号は「25」、または「587」だ。番号の違いは認証が必要なプロバイダーのメールサーバーを経由してメールを転送する(「587」)か、認証なしで利用できるプロバイダー以外のメールサーバーを経由して転送する(「25」)かの違いだ。「587」は送信者が正しいユーザーであることを認証し、成り済まして不特定多数の人に迷惑メールを送ることを防止している。

　メールサーバーは宛先を見て、そのメールアドレスを管理しているサーバーを探し出して転送する。この時使われるプロトコルが**SMTP**だ。**SMTPサーバー**は宛先のドメイン名からIPアドレスを割り出すためにドメイン名を管理しているDNSサーバーに問い合わせる。DNSサーバーはドメイン名とIPアドレスの対応表を参照してIPアドレスを回答する。IPアドレスを取得したメールは、これをもとにIPアドレスの情報を持つメールサーバーまで送られる。この時、ローカルパート(メールアドレスの@の左側)によって宛先のメールボックスに分類される。

▶ メール受信のしくみ

　メールを受け取ったメールサーバーは受信要求があると、**POP3**を使って宛先のクライアントパソコンにメールを送信する。この時、**POPサーバー**とメーラーの間では、ユーザー名の確認、パスワードの確認、メールの一覧を表示してメールを取り込むといった作業が行われる。

　また、メールの一覧を表示する時にパソコンにすでに取り込まれたメールか、未読メールかをチェックして、未読メールだけを取り込むようにしている。

　パソコンでメールソフトを起動して、送受信する操作の裏では、このように複雑な作業が行われている。

　なお、サーバー上のメールボックスでメールを管理する**Webメール**ではメールの受信に**IMAP**(Internet Message Access Protocol)というプロトコルが使われる。Webメールではサーバー上にメール用アプリケーションが置かれ、ユーザーはそのアプリケーションをブラウザー上で操作する。そして、サーバーに保存されているメールをブラウザー上に表示し、読むというしくみになっている。

知っ得 代表的なメールソフトにはWindows XP搭載のOutlook Express、Windows Vista搭載のWindowsメール、無料のWindows Liveメール、Thunderbirdなどがある。

9-21 メールソフトでのメール送受信のしくみ

SMTPの場合

手順の流れ

ユーザー（クライアント）：HELO / QUIT

SMTPサーバー：OK / OK

1. SMTPを使います。
2. 了解しました。
3. 送信元は、ttyyyy@k-support.gr.jpです。
4. 了解しました。
5. 宛先は、○○○○@nifty.comです。
6. 了解しました。
7. メールデータ（本体）の転送を開始します。
8. 了解しました。
9. メールデータの転送を終了しました。
10. 了解しました。
11. 終了します。
12. 了解しました。

POP3の場合

手順の流れ

ユーザー：QUIT

POP3サーバー：OK！

1. ユーザー名「takasaku」です。
2. 了解しました。
3. パスワードは「●●●●●」です。
4. 了解しました。
5. メールの一覧を見せてください。
6. 了解しました。
7. メールを送ってください。
8. 了解しました。
9. 終了します。
10. 了解しました。

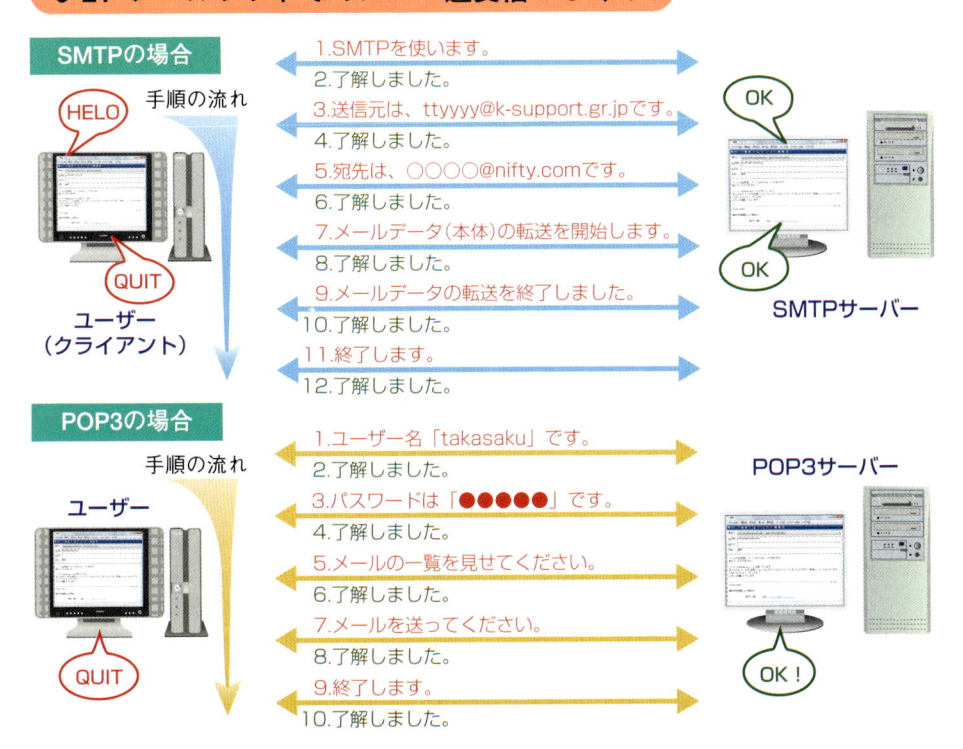

9-22 Webメールでのメール送受信のしくみ

Webメールの送受信のしくみもメールソフトの場合と似ているが、POPサーバーの代わりにHTTPサーバーとサーバー上のアプリケーション（Webメールサービス）を利用する。

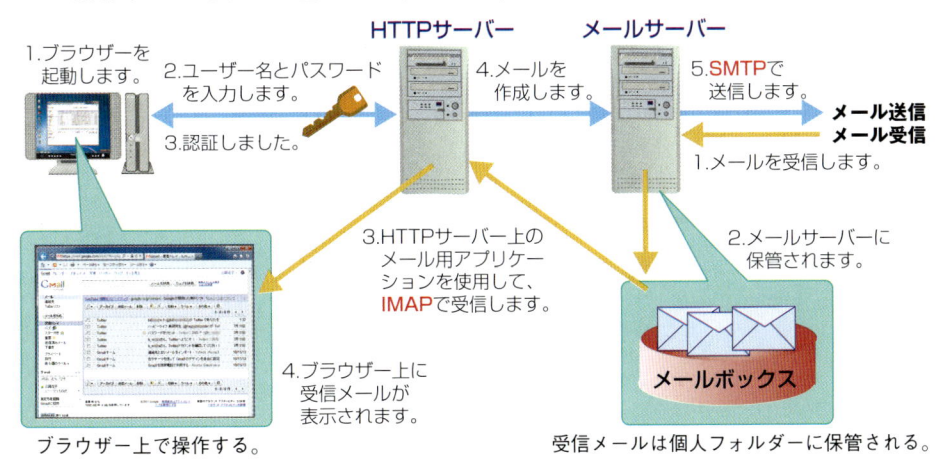

HTTPサーバー / **メールサーバー**

1. ブラウザーを起動します。
2. ユーザー名とパスワードを入力します。
3. 認証しました。
4. メールを作成します。
5. SMTPで送信します。

メール送信 / メール受信

1. メールを受信します。
2. メールサーバーに保管されます。
3. HTTPサーバー上のメール用アプリケーションを使用して、IMAPで受信します。
4. ブラウザー上に受信メールが表示されます。

ブラウザー上で操作する。

受信メールは個人フォルダーに保管される。

メールボックス

豆知識 人気のWebメールにはヤフー社のYahoo!メール、グーグル社のGmail、マイクロソフト社のWindows Live Hotmailなどがある。

ツイッター

> **Key word** ツイッター　140文字以内の短い文章で、リアルタイムに情報を発信・共有できるコミュニケーションサービス。

ツイッターのしくみ

　パソコンやiPhone、スマートフォン、iPadなどの携帯情報端末でツイッターを開くと、画面上に140文字の「つぶやき」の窓が開く。この「つぶやき」の窓に、日々の「つぶやき」を書くことができるし、あなたが書いた「つぶやき」を他の人が読むことができる。例えば、旅行、釣り、ゴルフといった遊びの情報もあれば、政治や経済、また老後の心配相談や、あなたの仕事にとって貴重な情報など自由に書くことができる。このような「つぶやき」を**ツイート**ともいうが、必ず**140文字以内**で書かなければいけない。140文字に限ることによって、読む人にとっては1画面に多くの人々のツイートを載せることができるからだ。このように、日々の出来事を140文字以内で書くので**ミニブログ**とも呼ばれている。

ツイッターの双方向性とダイレクトメッセージ機能

　ツイッターでは、自分の書いたツイートを他人が登録して購読することを**フォローする**といい、フォローする人々のことを**フォロワー**という。また、自分が書いた情報に対して誰でも返事や意見を書くことができ、それを**返信**とか**リプライ**という。ツイッターは、まさに**双方向**なのだ。したがって、趣味や専門が同じ人々との交流もできるし、一定の政治事件などについての議論もできるという便利なツールだ。

　また、ツイッターでは交流をしている特定の相手に対してのみメッセージを送ることができ、2人だけで交流をすることもできる。これを**ダイレクトメッセージ機能**という。この機能は、どうしても他の人たちに読んでほしくないメッセージを送信したいときに使う。

ツイッターの用途

　以上のような機能があるツイッターを使って報道をすることができる。例えば、世界のどこかで突然テロや戦争が起きて、その現場に居合わせた人は、それを発信することができるのだ。2008年にインドのムンバイで銃撃戦があったが、それが世界の大手のメディアではなく、ツイッターによって発信されたことはあまりにも有名である。

　iPhoneなどのスマートフォンでも情報を発信できるので、ツイッターはますます普及する可能性がある。

> **知っ得**　ツイッターで、他のユーザーのツイートを引用形式で発信することをリツイートといい、「RT」と表記される。

◆ ビジネスにも使えるツイッター

フォロワーの数が多くなってくると、自分の会社の宣伝に使うことができる。例えば、「ツイッターでフォロワーを多く獲得するセミナー」とか、「ワイナリーのブドウの収穫祭があるのでいらっしゃいませんか」といった宣伝である。

インターネットのバナー広告では、それを掲載する前は、何人の人が見るのかわからない。また、グーグルのアドワーズ広告にしても、それを掲載する前は、それを何人の人が関心を持ってクリックするかはわからない。けれども、ツイッターではフォロワーの数が確定しているし、その約10％の人たちが見るともいわれているので、広告の閲覧数がだいたい予測可能なのだ。

9-23 ツイッターのしくみ

このようにつぶやきを書いて「ツイート」をクリックするだけで送ることができる。

ツイッターのサーバー

このように送信されたメッセージを読むことができる。このメッセージの一覧をタイムライン（TL）という。

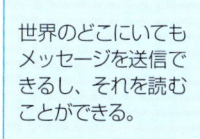

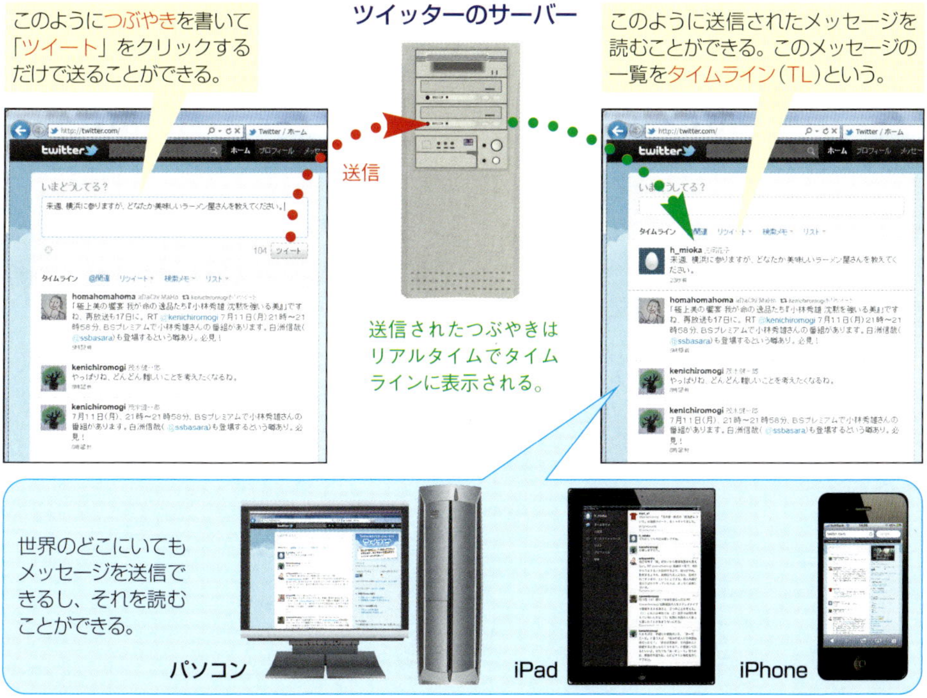

送信

送信されたつぶやきはリアルタイムでタイムラインに表示される。

世界のどこにいてもメッセージを送信できるし、それを読むことができる。

パソコン　　iPad　　iPhone

● 人気のコミュニケーションサービス、ツイッターとフェイスブックの違い

サービス名	ジャンル	特徴
ツイッター	ミニブログ	不特定多数の人と手軽で気楽なコミュニケーションが楽しめる。リアルタイムの情報収集に便利。
フェイスブック	SNS（ソーシャルネットワーキングサービス）	実名登録が前提で承認した人同士が情報を共有したり、つながりを深めたりできる。

豆知識 ツイッターで使用される「#」の付いた半角英数字はハッシュタグと呼ばれ、特定のツイートをグループ化するために使われている。

動画配信

> **Keyword** ストリーミング　ネットワーク上の動画や音楽などのデータを受信しながらリアルタイムで再生する技術。

ストリーミング配信

　動画のようにサイズが大きく連続して再生するファイルはダウンロードするのに時間がかかり、視聴までに待ち時間がかかる。そこで考案されたのが動画や音楽などのデータを受信と同時に再生する**ストリーミング**という技術だ。ストリーミングでは、パケット単位に分割して送信された動画データがパソコンのメモリに一時的に蓄えられ（**バッファリング**）、一部を読み込んだ時点で再生が始まる。再生が始まった後も、引き続きデータを蓄えながら同時に再生し続け、再生が終わったパケットは順次メモリから削除され、ハードディスク内などにデータが残ることはない。そのため、ハードディスクの容量を占めないという利点もある。

　このストリーミング技術を使って動画を配信する方法を**ストリーミング配信**といい、現在主流の配信方法には**オンデマンド配信**と**ライブ配信**の2つがある。

　オンデマンド(on demand)配信とは、配信側があらかじめ動画ファイル（**コンテンツ**）を作成して**ストリーミングサーバー**にアップロードしておき、ユーザーの要求があった時にサービスを提供する方法だ。ユーザーはいつでも見たい時に見たい動画を見られ、一時停止や早送り、巻き戻しなども自由自在に行える。

　一方、**ライブ配信**は、撮影した映像を逐次ストリーミング配信用のデータに変換（**エンコード**）してストリーミングサーバーに送信し、ストリーミングサーバーがコンテンツを要求したユーザーにリアルタイムに配信する方法だ。通常、ライブ配信ではサーバーにデータを残さないため、早送りや巻き戻しはできない。

コンテンツデリバリーネットワーク（CDN）

　動画のように大容量のデータを多数のユーザーに提供するには1台のサーバーにアクセスを集中させないように分散させる必要がある。そこで、オリジナルのコンテンツをあらかじめ主要プロバイダーの**キャッシュサーバー**にダウンロードして配置し、ユーザーは1番近いキャッシュサーバーへアクセスして受信するというネットワークが利用されている。このWebコンテンツをインターネット経由で効率よく配信するためのネットワークを**CDN**（Contents Delivery Network：コンテンツ配信網）という。CDNは動画だけでなく、大容量アプリケーションや音楽、オンラインゲームなどを安定かつ低コストで配信するのにも役立っている。

> 知っ得　オンデマンド配信は主な動画サイトや無料の動画共有サービス「YouTube（ユーチューブ）」、ライブ配信は最近人気の動画共有サービス「Ustream（ユーストリーム）」が提供している。

9-24 CDNを利用したオンデマンド配信のしくみ

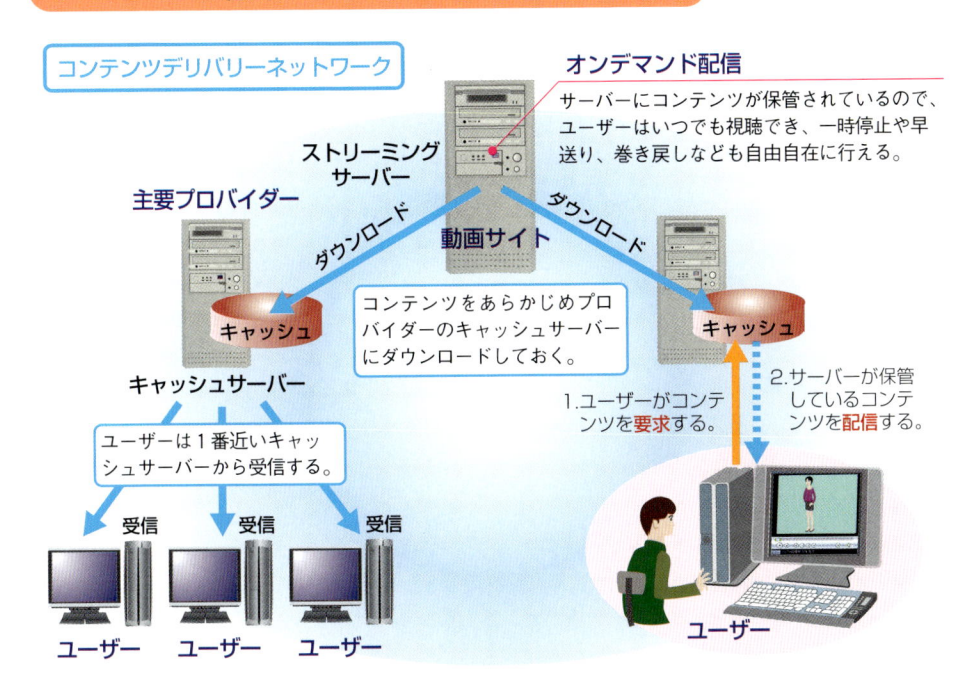

コンテンツデリバリーネットワーク

オンデマンド配信
サーバーにコンテンツが保管されているので、ユーザーはいつでも視聴でき、一時停止や早送り、巻き戻しなども自由自在に行える。

ストリーミングサーバー

主要プロバイダー

ダウンロード　動画サイト　ダウンロード

キャッシュ

コンテンツをあらかじめプロバイダーのキャッシュサーバーにダウンロードしておく。

キャッシュサーバー

キャッシュ

1.ユーザーがコンテンツを要求する。

2.サーバーが保管しているコンテンツを配信する。

ユーザーは1番近いキャッシュサーバーから受信する。

受信　受信　受信

ユーザー　ユーザー　ユーザー

ユーザー

9-25 ライブ配信のしくみ

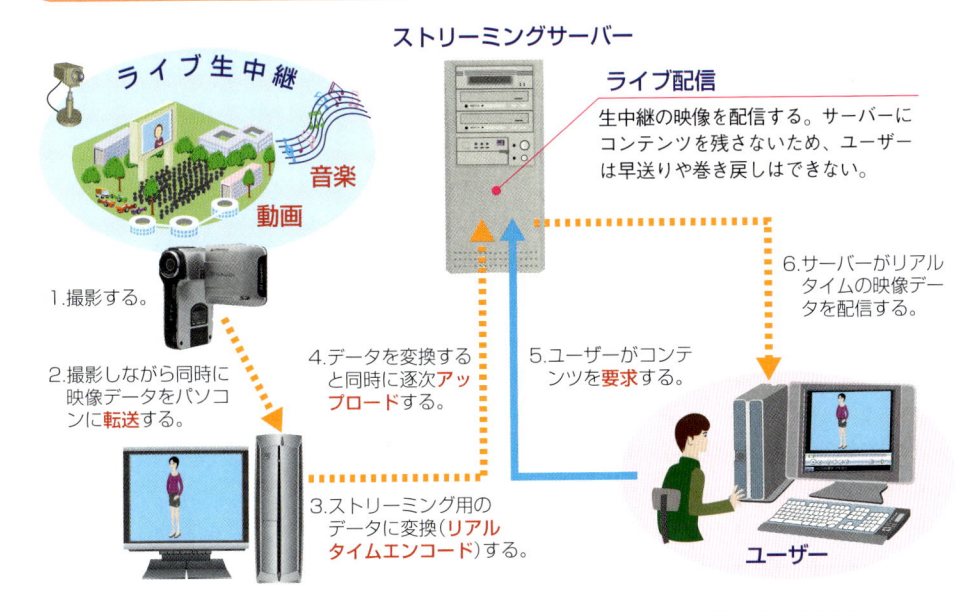

ライブ生中継
音楽
動画

ストリーミングサーバー

ライブ配信
生中継の映像を配信する。サーバーにコンテンツを残さないため、ユーザーは早送りや巻き戻しはできない。

1.撮影する。

2.撮影しながら同時に映像データをパソコンに転送する。

3.ストリーミング用のデータに変換(リアルタイムエンコード)する。

4.データを変換すると同時に逐次アップロードする。

5.ユーザーがコンテンツを要求する。

6.サーバーがリアルタイムの映像データを配信する。

ユーザー

豆知識 ストリーミングでは高速なUDP（User Datagram Protocol）やRTP（Real-time Transport Protocol）というストリーミング再生用の伝送プロトコルが使われる。

ウイルスとスパイウェア

> **コンピューターウイルス** 特定のパソコンを対象とせず、パソコンからパソコンへ感染する「悪意をもった不正なプログラム」のこと。

ウイルスの種類

コンピューターウイルス（以下**ウイルス**）と呼ばれる不正なプログラムは主に以下のように区分される。

● **ファイル感染型**

プログラムに感染（寄生）し、感染したプログラムを利用させることで感染を広げていく。

● **ワーム**

プログラムを利用せず、自分の力で増殖する。システムのセキュリティホール（セキュリティに関する欠陥箇所）を悪用して侵入することが多い。

● **トロイの木馬**

一見正常なプログラムに見せ掛けてユーザーにインストールさせ、パソコン内の個人情報を盗んだり、遠隔操作するための裏口（バックドア）を作成する。

● **マクロ型**

ExcelやWordのファイルに埋め込まれマクロ機能により実行される。

● **ボット**

感染したパソコンを悪用し、そのパソコンから迷惑メールを発信させたり、指定したサイトを攻撃させる。ボットに感染したパソコンを**ゾンビパソコン**といい、それらによって構成されるネットワークを**ボットネット**という（図9-26）。

時代の進歩とともにウイルスの進化も止まらず、新種や複数の特徴を合わせ持つものも次々に出現している。

ウイルスの感染経過

ウイルスは「**感染**」「**潜伏**」「**発病**」という経過を特徴とすると定義され、上記のウイルスの種類の中ではファイル感染型が最も典型的とされる。

感染ルートはかつてはフロッピーディスクが主な媒体となっていたが、現在はUSBメモリ、メール、Web、ネットワークなどが中心になっている。例えば、メールでは添付ファイルを実行して感染する場合も多いが、メールを表示しただけで感染するウイルスも存在する。

このようなルートで**感染**した後、何も起こらない期間を**潜伏**といい、ウイルスによって潜伏期間は異なる。

さらに潜伏期間後、ウイルスが活動を開始し症状が現れることを**発病**という。

代表的な症例としてはパソコンにあるファイルの削除や変更、ハードディスクの初期化などの**破壊活動**がある。また、コンピューターの中から、IDパスワード、メールアドレスなどの個人情報を外部へ送信するという症例もある。

知っ得 コンピューターウイルスやスパイウェアなどの悪意を持った不正なプログラムをマルウェア（malware）ともいう。

スパイウェア

ユーザーに無断でパソコンに侵入し、パソコンからデータを盗み出すような不正なプログラムを**スパイウェア**といい、一般的に増殖機能を持たないということがウイルスと異なる点だが、ウイルスに比べて犯罪に利用されることが多い。

スパイウェアに侵入されて起こる主な症例を挙げると以下のようになる。

● キーボードからの入力データを監視・記録する

キーロガーと呼ばれるソフトが利用される。外部のコンピューターに送信する場合もある。

● 勝手に広告を表示する

アドウェアと呼ばれるソフトが利用される。パソコンの動作が遅くなったり、不要な広告が突然表示されたりと、ユーザーを不愉快な気分にさせる。

● パソコン内のデータを外部に送信する

ネットバンキングなどのWebページで、キーボードから預金者のIDやパスワードを入力すると、その情報は、いったんクッキーと呼ばれるファイルとしてパソコンに保存される。このクッキーを外部のパソコンに送信する。

● パソコンの設定を変更する

入力情報以外のパソコンに保存されている好きなサイトの傾向や、個人的な志向などの個人情報を盗み出し、マーケティング会社などに勝手に送信する場合もある。また、インターネットのスタートページを変更したり、接続先を海外に変更したりと、各種の設定を勝手に変更することもある。

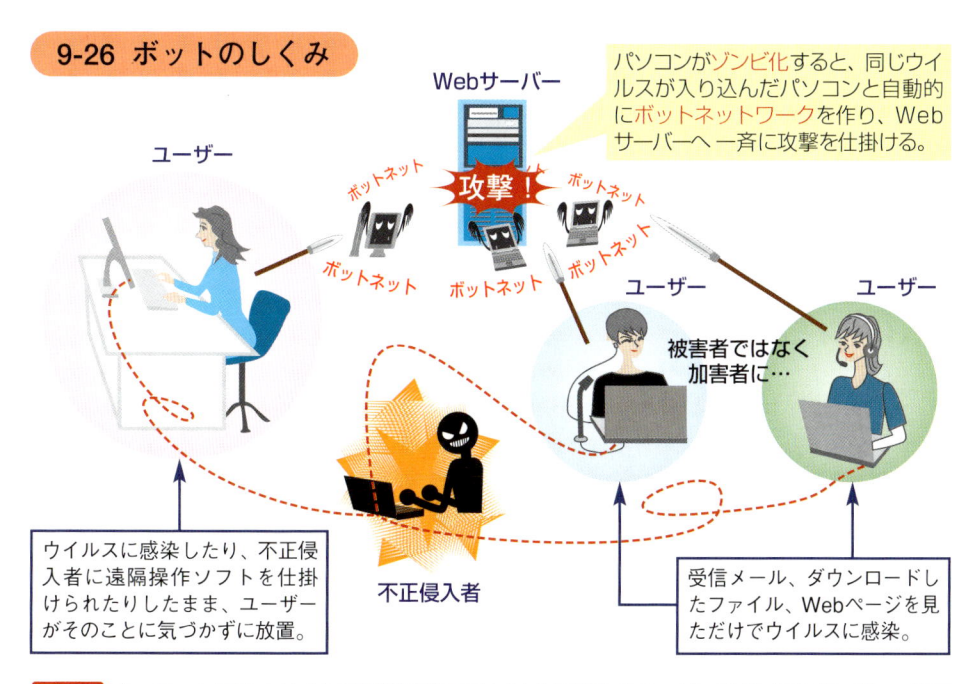

9-26 ボットのしくみ

パソコンがゾンビ化すると、同じウイルスが入り込んだパソコンと自動的にボットネットワークを作り、Webサーバーへ一斉に攻撃を仕掛ける。

ウイルスに感染したり、不正侵入者に遠隔操作ソフトを仕掛けられたりしたまま、ユーザーがそのことに気づかずに放置。

不正侵入者

被害者ではなく加害者に…

受信メール、ダウンロードしたファイル、Webページを見ただけでウイルスに感染。

豆知識 クッキーとはWebサイトの提供側がそのサイトを閲覧したユーザーのパソコンに一時的にデータを保存するしくみ、またはその保存ファイルのこと。

セキュリティ対策

> **Key word** **セキュリティ対策ソフト** パソコンをウイルスやスパイウェアなどの脅威から守るソフトウェア。有料のものから無料のものまでいろいろある。

● Windowsパソコンのマルウェア対策

　マルウェアは悪意を持ったソフトウェアという意味で、ネットワークを通じて侵入し、システムなどを破壊したり、個人情報などを盗んだりするウイルスやスパイウェアなど、パソコンに被害をもたらすものをいう。

　マルウェア対策としてマイクロソフト社では、Windows XPやWindows Vistaには「Windowsセキュリティセンター」、Windows 7では「アクションセンター」というセキュリティ監視サービスを提供している。これらは、**Windowsファイアウォール機能**、**セキュリティ更新プログラムの自動更新**（Windows Update）などを管理している。Windows Updateはマイクロソフト社がWindowsのバグ（不具合）修正のためのパッチファイルなどを配布するもので、それらをインストールし、常にパソコンを最新の状態にしておくことも重要だ。

● ウイルス対策ソフト

　ウイルス対策は、信頼できるメーカーが提供する**ウイルス（セキュリティ）対策ソフト**をパソコンにインストールする。各メーカーでは**ウイルス定義ファイル**と呼ばれるウイルスの特徴を記述したデータベースを保有し、それと照合しながらパソコンが受信するファイルをチェックし、ウイルス検出とウイルス感染したファイルからウイルスを駆除する。

　新種のウイルスにも対処するにはネットワーク経由でウイルス定義ファイルを更新することがとても重要になる。

● スパイウェア対策ソフト

　フリーウェアの**Spybot**（スパイボット）や**Ad-Aware**（アドアウェア）などスパイウェア対策ソフトはよく知られているが、最近の市販のウイルス（セキュリティ）対策ソフトにもスパイウェア対策機能が備わっている。マイクロソフト社の**Windows Defender**というソフトもスパイウェアなどを検出し、必要であれば駆除してくれる。

　スパイウェアはウイルスのように他のパソコンに感染することはないが、個人情報を勝手に盗み出されて犯罪に利用されたり、金銭的な被害が出たりすることがある。スパイウェアが知らないうちにパソコンに入り込んでいると、パソコンの動作も遅くなったりする。

> **なるほど** ウイルスの行動パターンをチェックし、ウイルスの可能性を判断するヒューリスティックスキャンという技術は定義ファイルに登録されていない未知のウイルスを検出できる。

◆ Windows ファイアウォール機能

　ファイアウォールとは、インターネットなどの不特定多数の外部ネットワークから、社内ネットワークを守るために利用されるシステムのことだ。個人のパソコンを守るために、Windowsパソコンには**Windows ファイアウォール機能**が搭載されている。Windows XP SP2（サービスパックツー）よりファイアウォール機能が本格的に導入されており、そのしくみはIPアドレスやポート番号の組み合わせで許可するパケットと拒否するパケットを設定する**パケットフィルタリング機能**を基本としている。Windows Vista以降はさらにパケットフィルタリング機能が新しく強化され、受信方向だけでなく送信方向にもパケットフィルタリング機能が作動するようになった。

　また、市販のセキュリティ対策ソフトでもファイアウォール機能を使うことによって、自分のパソコンに外部のネットワークから第三者が不正侵入をしてデータを改ざんしたり、流出させたりする可能性のあるアクセスを遮断してパソコンを守ることができる。

　なお、ファイアウォール機能はパソコンのOSやセキュリティ対策ソフトだけでなく、ルーターなどの機器にも組み込まれている。

9-27 パーソナル ファイアウォール

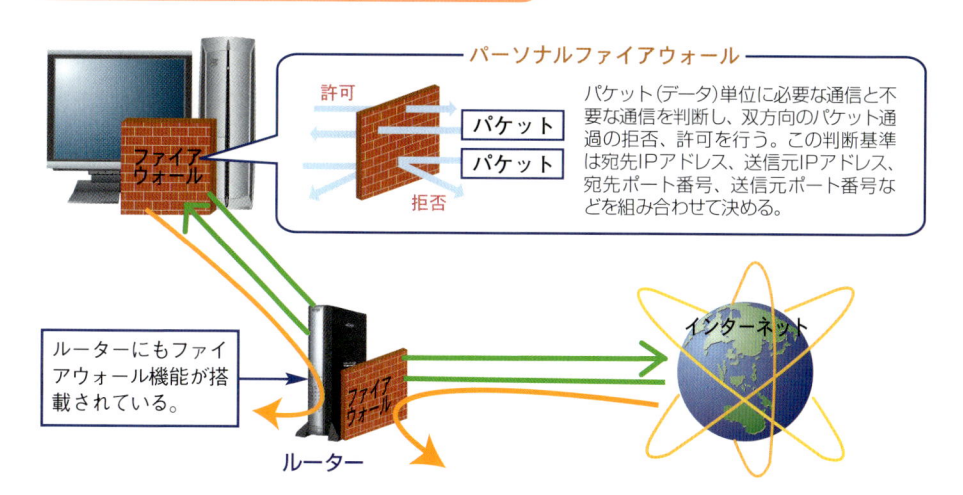

◆ Windows パソコンのユーザーアカウント制御機能

　Windowsパソコンでは Vistaから導入された機能で、勝手にシステムの変更が行われないように、新しくアプリケーションをインストールする時や、システムに変更を加えたい時などにパソコンの管理者に対して許可を求めるメッセージが出るようになっている。これが、**ユーザーアカウント制御機能**である。

> **豆知識** 主なウイルス対策ソフトにはトレンドマイクロ社の「ウイルスバスター」、シマンテック社の「ノートン」、マイクロソフト社の「Security Essentials」などがある。

COLUMN

ひときわ注目!! 最新のハイテク犯罪

● ハイテク犯罪の傾向

2011年5月末の累計で全国の警察に寄せられたハイテク犯罪に関する相談のうち、最も多いのが詐欺・悪質商法被害（オークション被害を除く）、続いてインターネット上での名誉毀損・誹謗中傷、不正アクセス・ウイルス被害と多岐にわたっている。ハイテク犯罪には多くの種類があるが次の5つを取り上げて、それぞれの犯罪の特色と対策を説明する。

● 主なハイテク犯罪

アダルトサイト犯罪

「アダルトサイトを見たから金を払え」という請求書を送り脅迫を繰り返し、お金を払わせる犯罪である。この場合、まずは無視する。決して問い合わせや送金をしてはいけない。例外として、裁判所からの出頭命令があった場合は裁判所に問い合わせて事情を聴いたほうがいい。

ネットオークション犯罪

オークションサイトで落札後、お金を振り込んでも商品を送ってこないといった犯罪である。トラブルに巻き込まれないためにエスクローサービスを利用すると安心できる。エスクローサービスは出品者と落札者の間に第3者の業者が入り、入金の確認や商品の発送を行ってくれる。

出会い系サイト犯罪

出会い系サイトで知り合った者同士で金銭的トラブル、脅迫、個人情報の流布などの問題が起きたり、巻き込まれたりすることがある。

ネットバンク犯罪

ネットバンクユーザーのIDとパスワードを盗み、預金を盗む犯罪だ。

キーロガーはIDやパスワード情報を盗み出す手口

スキミング犯罪

キャッシュカードやクレジットカードの磁気テープにある情報をスキマーという機械を使って盗み、偽造カードを作る犯罪である。そのカードで預金を盗まれたりキャッシングされてしまうこともある。

第10章
パソコンの歴史

The Visual Encyclopedia of Personal Computer

コンピューターの父、バベッジ

Keyword **チャールズ・バベッジ** イギリスの数学者。コンピューターの概念を作り、設計した最初の人で解析エンジンの父ともいわれる。

▶ チャールズ・バベッジ

チャールズ・バベッジは、1791年ロンドン近郊で生まれた。子供の頃から好奇心が強く、数学者・科学者として数々の業績を残したが、ことに**階差機関**と**解析機関**は高く評価されている。

当時、英国では大洋航海には天文航法の位置測定が不可欠で、複雑な計算に使われていた数表は手計算のため計算ミスや書き写しのミスもあり、正確な数表の作成は国家事業だった。

そこで、バベッジは英国政府の財政支援を得て、多項式の計算によって対数や三角関数の数表を作るための機械式計算機の研究に生涯をかけた。これが階差機関と解析機関である。

10-1 コンピューターの父

Charles Babbage（1791〜1871）
階差機関、解析機関の設計者だが、経済学者としてマルクスの「資本論」に影響を与えたとしても知られている。

▶ 階差機関の計算法

階差機関は計算した数表を印刷する機能まで備えた画期的な機械で、部品の設計から始め、10年の歳月をかけて試作機はできたものの、完成には至らなかった。

バベッジの階差機関（Difference Engine）では、「有限階差法」という関数値の差を利用した方法で多項式を計算する。

例えば、$2X^2+2X+3$という多項式の計算では、X=0、1、2…のようにXの値を変化させた右のような表を作る。この表からX=5の次の値となるX=6の関数値を

Xの値	$2X^2+2X+3$ の関数値	第1階差 (関数値の差)	第2階差 (第1階差の差)
0	3		
1	7	(7-3=) 4	
2	15	(15-7=) 8	(8-4=) 4
3	27	(27-15=) 12	(12-8=) 4
4	43	(43-27=) 16	(16-12=) 4
5	63	(63-43=) 20	(20-16=) 4

求めるには、63（X=5の関数値）＋20＋4＝87と足し算するだけで計算できる。このように、複雑な多項式でも単純な足し算の繰り返しに置き換えて解を求めることができるというのが階差法である。

知っ得 階差機関や解析機関の設計などバベッジの先駆的な業績は高く評価され、月のクレーターの１つに彼の名前が付けられた。

10-2 パンチカードの始まり

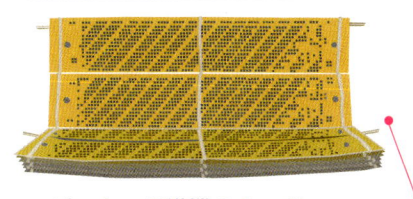

ジャカード織機のカード
フランスのマリー・ジャカールによって発明された織機を制御して模様を織り出すために使用されたカード。

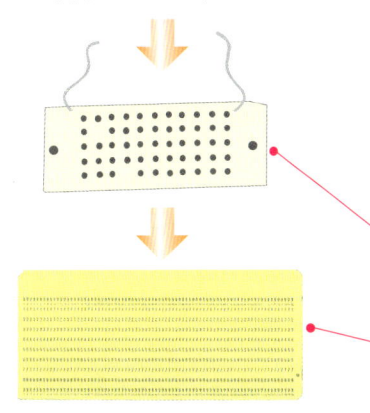

解析機関のパンチカード
バベッジがジャカード織機からヒントを得て、解析機関でプログラム入力するために作られた。

1950年代以降のパンチカード
ホレリスの統計機（P182）以降、コンピューターのプログラム入力に使われた。

10-3 世界初のプログラマ

Ada Byron Lovelace（1815～1852）
エイダ　バイロン　ラブレス

数学の英才教育を受けたエイダは、バベッジの階差機関や解析機関に非常に興味を持ち、解析機関の研究に協力し、プログラミングを論文の中で詳細に解説したことから初のプログラマーと呼ばれる。

▶ コンピューターの構想は解析機関から始まった

　階差機関の研究に挫折したバベッジは、フランスで開発されたジャカード織機が穴を空けた厚紙を取り付けて機械を制御することにヒントを得て、**パンチカード**からの命令に従って自動的に計算する新しい機械式計算機、解析機関（Analytical Engine）の研究を進めていた。

　それは、プログラミング入力やデータ記憶装置、演算装置など、現代のコンピューターと同じようなしくみを備えたものだった。

　後にラブレス伯爵婦人エイダがバベッジの解析機関の解説書を発表し、その中に書かれたコードは世界初の**コンピュータープログラム**だといわれている。この時代に、すでにプログラムの概念ができていたのだ。

　バベッジは私財をつぎ込み、第2階差機関にも取りかかったが、1871年、結局すべて未完のまま79歳で亡くなった。

　その後、1991年ロンドン科学博物館が残されていた第2階差機関の設計図をもとに復元したところ、完全に機能し、バベッジの理論の正しさが証明された。

　このような経緯から、現在ではバベッジがコンピューターを考え出し、設計した最初の人とされ**コンピューターの父**と呼ばれている。

豆知識 米国国防省で開発されたプログラミング言語Ada（エイダ）は、バベッジの解析機関の解説書を表したエイダ・ラブレスの名前にちなんでいる。彼女は詩人バイロンの娘である。

計算機の時代

Key word 　**電子計算機**　コンピューターを指すが、その概念は計算をする機械というものから発している。

計算機の始まり

文明が進むにつれ、人は様々な計算機を考え出してきた。現存する最古のものは古代バビロニアで発見された算盤**アバカス**だ。

16世紀前半、スコットランドの数学者、ジョン・ネーピアが象牙の棒に数字を刻んで組み合わせる**計算棒**を作り出し、1632年、ウィリアム・オートレッドが**計算尺**を発明した。

機械による計算装置を初めて考えたのはドイツのウィルヘルム・シッカルトだといわれている。現物は残っていないが、20世紀になって設計図が発見された。

1645年には、フランスの哲学者であった**パスカル**が**歯車での四則演算を行える装置**を作り、1694年にはドイツの数学者**ライプニッツ**がパスカルの計算機を改良し、乗除算は加減算の繰り返しによって行うという自動計算機の基本を考案した。彼が採用した計算機の原理は、電卓が普及するまで数百年に渡って世界中で使われた。

電気式計算機の登場

19世紀に入ると、産業革命が起こり、最新の技術を展示する万国博覧会が開催され、計算機の技術も大きく進歩する。

英国では数学者チャールズ・バベッジが歯車を蒸気で動かして計算する**階差機関**や、パンチカードによるプログラム式計算機の**解析機関**を設計するが、未完に終わっている。

バベッジの構想をもとに、その後スウェーデンのシューツ親子がもっと単純な階差機関を完成させ、これが米国に渡ると、計算機の研究は政府の援助を受けて大きく発展する。

1884年、米国の国勢調査にハーマン・ホレリスが発明したパンチカード式統計機が採用された。このシステムは後に**PCS(パンチカードシステム)**と呼ばれ、1980年代まで活躍する。

1920年代には電動式の歯車計算機が売り出され、1938年には、電気的に回路を開いたり閉じたりするスイッチ回路(リレー)式計算機Z-1がドイツのコンラッド・ツーゼによって製作される。

そして1943年、ハーバード大学のハワード・エイケンがIBMと協力して、**ハーバードMark-1**を完成させた。これはリレーを使った電気機械式のプログラム制御が可能な世界初の汎用計算機だった。

すべて電気で処理できるリレー式の登場は計算機の革命となった。

> **知っ得**　歯車による加減算のしくみは、レオナルド・ダビンチがルネッサンスの時代に考案している。ハンドルを手回しして13個の歯車で桁上がりする機械だった。

10-4 手動歯車式計算機の時代〈17世紀〉

● パスカルの計算機
1645年、パスカルが発明。内部にはいくつもの歯車の組み合わせがあり、箱上部のダイヤルを回して数値を指定すると、歯車が回って足し算、引き算を実行する。

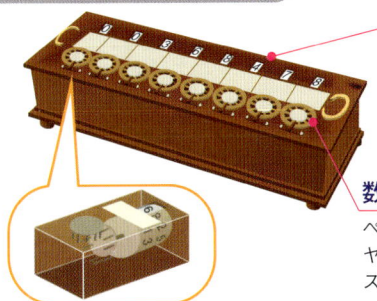

数値表示窓
各窓に1つずつ数値が表示される。

数値を入力するダイヤル
ペン状の細い棒で、電話のダイヤルのように表示された数字をストッパーまで回す。

10-5 蒸気／電動歯車式計算機の時代〈19世紀〉

● バベッジの解析機関
1830年頃。蒸気の力で歯車を動かして計算する。現在のコンピューターのように、記憶部、演算部、制御部があった。なお、上記写真は後に復元したもの。

● ホレリス統計機（電動歯車式計算機）
1889年。カードに穿孔された情報を電気信号として演算する。

写真：IBM提供

10-6 電気機械式計算機の時代〈20世紀〉

● タイガー計算機
1923年、大本寅次郎によって発明され、日本で普及した手回し式卓上計算機。

● ハーバード Mark-1
1944年、IBMが開発。電気的に回路を開いたり閉じたりするリレーを使った初めての電気機械式計算機。駆動部分があるため、乗算は約6秒、除算は12秒かかった。

写真：IBM提供

豆知識 ライプニッツが研究していた2進数は現在のコンピューターのベースになっている。

コンピューターの誕生

(手書きメモ: ENIACはプログラム内蔵じゃない)

Key word **フォン・ノイマン型コンピューター** 数学者ノイマンが提唱した主記憶装置を内蔵し、そこにプログラムを書き込んだコンピューターのこと。

▶ プログラム内蔵式コンピューターの登場

電動歯車式やリレー式の電気計算機から真空管やトランジスタを使った電子計算機、コンピューターへと開発は進む。

1942年、アイオワ州立大学のアタナソフ教授と院生のベリーが真空管を使用した世界初のコンピューターといわれる、ABCマシンを完成させた。2進数が用いられ、論理回路や記憶装置を内蔵していたが、プログラム制御ではなかった。

第2次世界大戦後の1946年にペンシルベニア大学の物理学者モークリーと電子技術者エッカートは米軍の弾道計算専用の計算機、ENIAC(Electronic Numerical Integrator and Computer)を完成させた。ENIACは長さ約45m、幅1m、高さ3m、重さ30トンの巨大な装置で、18,000本もの真空管が使われ、動き出すと町中の電灯が暗くなったという。

それまでの機械式計算機だと24時間を要した計算も30秒足らずで完了するという驚異的な速さだったが、プログラムを変更するには配線そのものを数人が何日もかけてつなぎかえる必要があった。

1951年、ENIACプロジェクトに加わったフォン・ノイマンはメモリにプログラムを内蔵し、しかも変更可能にする論理をEDVAC(Electronic Discrete Variable Automatic Computer)で実現する。ところが、一足早く1949年に英国のケンブリッジ大学でプログラムを内蔵したEDSAC(Electronic Delay Storage Automatic Computer)が完成していた。以降、開発されるコンピューターはプログラム内蔵式となった。

ENIACを完成させたモークリーとエッカートも、レミントン・ランド社の援助でプログラム内蔵式のUNIVACを製作して売り出すと、またたく間にコンピューターは政府機関や研究機関に広がっていった。

▶ トランジスタの発明からICの誕生へ

1947年12月AT&Tベル研究所で、トランジスタが発明された。トランジスタは、普段は電気を通さないが、表面に電圧をかけると電気を通す半導体という物質で作られ、スイッチの切り替えが高速で、消費電力も故障も少ないことから真空管の代わりにコンピューターに使われるようになる。当初、トランジスタなどの半導体素子は基板上に1つだったが、1959年、数個の素子を1つの基板に載せたIC(Integrated Circuit)が発明されコンピューターの小型化、高速化が一気に進む。

知っ得 シリコン、ゲルマニウムは純度の高い結晶状態では電流を通さないが、わずかな不純物を加えると結晶構造が変わり、電流が流れやすくなる。このような物質を半導体という。

10-7 初めてのフォン・ノイマン型コンピューター

● EDSAC（エドサック）

世界初のプログラム内蔵式コンピューター。真空管3000本、水銀を使ったメモリで記憶容量は約1キロバイト（1024ワード）。床面積6坪（20m²）の大きさ。1秒間に650の命令を実行することができた。

10-8 真空管からトランジスタへ

プレート
電極。プラスの電荷でフィラメントから発せられた熱電子を吸い付ける。

グリッド
格子状の電極。プラスの電荷で熱電子を通す。グリッドにかける電圧を変化させ、電気信号のスイッチングを行う。

フィラメント（カソード）
フィラメントを熱すると、マイナスの熱電子が放出される。

真空管はすぐにフィラメントが焼き切れるなど、問題が多い。

トランジスタはヒーターのいらない真空管。故障が少なく、小さく、スイッチの切り替えが高速。

コレクタ(C)
真空管のプレートにあたる電極。

ベース(B)
真空管のグリッドにあたる電極。スイッチング

エミッタ(E)
真空管のフィラメント（カソード）にあたる電極。

10-9 IC（集積回路）の発明

トランジスタ　コンデンサ　抵抗
→ 回路の小型化 →
トランジスタ　コンデンサ　抵抗
→ 集積化 →
IC（集積回路）

プリント基板上にハンダ付けして回路を構成。部品を小型化して回路も小型化を目指す。

部品をハンダ付けする回路の小型化には限界があり、シリコン基板上にトランジスタ、コンデンサ、抵抗などを形成。

初期のものは素子数が数個。この後、さらに集積化が進みLSIが誕生する。

豆知識 トランジスタはベル研究所で長距離通信用に、真空管に代る信号の増幅器として開発された。「transfer」と「resistor」からの造語で電気を伝える抵抗素子のこと。

IBMの台頭

Key word IBM(International Business Machines Corporation) コンピューターのハードウェア・ソフトウェア・サービスを提供する米国企業。

ホレリスはIBMの始祖

　IBMの前身はC-T-R Companyといい、銀行家チャールズ・フリントの提案によって、タイムレコーダーを発明し、生産していたInternational Time Recording Companyとハーマン・ホレリスの作ったパンチカードシステム（PCS）メーカーのTabulating Machine Companyと、コーヒーミルなどを生産していたComputing Scale Company of Americaの3社が合併したもの。1914年、トーマス・ワトソンが初代社長に就任、この年をIBM創立の年としている。

　ワトソンはすでに国勢調査局に納めていたPCS部門に力を入れ、社是は「Think」と制定、1924年には、IBM（International Business Machines）と社名を変更した。

世界の巨人

　IBMは第2次世界大戦前には世界最大のパンチカードシステム会社であった。

　1943年、ハーバード大学と協力して、歯車とリレーを使った電気機械式汎用計算機、ハーバードMark-1を完成させた。

　1948年には、Mark-1より250倍高速の真空管を使った初の大型実用機SSECを完成させ、1952年にIBM701やUNIVAC対抗マシンとしてIBM702を開発、大型コンピューター開発会社へ移行していく。

　1955年、トランジスタ使用のコンピューターIBM608が生産され、1961年に完成したスーパーコンピューターSTRETCHは、それまでの真空管式の75倍も高速だった。1964年、トランジスタからICに切り替えたシステム/360ファミリーを発表。システム/360は革新的なコンピューターで、初めてOSが搭載され、ソフトウェアを入れ替えることで科学計算から事務処理まで対応でき、周辺機器やソフトウェアはどの装置でも共通に使えるように作られていた。

　360はその後、すべてのメーカーのコンピューターの原型ともなり、IBMは汎用大型機（メインフレーム）の市場で人気を獲得し、1967年頃には大型コンピューターの米国の出荷高の7割を占め、世界の巨人と呼ばれるようになった。

　1969年、アポロ11号の月への着陸を主にコントロールしたのは5台の360で、そのプログラムはIBMで作られた。

　このように、IBMは大型コンピューターの開発ばかりでなく、プログラミング言語のFORTRANやCPU、ソフトウェアの開発を行い、コンピューターの普及に力を尽くした。

知っ得 システム/360という名前は円周の360度からきていて、どんな業務にでも対応できるマシンという意味を持っている。

10-10 IBMの歩み

電気駆動式コンピューター

- **ハーバード Mark-1**

リレーを使った電気機械式計算機。1943年。

- **SSEC**（エスエスイーシー）

Mark-1の **250倍!!**

記憶しているプログラムを自動で変更できる初めての真空管式計算機。1948年。

トランジスタ仕様のコンピューター

- **IBM 608**

初めての全トランジスタ仕様機。1955年。

- **IBM 7090**

初の有人宇宙飛行マーキュリー計画を支えた。1958年。

IC仕様のコンピューター

- **システム/360**

トランジスタからICに切り替えた初のコンピューター。1964年。

アポロ計画を支えた!

ソフトウェアや周辺機器を共有できる革新的なファミリー・コンピューターで、大型から小型まで揃えられ、初めてOSが搭載された。

パソコンの時代へ

- **IBM PC**

ビジネス向けのパソコン。1981年。現在パソコン部門は中国のレノボへ移行。

- **京**（ケイ）

世界最速！スパコン

毎秒8162兆回の演算を行う世界最速のスーパーコンピューター。2011年中国を抜き1位に。

豆知識 IBMの製品やロゴの色から米国ではBig Blueの愛称で呼ばれている。日本法人は、日本アイ・ビー・エム株式会社。

パソコンへの道

> **Key word　論理素子**　真空管からLSIまで、電子計算機内部で高速演算する電子部品のこと。コンピューターの歴史は論理素子の変遷だともいわれる。

▶ コンピューターの小型化とダイナブック構想

　1950年代後半、コンピューターは1台10億円もしたが、その部品を製造していたデック社は本棚サイズのミニコンピューター（**ミニコン**）を作り、商品名をPDPと付けて数百万で売り出すと、価格の手頃さで中小企業にも普及していった。

　1964年、スタンフォード研究所では、政府の資金を基にダグラス・エンゲルバートが、ディスプレイ、マウス、ワードプロセッサーなど今日のコンピューター環境の原型を開発し、1968年、ディスプレイに映し出された映像をマウスで操作し、ウィンドウによる表示形式にスクリーン・エディタ、電子メールシステムなどが備わったNLS（oN Line System）が発表された。

　アラン・ケイはこの発表を見て次世代コンピューターの**ダイナブック構想**を生み出し、1974年ゼロックスのパロアルト研究所の一員としてパーソナル・コンピューターの基となる**ALTO**（アルト）を開発する。

　ALTOは後に開発されるアップル社のMac OSやマイクロソフト社のWindowsに大きな影響を及ぼすことになる。

▶ マイクロプロセッサーの誕生とマイコン

　ICが開発されてからマイクロエレクトロニクス技術はさらに進化し、1968年、素子数1000個以上のICが生産できるようになり、これを**LSI（Large Scale IC）**（ラージ　スケール　アイシー）、**大規模集積回路**と呼ぶ。

　1971年、日本では電卓メーカーのビジコンがソフトウェアで制御するLSIを考案し、当時は規模が小さかった米国のインテルに製作を依頼する。

　完成したLSI「Intel 4004（i4004）」は世界初のマイクロプロセッサー（MPU）と呼ばれ、電卓ばかりでなく家電、自動車などにも搭載された。

　このi4004はICの中に演算装置やレジスタなどを組み込んだ、小型コンピューターのCPUの原型ともなり、その後、4040、8008、8080…とCPUが開発され、1974年MITS（Micro Instrumentation Telemetry Systems）（マイクロ　インスツルメンテイション　テレメトリ　システムズ）社はインテルのCPU8080、メモリ、付属機器をセットした個人向けコンピューター組み立てキット「**ALTAIR-8800**」（アルティア）を約400ドルで発売。

　ALTAIRは量産された初のマイクロコンピューターシステムで、**マイコン**と呼ばれた。MITS社が仕様を公開すると互換機が誕生するほどの人気だった。

　このALTAIRは**世界初のパソコン**といわれている。

> **知っ得**　素子数100万個を超えるVLSI（Very LSI）、素子数1000万個を超えるULSI（Ultra LSI）、複数のICのシステム機能を1つのチップにまとめたシステムLSIも誕生している。

10-11 マイクロプロセッサー誕生

141PF
1971年、日本のビジコン社がインテル社に依頼したLSIを搭載した電卓。

i4004
出典：インテル株式会社

インテル社の世界初の汎用マイクロプロセッサー。幅3mm、長さ4mm。トランジスタ数約2,300個。

この小さなLSIにはENIACと同等の計算処理能力があった。

i8008
出典：インテル株式会社

1972年、トランジスタ数6,000個。

i8080
出典：インテル株式会社

1974年。マイコン「ALTAIR-8800」に搭載された。トランジスタ数4,500個。当初のi8080には、開発者の嶋氏の家紋が刻まれていた。

一連のLSIは設計段階からビジコン社の嶋正利氏がかかわり、電卓に使用したマクロ命令より機械語に近いマイクロな命令を採用したためにマイクロプロセッサーと名付けられた。

● ALTAIR-8800 　● NEC-TK80
写真：NEC提供

1978年、NECが発売したマイコンキット。マイクロプロセッサーはインテル社の8080と同等の能力を持つNECのμPD8080Aを搭載。

パソコン向けCPUの開発が進む。

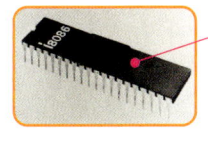

i8086/8088
1978年、i8088はIBM PCに搭載される。トランジスタ数29,000個。
出典：インテル株式会社

10-12 論理素子の発展

真空管の時代
(1950～59年)
大型コンピューター装置

ENIAC
EDSAC
EDVAC
UNIVAC

リレー式の100倍を超える処理速度。

トランジスタの時代
(1960～64年)
大型コンピューター

IBM 608

真空管の数倍の処理速度。

ICの時代
(1964～69年)
ミニコンピューターの出現

DEC PDP-8
（世界初のミニコン）

トランジスタ、コンデンサ、抵抗、ダイオードなどの素子を1枚の基板上に。真空管の数10倍の処理速度。

LSIの時代
(1970～80年)
マイコンの出現

ALTAIR-8800
TK-80
Apple I

1チップにトランジスタ数1000個以上。

超LSIの時代
(1981年～)
パソコンの出現

IBM PC
Macintosh
などパソコンの普及

トランジスタ数10万個以上、最先端のLSIは1億個に近い。
初期の大型機の数10倍の計算速度。

豆知識 ダイナブック構想とは、本のように持ち歩きでき、ウィンドウをマウスで操作し、画面表示されたものを印刷、ネットワーク接続できる理想のコンピューター像であった。

家庭への進出

> **Keyword** **GUI(Graphical User Interface)** Mac OSやWindowsのように画面上のアイコンやメニューをマウスで操作するわかりやすいシステム。

アップル社の貢献

　1975年、ALTAIRに興味があったスティーブ・ウォズニアックは、ビジネスショーでMoss Technology社の6502というCPUを特価20ドルで購入し、コンピューターを組み立てると、翌年、友人のスティーブ・ジョブズとアップル社を立ち上げてこれをガレージで製作し、Apple Iとして価格666.66ドルで販売した。

　1977年、タイプライター型のキーボードと家庭用テレビに出力する端子が付いたApple IIを表計算ソフトのビジカルクとともに売り出すと大ヒットした。このApple IIをしてパソコンの誕生という人も多い。

　1979年、さらに一般の人が使えるコンピューターを目指してLisaプロジェクトを立ち上げ、その後Macintoshへ発展させた。Macintoshは使いやすさで教育分野、クリエイティブな仕事に使われ、その後開発されたiMacは特にインターネットを始めようという人に支持された。

IBM PCとWindows

　1975年、ALTAIRに夢中になったビル・ゲイツとポール・アレンはALTAIRで動くBASIC言語を開発するとMITS社に売って、現在のマイクロソフト社を作った。

　アップル社より遅れてパソコン事業に参入したIBMは、キーボード以外は他社の製品を採用したIBM PCを製作し、すべての内部仕様を公開するという戦略的な手段をとった。

　これによってIBM PCには多くの互換機が製作され、多くの周辺機器が売り出され、ビジネスアプリケーションの開発も進み、パソコンが普及し始めるが、まだまだ直接コマンドを入力して操作する学術、ビジネス向けだった。

　当時、日本では独自にパソコンを開発し、富士通がFM-8、NECがPC-9801を発表している。

　IBMにOSを提供していたマイクロソフト社はアップル社のMacintoshのように見た目で操作がわかる使いやすいGUIなOSとしてWindowsに着手する。

　1990年、Windows 3.0を開発、1995年に発売したWindows 95は誰でも使えるOSとして大ヒットし、その後、Windows 98を発売すると、世界のほとんどのパソコンメーカーがWindowsを搭載したパソコンを売り出し、パソコンは家庭に浸透し、様々な用途に使われるようになった。

知っ得 ゼロックスのパロアルト研究所で開発されたALTOに影響されて開発されたLisaは、パソコン初のGUIで、ワープロ、表計算、データベース、図表ソフトなどが付いていた。

10-13 誰もが使えるパソコンの実現

家庭用テレビをモニタとして出力できる初めてのパソコン。

● Apple II
写真：アップル株式会社提供

● Macintosh

OS
アップル社が開発したOS。

CPU
モトローラの68000。

画面上の小さな絵やメニューをマウスで操作するGUIと呼ばれるシステムは、誰でも簡単に操作でき、Macintosh開発時から今日に至るまで変わらない。表計算、デザイン、編集、音楽制作などアプリケーションソフトも誕生し、コンピューターが単に計算するだけの機械としてではなく、仕事や趣味の道具として使えるようになった。

10-14 ビジネスマシンとビジネスアプリケーションの普及

OS
マイクロソフト社が開発したPC-DOS。

CPU
インテル社のi8088。

マイクロソフト社とインテル社が急成長するきっかけとなったマシン。

IBMがパソコン市場に参入を決めて製作したIBM PC。パソコンのアーキテクチャを公開したため、多くのハードウェアメーカーやソフトウェアメーカーがこのパソコン対応の機器やアプリケーションソフトを開発。その結果、IBM PCとその互換機は普及し、大量生産され、価格も下がり、ビジネスの道具として世界標準マシンとなった。

● IBM PC　写真：IBM提供

10-15 ホームパソコンの普及とWindowsの変遷

● **Windows 3.1**
IBM PC互換機、NEC PC-9801などのパソコンにOSを提供していたマイクロソフトは、1990年にGUIなOSとしてWindows 3.0、続いて3.1を開発する。

↓

● **Windows 95**
1995年に発売されたWindows 95はMacintoshの使いやすいデスクトップやマウス操作を取り入れ、パソコンが家庭に浸透するきっかけを作った。

↓

● **Windows 98**
1998年に発売されたWindows 98はパソコンOSとして世界を席巻する。

● **Windows XP**
2001年発売のWindows XPはSP1→SP2→SP3という変遷を経てWindows Vista→7が発売された現在までパソコンOSシェアのトップを維持する。

↓

● **Windows Vista**
2007年に発売されたWindows Vistaは2年弱と短い期間で姿を消す。

↓

● **Windows 7**
2009年に発売されたWindows 7はVistaの弱点を克服し、XPの使用も限界に近づく中でパソコンOSとしてユーザーの期待は大きい。

Windows 7 Home Premium

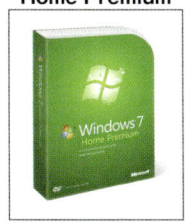

Windows 7 Professional

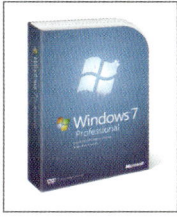

豆知識 Windows7には、Home Premium、Professional、Ultimateなどの種類があり、企業向けにはWindows Serverなどの製品もある。

COLUMN

ひときわ注目!! CPU進化年表

1970年前半　4ビット・8ビット時代

- **i4004**（インテル社）
- **i8080** 

- 1971年に世界初の4ビットマイクロプロセッサーが開発

1974年に8ビットのインテル社の8080を搭載した世界初の個人向けマイコン「ALTAIR」が登場する。

1970年後半　16ビット時代の始まり

- **i8086**
- **MC68000**（モトローラ社） 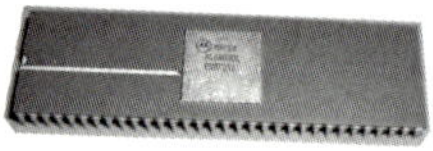

- パソコンの登場
  - 1976年　Apple I
  - 1977年　Apple II
  - 1978年　NEC：PC-8001

16ビットCPU i8086は、その後日本国産のNEC PC-9800シリーズに、MC68000はアップル社のMacintoshに採用される。

1980年前半　16ビット時代

- **i80286**

- パソコンの登場
  - 1981年　IBM-PC
  - 1982年　NEC PC-9801
  - 1984年　Macintosh
- OS
  - 1981年　MS-DOS Ver.1
  - 1983年　System1.0

この時代CPUの2大勢力がインテル社とモトローラ社となり、i80286を搭載したパソコンは6年間で1500万台を数え、MS-DOS時代の代表的なパソコン用プロセッサーとなる。

C O L U M N

1980年後半　32ビット時代の始まり

- i386
- i486

- OS
  1985年　Windows 1.0
  1987年　PS/2（IBMとマイクロソフト社の共同開発）
- 1985年に発売されたインテル社の386は32ビットの処理を実現

PC/AT互換機の普及に伴いMS-DOSが世界標準のOSとなり、1987年に発売されたアップル社のMacintosh IIにはMC68020が搭載される。

1990年前半　32ビット時代

- Pentium
- Power PC

- OS
  1992年　Windows 3.1
  1992年　漢字Talk
- Power PCはアップル、IBM、モトローラの3社によって共同開発されたパソコン向けのMPU（CPU）

1991年から1993年にかけて、パソコンはNECを除く国産各社がPC/AT互換機に移行する。

1990年後半　32ビット時代

- K6（AMD）
- Celeron

- OS
  1995年　Windows 95
  1997年　全世界でMac OSという呼び方に統一
  1998年　Windows 98
  1999年　Mac OS 9

ハイエンドCPUはインテル社の独走態勢となったが、普及クラスではAMD社のK6などが低価格を売りとし、同レベルのCeleronを上回る。この時期一般家庭にはパソコンが急激に普及し始める。

COLUMN

2000～2004年代　64ビット時代

- Pentium 4
- Athlon 64
- PowerPC G5 

- OS
  - 2000年　Windows ME
  - 2001年　Mac OS X
  - 2001年　Windows XP
- 2001年にインテル社は64ビットCPUのItaniumを発売。32ビットCPUのPentium 4はクロック周波数が2GHzを超える

2000年代に入りインターネットが飛躍的に普及し、パソコンの出荷はノートパソコンがデスクトップを上回る。

2005年以降　マルチコア時代へ

- Pentium D
- Core2 Duo
- Core2 Quad  
- Core i7
- Core i5  
- Core i3

- OS
  - 2006年　Windows Vista
  - 2009年　Windows 7
- Pentium D (2005年)
  周波数の向上による高速化から脱却し、Pentium4に相当する実行コアを2つ搭載したデュアルコアで、パソコン向け初のマルチコアCPU
- Core2 Duo (2006年)
  デュアルコアのCPUで高性能と低消費電力を実現
- Core2 Quad (2007年)
  Core2 Duoの後継にあたる実行コアを4つ搭載
- Core i シリーズ (2008年)
  メモリーコントローラーや内蔵グラフィックス機能をパッケージに組み込み、処理速度を高速化

インテル社のCPUブランド名は以上のようにPentium→Core2→Core i という変遷を続けている。

i4004、i8080等インテルのCPU　出典：インテル株式会社

第11章
プログラムの
しくみ

The Visual Encyclopedia of Personal Computer

プログラムとは

> **Key word**
> **プログラム** パソコン（CPU）に仕事をさせるための処理する手順を書いたもの。

▶ プログラミング言語とマシン語

　パソコンはプログラムによって命令された通りに仕事をする。プログラムの命令を理解して処理するのが、パソコンの頭脳といわれるCPUである。そこで、プログラムはCPUが理解できる言語で書かれていなければならない。

　CPUが理解できる言語をマシン語といい、「00000010」や「00011110」などと記述された数値データで0と1を8個組み合わせた2進数からなる。

　けれども、2進数のマシン語は人間にとって扱いやすい言語ではなく、マシン語を使ってプログラムを作成することは困難な作業である。そこで、プログラムを作成するために、英単語などからなるわかりやすい言語が開発された。C言語やCOBOL（コボル）やJava（ジャバ）などというプログラミング言語である。

　その結果、プログラムを書く時は人間にわかりやすいプログラミング言語が使われるようになった。この作成されたプログラムを**ソースコード**という。ただし、このままではCPUは理解できないので、これを**コンパイラ**や**インタープリタ**という変換ソフトを使ってマシン語に変換する作業を行う。

▶ コンパイラとインタープリタ

　ソースコードをマシン語に変換するのに、コンパイラを使うかインタープリタを使うかでその処理方法は異なる。

　コンパイラはプログラミング言語で作成したプログラムすべてをまとめてマシン語に変換し実行プログラムを作成する。この実行プログラムを**オブジェクトコード**という。OSやアプリケーションなどのソフトウェアは、このオブジェクトコードがDVDやCD-ROMやインターネットで配布されている。

　このようにコンパイラを使う方式のプログラミング言語を**コンパイラ言語**といい、C言語やC++などがある。

　これに対して、インタープリタは作成したプログラムを実行時に逐次マシン語に変換して解釈しながら実行する。まるで同時通訳のようである。

　変換と実行を一度に行うので手軽ではあるが、変換しながら実行するのでコンパイラで変換した実行プログラムを使うよりは一般的に処理速度が遅い。

　インタープリタを使う方式のプログラミング言語を**インタープリタ言語**といい、JavaScript（ジャバスクリプト）やPerl（パール）などがある。

なるほど 入学式やコンサートなどにもプログラムがあるが、入学式のプログラムも開会式から閉会式に至る入学式の手順が書かれているという点で共通している。

11-1 プログラミング言語からマシン語への変換

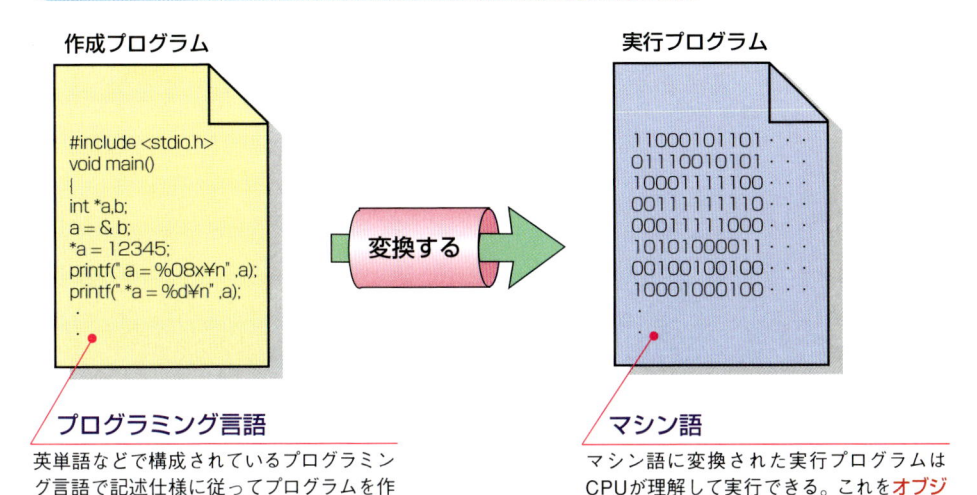

作成プログラム

```
#include <stdio.h>
void main()
{
int *a,b;
a = & b;
*a = 12345;
printf(" a = %08x¥n" ,a);
printf(" *a = %d¥n" ,a);
 .
 .
```

→ 変換する →

実行プログラム

```
110001011 01・・・
01110010101・・・
100011111 100・・・
001111111 10・・・
000111111 00・・・
10101000011・・・
00100100100・・・
10001000100・・・
```

プログラミング言語
英単語などで構成されているプログラミング言語で記述仕様に従ってプログラムを作成する。これを**ソースコード**という。

マシン語
マシン語に変換された実行プログラムはCPUが理解して実行できる。これを**オブジェクトコード**という。

11-2 変換方式の違い

● コンパイラで実行プログラムを作成し実行

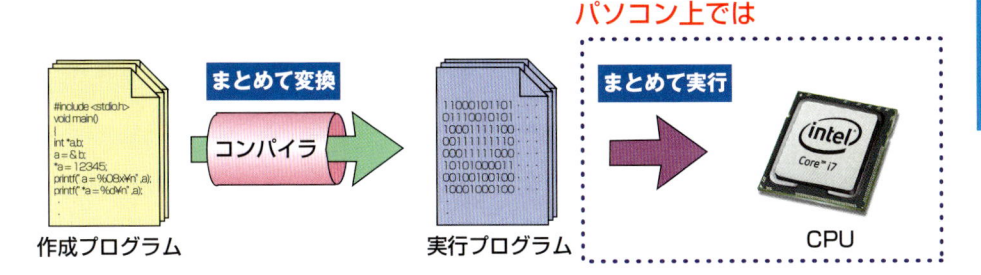

パソコン上では

作成プログラム → [まとめて変換 コンパイラ] → 実行プログラム → [まとめて実行] → CPU (intel Core i7)

● インタープリタで変換しながら実行

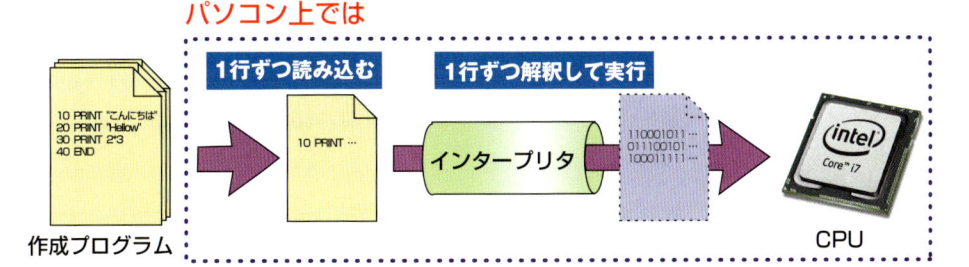

パソコン上では

作成プログラム
```
10 PRINT "こんにちは"
20 PRINT "Hellow"
30 PRINT 2*3
40 END
```
→ [1行ずつ読み込む] → 10 PRINT … → [1行ずつ解釈して実行 インタープリタ] → 110001011 01110010 100011111 → CPU (intel Core i7)

> **豆知識** プログラムファイルを開くと「0～F」の16進数の2桁の数値として表示されることもある。この数値が8ビットの2進数に変換されてメモリに読み込まれCPUが処理をする。

2進数について

> **Keyword マシン語** CPUが理解できる言語は0と1を8個組み合わせた2進数からなるプログラミング言語である。

10進数と2進数の違いは

通常、我々が使う数字は10進数が多いが、パソコンの処理には「0（OFF）」と「1（ON）」だけを扱う2進数が使われる。パソコンに仕事をさせるには、CPUが理解できるマシン語に変換して処理させるが、このマシン語が2進数で表されている。そこで、2進数を知るために10進数との違いを説明しておこう。

10進数とは0から9までの10種類の数字で数を表す。そして、0から9まで数えたら2桁の数字の10に繰り上がる。

これに対して、2進数の場合は0と1の2種類の数字を使って数を表す。そして、0、1と数えたら2桁の数字の10に繰り上がる。つまり桁の繰り上がりが10進数は10ごと、2進数は2ごとになる。このように位取りの基準（繰り上がりの対象）となる数値を**基数**という。

2進数で計算するしくみ

例えば、プログラムで「4を2倍しなさい」と命令する。すると、CPUはまずメモリに記憶されている4（2進数の100）をCPU内部のアキュムレータという場所にコピーする。続いて、2倍ならばこのコピーした100を左に1回シフト（移動）し、空いた1桁目に0を付けた1000が計算結果となる。2進数の1000は10進数の8（4の2倍は8）になる。

また、2分の1ならばアキュムレータに入れた数値を右に1回シフトしたものが計算結果となる。

この計算方法は10進数にも当てはまる。例えば、250を左へ1回シフトして1桁目に0を付けると2500になり10倍した計算結果となる。このように左へ1回シフトすると基数（10進数では10）を1回掛けることになり、2回シフトすることは2回掛けることになる。つまりn回シフトすることはn回掛けることとなる。

2進数では基数が2なので左へ1回シフトすると2を掛けることになり、n回シフトすることは2をn回掛けることとなる。

そして、右へシフトすると10進数では10分の1、2進数では2分の1にすることになる。

実際に加減乗除の計算をするとわかるが2進数を使った計算は桁数が多く手間はかかるが、10進数の計算に比べると単純である。単純処理を素早くできるCPUには2進数がぴったりといえる。

> **知っ得** パソコンは電気で動き、電気がオンかオフの組み合わせでデータを扱う。そこで、オンとオフを数字の0と1に置き換えた2進数で処理する。

11-3 基数の意味

● **10進数の基数は10**

$225 = 2 \times 10^2 + 2 \times 10^1 + 5 \times 10^0$
$\quad\ = 2 \times 100 + 2 \times 10 + 5 \times 1$

10進数では10の乗数が桁を表す。

● **2進数の基数は2**

$1101 = 1 \times 2^3 + 1 \times 2^2 + 0 \times 2^1 + 1 \times 2^0$
$\qquad = 1 \times 8 + 1 \times 4 + 0 \times 2 + 1 \times 1 = 13$

2進数では2の乗数が桁を表す。

11-4 10進数と2進数の対応表

2は2進数では10
1に1を足し2になるので、左にシフトし繰り上がり空いた1桁目は0となる。

4は2進数では100
3（11）に1を足し1桁目が2になるので繰り上げて0、2桁目も2になるので繰り上げて0となる。

6は2進数では110
5（101）に1を足し1桁目が2になるので繰り上げて0、2桁目は1になる。

10進数	2進数	10進数	2進数
0	0	9	1001
1	1	10	1010
2	10	11	1011
3	11	12	1100
4	100	13	1101
5	101	14	1110
6	110	15	1111
7	111	16	10000
8	1000	⋮	⋮

11-5 2進数での計算

● **4×2ならば**

	10進数	2進数
演算前	4	00000100
演算後	4×2=8	00001000

2進数が8桁なのはアキュムレータには8個の数字が入るからで、空いているところは0となる。

←…… 2倍ならば**左へ1回シフト**する。

● **4×5ならば**

	10進数	2進数
演算前	4	00000100
演算中	4×5= 4×(2×2+1)	00010000 +00000100
演算後	20	00010100

←…… 4×5は4×(2×2+1)=4×(2×2)+4として処理されるので、**2倍が2回**なので**左へ2回シフト**し、4がプラスされる。

● **8×1/2ならば**

	10進数	2進数
演算前	8	00001000
演算後	8×1/2=4	00000100

←…… 2分の1ならば**右へ1回シフト**する。

豆知識 2進数や10進数で表記する時、何進数なのか明記しておきたい場合がある。こんな時には2進数なら「1101(2)」、10進数なら「1101(10)」と表記する。

低級言語と高級言語

Key word　**マシン語**　CPUが直接理解し実行できる数字の列で表現されるプログラミング言語。機械語とも呼ばれる。

▶ 低級言語と高級言語

　マシン語は人間が覚えて扱うのが困難なため、これを覚えやすい英単語に置き換えてプログラムを作成するためにプログラミング言語が開発された。

　このプログラミング言語には低級言語と高級言語があり、パソコンのCPUが理解できる言語により近いものを低級言語、人間が理解しやすい言語を高級言語と分類した。

　低級言語とは一般的に**アセンブリ言語**や**マシン語**をいい、高級言語にはアセンブリ言語に続く**FORTRAN**（フォートラン）や**COBOL**（コボル）、以降の**C言語**や**Java**などの言語が含まれる。

▶ アセンブリ言語

　低級言語のアセンブリ言語は、英単語に通じる「add（加算）」や「mov（転送）」などが使われる。このようにアセンブリ言語はマシン語を1つずつの英単語に置き換え、**マシン語と1対1で対応する**プログラミング言語である。

　この言語は構造が単純で原始的なため習得が難しく、複雑なプログラムの作成には向かない。しかし、プログラムは単純な命令となり、サイズが小さくなるため実行速度が速いので、ハードウェアの制御を行うドライバーなどに利用された。アセンブリ言語で作成したプログラムをマシン語に変換することはコンパイルとはいわずに**アセンブル**といい、変換する変換ソフトを**アセンブラ**という。

▶ COBOLとFORTRAN

　複雑なプログラムを作成するため、わかりやすい言語の開発が進んだ。これが高級言語で、理解しやすい英単語や記号で命令を記述し、コンパイラやインタープリタでマシン語に変換し実行する。

　このような高級言語として最初に登場したのがFORTRANやCOBOLである。

　数式計算のプログラムに用いられるFORTRANは世界で最初の高級言語で、1956年にIBMにより開発された。言語構造が簡単で数式に近い記述ができる科学技術計算向けの言語である。

　また、事務処理用に用いられるCOBOLは、米国の言語協会CODASYLにより、1959年に事務処理向けの言語として開発された。会計処理や事務処理などの機能に優れていて、主にデータベースソフトなどに使われた。

なるほど　アセンブリ言語の初期は変換ソフトがなく、作成したプログラムをコード表を見ながら手作業でマシン語に変換していた。これをハンドアセンブラと呼ぶ。

BASIC（ベーシック）

初心者用言語 初心者でもわかりやすく、幅広いプログラムを簡単に作成できるプログラミング言語として開発されたもの。

◎ BASICの歴史

BASICは1964年米国ダートマス大学の数学者ジョン・ケメニーとトーマス・カーツにより開発された。当時使われていたFORTRAN（フォートラン）の文法をもとにコンピューター教育用の言語として開発したプログラミング言語である。BASICとは「基本」を意味する。

1975年、ビル・ゲイツとポール・アレンがパソコン用に日常会話により近い言い回しの言語として作り直した結果、以降のパソコンにはこのBASICが標準的に搭載され、初心者用として広く使われた。

そのため、BASICからプログラミングを覚えたプログラマも多い。

ただし、最近ではオブジェクト指向の拡張がなされたマイクロソフト社のVisual Basic（ビジュアルベーシック）が主流となっている。

◎ BASICの特徴

BASICは教育現場での利用を目的として開発されたプログラミング言語なので、簡単な構文で覚えやすく、扱いやすいのが特徴である。プログラムは命令と関数から構成され、各命令の前に付けた行番号を文法のもとにしている。

多くのBASICはインタープリタで処理するため速度が遅いものであった。ただし、今日普及しているVisual Basicはコンパイラで処理される。Visual BasicがBASICを土台にしているとはいえ、かなり様子を異にしている。

11-6 BASICのプログラム例

```
10 PRINT "こんにちは"
20 PRINT "Hello"
30 PRINT 2*3
40 END
```
画面に「こんにちは」「Hello」「6」と表示される。

◎ Visual Basic（VB）とは

OSがMS-DOSからWindowsへと移行した過程で、GUI（グラフィカルインターフェース）に対応したVisual Basicが生まれて普及するに至った。

この言語は高機能であり、見た目で複雑なプログラムを作成できるのが特徴であるが、初心者用というよりはコンピューターの専門家がMicrosoft WindowsやWeb用のアプリケーションを開発するために多く利用している。

知っ得 Microsoft Excelなどのマクロで使われるVBA（Visual Basic for Applications）はVisual Basicをベースにマクロ言語として開発されたものである。

C（シー）言語とC++

> **Key word**
> **UNIX（ユニックス）** 米国AT&Tで開発されたOSで、安定性やセキュリティも高くマルチタスク機能やネットワーク機能に優れている。

● C言語

1972年、UNIXを記述するための言語として米国AT&Tベル研究所のカーニハンとリッチーにより開発された。

UNIXに続き、他のOSやアプリケーションの作成にも使われるようになり、これらのプログラムを作成する上で必要不可欠な言語となった。

機能を関数として呼び出すのが特徴であり、OSやアプリケーションなどの複雑なプログラムを作成できる言語でありながら、ハードウェアを直接制御するためのプログラムも作成できる。

作成したプログラムはコンパクトで処理速度も速く、メモリが管理しやすい。

11-7 C言語のプログラム例

```
#include <stdio.h>

int main(void)
{
  printf("Hello, World!");
  return 0;
}
```
画面には「Hello, World!」と表示される。

● C++（シープラスプラス/シープラプラ）

1979年ビャーネ・ストロヴストルップによって考案され、始めはC with Classesと呼ばれていたが、1983年にC++となった。C言語では「+1」を「++」と記述することもありC言語を拡張させて一歩発展させたものでC++と表記する。

手続き型言語のC言語と互換性を維持しながら、オブジェクト指向を拡張しているところが特徴の1つであり、大規模で複雑なプログラミングに適している言語である。

また、プログラムを1つの部品として扱えるという特徴があり、以前に作成したプログラムを新しいプログラムの中に組み込むこともでき、プログラムの開発効率化に役立っている。

UNIX上で動くプログラムはC言語で作成することが多いが、Windows上で動くプログラムはC++で作成されることが多くなっている。

なお、このC++の短所は様々な機能が追加され巨大で難解な言語になり、作成されたプログラムは解読することが困難といえる。

また、作成したプログラムをコンパイルすると非常に長いマシン語の実行プログラムになり、CPUへの負担が大きいといわれている。

豆知識 処理手順を主体とする手続き型に対し、オブジェクト指向とはオブジェクトを単位として必要に応じて組み合わせて1つのプログラムを作っていくというものである。

HTMLとXML

> **Key word** **マークアップ言語** タグという特殊な文字列を使って、見出し、ハイパーリンク、文字サイズなどの情報を文書中に直接記述する言語のこと。

❯ HTML(Hyper Text Markup Language：エッチティエムエル)

　HTMLはWebページを作成するのに使われる文書記述言語としてよく知られているマークアップ言語の1つ。

　HTMLで作成した文書の中には、タグと呼ばれる文字列を記述して文字サイズや段落の指定など文書全体の構成や見ばえを整えることができる。例えば「こんにちは」を太字で表示するには「\<B\>こんにちは\</B\>」と書き、文字色を青にするには「\<FONT COLOR=blue\>こんにちは\</FONT\>」と書く。このように＜や＞で囲んだ文字列を**タグ**と呼ぶ。

　また、この文書の中に記述した文字列や画像などに別の文書(Webページなど)を関連付けて、他のページと自由に行き来する(ハイパーリンク)ことができる機能を持つ。このような文書を**ハイパーテキスト**という。

　このようにWebページとして作成されたHTML文書はWebサーバーに置かれ、ブラウザーの要求に応えてこの文書を送る。受け取ったWebページはブラウザーに表示される。

11-8 HTML文書の例

```
<HTML>
<HEAD>
<TITLE>Hello</TITLE>
</HEAD>
<BODY>
<FONT color="red">こんにちは</FONT>
</BODY>
</HTML>
```

\<HTML\>～\</HTML\>で、文書がHTMLであることを宣言される。
\<BODY\>～\</BODY\>でこの間に書かれた文書がブラウザーに本文として表示される。

❯ XML(eXtensible Markup Language：エックスエムエル)とは

　Webページの作成といえばHTMLであったが、1998年にXMLというマークアップ言語の登場でWebページの情報データの再利用を可能にした。

　HTMLでは決められたタグしか使用できないが、XMLは自由にタグを定義できる**メタ言語**で、例えば「\<価格\>」というような理解しやすいタグも記述できる。

　メタ言語とは情報を記述する言語という意味で、XMLはタグや属性を定義して、これを使って情報を記述する。

　HTMLで提供される情報データは表示することが主な目的で再利用には制限がある。これに対しXMLでは提供された情報を有効に再利用できる。

> **知っ得** XMLはSGMLというメタ言語をもとに開発された言語であり、HTMLを発展させたものではない。

Java（ジャバ）

> **JavaVM（バーチャルマシン）** Javaで記述されたプログラムはインタープリタで処理するが、この処理を行うのがJavaVMである。

● Javaの特徴

サン・マイクロシステムズ社が開発したプログラミング言語。C++の仕様とよく似ていて、この言語の無駄とわかりにくさを改良したものといえる。

Windows用にC++などで作成されたプログラムはMac OS上では動かないが、Javaで作成したものはどのOS上でも動くのが最大の特徴である。

作成されたプログラムはコンパイルして**Javaバイトコード**という**中間コード**に変換する。実行時にはこれをパソコンにインストールされたJavaVMという変換ソフトが直接読み込んで処理するインタープリタの言語である。

● Javaプログラムの種類と特徴

Javaを使って作成するプログラムに**Javaアプレット**がある。これはHTML文書に組み込んで利用するプログラムで、ブラウザー上で動作するのが特徴となる。Webページのアニメーションなどを表現できる。

同様にJavaで作成されたアプリケーションを**Javaアプリケーション**といい、JavaVM上で動作しブラウザーとは別に動作するソフトウェアとなる。

また、Javaアプレットがブラウザーで実行されるのに対して、**Javaサーブレット**といってWebサーバーで必要に応じて実行されるプログラムもある。

11-9 Javaで作成したプログラムの実行

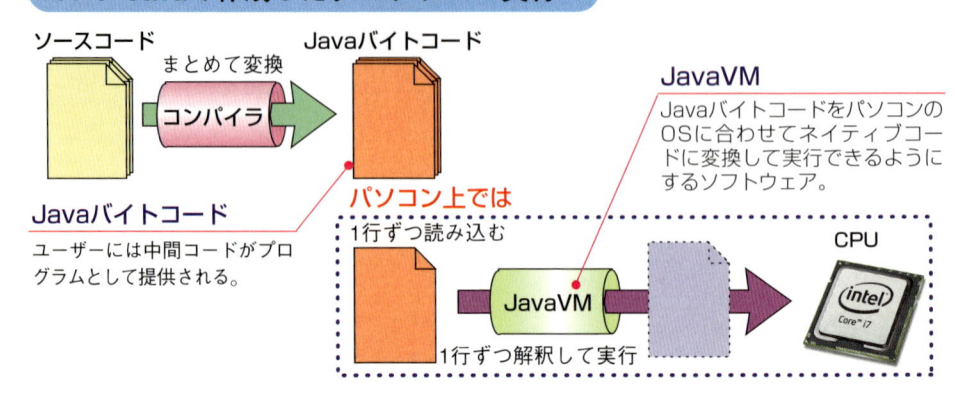

ソースコード → まとめて変換（コンパイラ）→ **Javaバイトコード**

Javaバイトコード：ユーザーには中間コードがプログラムとして提供される。

JavaVM：JavaバイトコードをパソコンのOSに合わせてネイティブコードに変換して実行できるようにするソフトウェア。

パソコン上では：1行ずつ読み込む → JavaVM → 1行ずつ解釈して実行 → CPU（intel Core i7）

豆知識 Javaの名称は、開発者のジェームス・ゴースリングがTシャツに描かれていたジャワコーヒーを意味するJavaに目が止まり、これを名付けたとされる。

JavaScript（ジャバスクリプト）

Key word **スクリプト言語** プログラムを読み込んでマシン語に変換しながら実行する、インタープリタ型の簡易プログラミング言語。

▶ JavaScriptの特徴

サン・マイクロシステムズ社とネットスケープ・コミュニケーションズが開発し、Java言語と似た記述であることから、この名前が付けられたが互換性はない。

HTMLだけのWebページでは単に文字列と画像を配置するだけの表示になるが、JavaScriptで作成した**スクリプト**（プログラム）を使うと動きのあるページが作成できる。

JavaScriptはHTML文書中に直接記述するか、外部ファイルを作成しておき必要に応じてHTML文書から読み込んで実行するスクリプト言語である。この記述によりWebページに様々な機能を付加できる。スクリプト言語はコンパイルの必要がなく簡単にプログラムを作成できるのが特徴である。

JavaScriptで作成されたスクリプトはHTML文書に組み込まれWebサーバーに置かれ、その文書を要求したブラウザーに送られた後、受け取った**ブラウザーで実行**される。

JavaScriptを使うと、画像や文字の移動や変更、計算、条件文の作成、時刻の表示、時間の経過を扱ったり、クッキーを扱うなどのスクリプトが作成できる。

▶ DHTML（DynamicHTML）とは
（ダイナミック）

JavaScriptやVBScriptで作成されたスクリプトをHTML文書に書き込むと、プラグインやActiveXコントロール、Javaアプレットなどの他の手段を使わなくても動きのある対話性を持ったWebページを作成することができる。

例えば、マウスポインターを文字列や画像に合わせると文字色が変わったり、画像が変わるといったことができる。

このようにHTML文書の中にJavaScriptで書いたスクリプトなどを書き込んで、Webページに動的な要素を持たせる技術のことをDHTMLという。

11-10 DHTMLの例

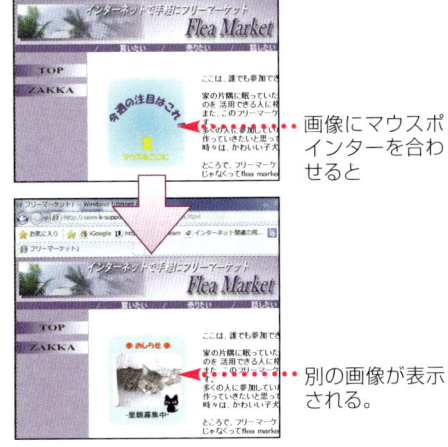

画像にマウスポインターを合わせると

別の画像が表示される。

知っ得 プラグインやActiveXコントロールはブラウザーに後から組み込んで機能を追加するための小さなプログラムのことで、動きのあるWebページを表示するために使われる。

Perl（パール）

> **Key word**　サーバーサイドプログラム　アクセスカウンタやショッピングカートのように利用者の要求に応えてWebサーバー側で処理されるプログラム。

● Perl（Pratical Extraction and Report Language）とは

　PerlはUNIX上で生まれたプログラミング言語で、1987年にラリー・ウォールにより公開された。Perlが誕生するきっかけが、すでに存在していたawk（オーク）というインタープリタ言語の不満を解消することだったので、Perlは強力なテキスト処理やファイル処理の機能を備えた言語になっている。

　また、Perlはインタープリタ言語なのでコンパイルなどの処理を行うことなく動作を確認しながらプログラムを作成することができる。さらに、UNIXやLinux、Windowsをはじめ主なOSのほとんどにPerlインタープリタが備わっているのでOSにこだわらないという特徴もある。

　なお、表記方法はC言語によく似ているが、Webサーバーから呼び出すことができ、掲示板などのように表示内容が変化するプログラムを作成することができ、一般的にCGI(Common Gateway Interface)の開発に使われる言語として知られている。

　ただし、インタープリタ言語のため速度が遅いというデメリットもある。

● CGIプログラムとは

　CGIのしくみを使って作成されたプログラムをCGIプログラムといい、Webサーバーに置かれている。必要に応じてブラウザーからWebサーバーへアクセスすると、これに応えてCGIプログラムが処理する。処理結果はWebサーバーからブラウザーに送られて表示される。

　このようにCGIプログラムはWebサーバーで実行されるサーバーサイドプログラムであるため、自作の複雑なCGIはサーバーに負担が掛かる場合もある。そこで、プロバイダーの個人用Webページなどでは、用意されたCGIしか利用できないという制限のある場合が多い。

11-11　アクセスカウンタ

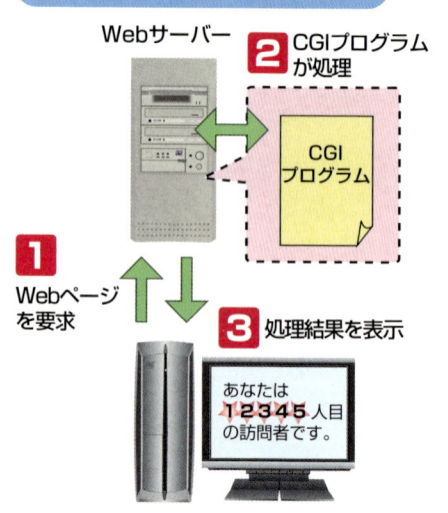

Webサーバー　**2** CGIプログラムが処理
1 Webページを要求
3 処理結果を表示
あなたは12345人目の訪問者です。

> **一口メモ**　Perlはラリー・ウォールがユニシスに勤務していた時に開発した。彼の名言で「プログラマの三大美徳は不精、短気、放慢である」はよく知られている。

Ruby（ルビー）

> **Key word**
> **オブジェクト指向** ソフトウェアの開発で各々の機能をオブジェクトとして部品化し、これらを組み合わせてプログラムを構築する考え方。

▶ Rubyとは

　まつもとゆきひろが設計・開発しているフリーソフトウェアのプログラミング言語で、シンプルかつ強力な**オブジェクト指向スクリプト言語**である。

　やりたいことを簡潔にプログラミングし期待通りに動くことで、プログラム作成をする人が**楽しくプログラミング**できることを目指しRubyは開発された。

　Rubyというネーミングは、6月の誕生石がパール、7月の誕生石がルビーということから、Perl言語に続く言語ということでRubyとされた。

　Rubyが注目されたきっかけは、2004年に発表されたWebアプリケーションフレームワーク「Ruby on Rails（Rubyにより構築）」によるが、言語の作成を開始したのは1993年からで、1995年よりインターネット上に一般公開している。

　なお、最新の安定版のバージョンは1.9.2となっている（2011年6月現在）。

11-12 Rubyのサイト

▶ Rubyの特徴

　Rubyの特徴を幾つか紹介してみよう。

　1つ目は、スクリプト言語であること。面倒な定義や宣言をすることなく簡潔にプログラミングできるというスクリプト言語の特性を持っている。

　2つ目は、インタープリタ言語であること。テキストで作成したソースコードをコンパイルせずに、インタープリタを使って、そのまま実行できる。

　3つ目は、オブジェクト指向言語であること。生産性、拡張性、再利用性を目指して開発されたオブジェクト指向言語として設計されている。当初からオブジェクト指向に基づき開発しているため、オブジェクト指向の考え方がより自然に各種文法に反映されている。

　4つ目に、テキスト処理関係の能力などに優れていること。つまり文字処理を多く扱うCGI等の作成に適している。

　そして、誰が見てもわかりやすいプログラムであること。記号から意味を類推しにくい特殊な記号を使うことなく、プログラミング熟練者にはもちろん初心者にも優しいというものである。

> **豆知識** フレームワークとはアプリケーションを開発するときの土台となるソフトウェアのこと。Webアプリケーション開発のためのフレームワークの1つがRuby on Rails。

COLUMN

ひときわ注目!! SQL

●データベースとSQL（エスキューエル／シークェル）

　最近のデータベースはリレーショナルデータベース（P140）がほとんどである。

　データベースを使って必要なデータを探し出す、新しいデータを追加するといった操作をするが、このような問い合わせの操作をするために使用する言語がSQLである。

　SQLはIBMが開発したもので、その後アメリカ規格協会（ANSI）やJISなどで標準化され、現在では世界標準規格となっている。

　SQLは複雑な命令を組み合わせて1つの命令にしている。例えば、命令1つでたくさんのデータを更新したり、集計することができる。

　このデータベースがWeb上にあって、インターネットを通じて多くの人に利用されることも少なくない。

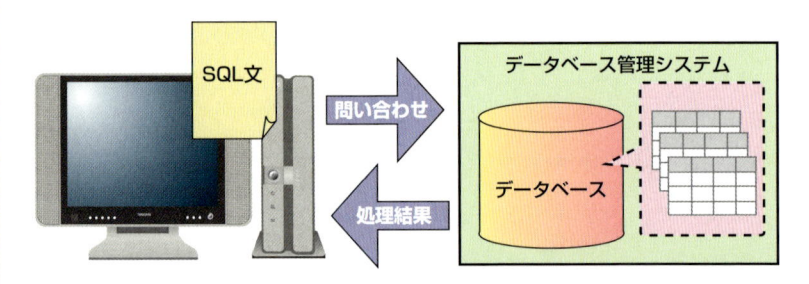

●SQLインジェクションとは

　利用者が多くなると問題になるのがSQLインジェクションである。

　Web上にあるデータベースはどこからでもアクセスできて便利であるが、その反面データベースを操作して個人情報を盗んだり、データを改ざんされる危険性もある。

　このような不正アクセスをSQLインジェクションという。

　多くのサイトが不正アクセスを受けて情報が流出した事件が多発しているが、この原因の1つとされているのがSQLインジェクションである。

　セキュリティの甘いデータベースに、SQLを使って悪意のある命令文を直接書き込みデータベースに指示を与えるというものである。

第12章
パソコンの未来

The Visual Encyclopedia of Personal Computer

ウェアラブルコンピューター

> **Keyword** **ウェアラブル** 着ることができるという意味。ウェアラブルコンピューターは洋服を着るように身に付けて使えるコンピューター。

ウェアラブルコンピューターの条件

ウェアラブルコンピューターの条件は「体に装着できる」、「スイッチを入れる必要がない」、そして、持たずに体に装着できる「ハンズフリー」であることだ。

使用目的は次の2つになる。① **従来のコンピューターとしてのデータの入出力を目的**とする使用方法。② **情報の記憶と送受信だけに特化**させた使用方法だ。

ウェアラブルコンピューターに必要なもの

本体は時計やベルトのように腕や体に装着して使う超小型コンピューターになる。ナノテクノロジーや半導体の微細加工技術、薄型メモリの開発が進み、コンピューターの小型化はますます加速し、電気を光に変えて発光させるディスプレイ（有機ELディスプレイ）を衣服に埋め込むことができれば、コンピューターを洋服のように着られる日も夢ではない。

また、すでに製品化されている、頭に装着する**ヘッドマウントディスプレイ**はさらに小型化してもっとおしゃれで軽量化された眼鏡のようになる。

入出力デバイスはマイクやヘッドフォンを使い、音声で入出力する方法が現実的だ。このようなハンズフリーで使われる通信技術は通信妨害に強く、秘匿性の高い通信が可能な**Bluetooth**（ブルートゥース）という**短距離無線通信技術**が主流になるが、磁力通信を使ったハンズフリー技術も開発されている。この他にもTagType（タグタイプ）インターフェースを応用した手袋状のキーボードなどの開発も実現化に向けて進むだろう。

ウェアラブルのモバイル性に欠かせないバッテリには長時間充電でき、小型化が可能とされる**燃料電池**が期待される。

コンピューターの可能性を広げるウェアラブル

ウェアラブルコンピューターは個人的な情報を管理する目的で使うことで、幅広い用途に使うことができる。特に健康モニタや位置情報としての利用はモニタされる側の負担を軽減し、危機回避に効果をもたらす。

また、事件や事故現場では、現場と指令室の情報を交換することで、より的確な状況判断に役立つ。急な状況の変化にも、全体的な状況を把握できる外部からの客観的な指示が必要とされることがあるからだ。

このように装着可能なコンピューターは、屋外という状況が変化する場所で使うことで、コンピューターに新しい機能を付け加えている。

一口メモ ユビキタスコンピューティングの担い手はウェアラブルコンピューターであるかのようだが、本来はICチップのようにどこでもコンピューターを使って情報をやり取りできることをいう。

12-1 ウェアラブルコンピューターの未来

モニタ
眼鏡タイプでは表示される映像は立体的で360度の全方位の視野が得られる。
薄型軽量化が可能な有機ELディスプレイは、現在、内蔵される発光体の寿命を伸ばすことと、プラスチックフィルムのように曲げることができる素材を使うことが課題。
薄型ディスプレイでは紙に変わる電紙ペーパーを応用したペーパーライクディスプレイも期待される。

出力デバイス
無線機能付きで音漏れがしない高密着タイプのヘッドフォンを耳にかけて使う。そのためには、エコーキャンセルというスピーカーの受話音がスピーカーに回り込まないようにする技術やスピーカーにノイズが混じらないようにする音声処理技術の向上が不可欠だ。

本体
紙のように薄いメモリや微細加工の半導体の開発がICチップを小型化する。
また、MRAMメモリは消費電力が少なく、不揮発性の磁気メモリなのでスイッチのオン・オフが自由。
そして、携帯に不可欠なバッテリには作動温度が低く、小型化が可能な燃料電池が有望。燃料電池の性能はリチウム電池の10倍ともいわれる。

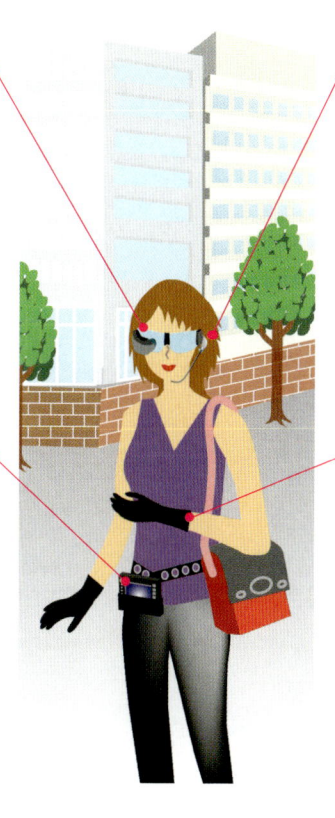

入力デバイス
マイクを使って音声で入力したり、手袋として装着。
TagTypeキーボードは親指入力用に開発された入力デバイスだ。それを応用して10指の動きで入力できるようにする。
また、量子コンピューターのテレポート技術と連携して、実際に遠く離れた物に触る感触を再現することができるようになるかもしれない。

12-2 ウェアラブルコンピューターの利用目的

位置情報
幼い子供や認知症の患者、徘徊癖のあるお年寄りなどに装着して位置情報や身体情報を確認する。
危険箇所に取り付けた監視カメラと連動させて、映像での確認も可能になる。

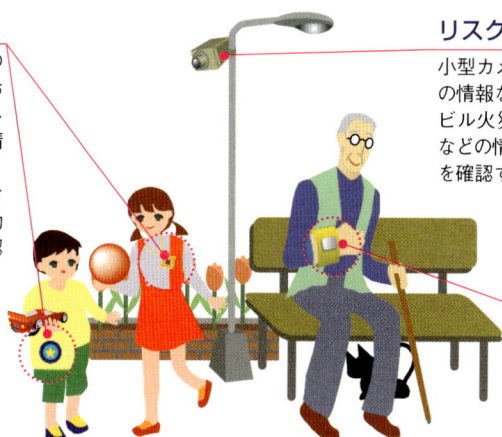

リスク回避
小型カメラを接続して、危険な現場の情報などを送信する。
ビル火災や建設現場では、設計図などの情報を受信して、現場の構造を確認することができる。

医療目的
体に機器を装着して身体情報を掛かり付けの病院などに送り、診察してもらう。

豆知識 燃料電池は水素（H_2）と酸素（O_2）があれば電気を作り続ける発電装置だ。発電する時に生まれる物質が水だけであることから環境保護にも役立つといわれる。

光コンピューター

> **Key word　光の粒子性**　光には波動性と粒子の2つの性質がある。光の粒子（光子）性を利用して、テラヘルツもの大容量データの転送を可能にする。

◆ 光コンピューターとは

　光の粒子としての性質を利用して大容量のデータを瞬時に送受信するコンピューターが光コンピューターだ。電子回路と異なり、互いに干渉しないことから超高密度の回路ができるとされる。

　従来のコンピューターは電子の有無で「1」か「0」を表現し、演算処理を行う。ところが、光コンピューターは光子1つで「1」と「0」のそれぞれの状態を同時に表すことができる。この特殊な状態を**重ね合わせ**という。そのため、この重ね合わせの状態で送信される情報量をビットとは区別して**キュビット(qubit)**という。

◆ 光コンピューター実現の可能性

　伝送路となる光ケーブル、電子的にも光子的にも使える複合型シリコンチップとフォトニクス結晶は**光集積回路**を実現する。**複合型シリコンチップ**は光を低速化することで一時的にデータを保存できるようにする。つまり、道路に信号を設けて速度制限し、コントロールを可能に

◆ 光コンピューターの未来

　光コンピューターが得意とするのは、スーパーコンピューターで行うような膨大な科学技術の計算やデータベース検索、暗号解読の分野だ。天文学的量のデータ検索機能は大都市や巨大国家などの基幹

　なぜ光コンピューターで超高速の処理が可能かというと、光の移動の速さに加え、1回の演算で2^nキュビットの状態を表すことが可能だからだ。例えば、従来は2^{16}通りの状態を表すためには16回の演算処理が必要だったものが、**1度に2^{16}通りの状態を表す**ことができる。処理データが多いほど、従来のコンピューターに比べ、断然処理速度が速くなる。

　また、複数の光子は**エンタングルメント(量子もつれ)**と呼ばれる特殊な相関関係を持つ。この相関関係を利用したのが量子暗号化などの技術だ。

するようなものだ。**フォトニクス結晶**は内部の屈折率を規則的に変化させて光子をコントロールすることから、電子回路でのトランジスタの役割を担う。

　この他にキュビットを自由に作り出す機器やその計算方法、演算方法の処理手順（アルゴリズム）などの開発が待たれる。

システムを集中的に管理することを可能にする。また、瞬時に行われる演算は現在の暗号化を簡単に解読する。だが、反対に量子（光子）暗号化システムを使えば、暗号化の解読は不可能になる。

> **知っ得**　光子の重ね合わせの状態は「箱の中の猫」に例えられる。箱に入った猫は箱を開けて観察するまでは、生きている(1)とも死んでいる(0)ともいえる状態だからだ。

12-3 光コンピューターの原理

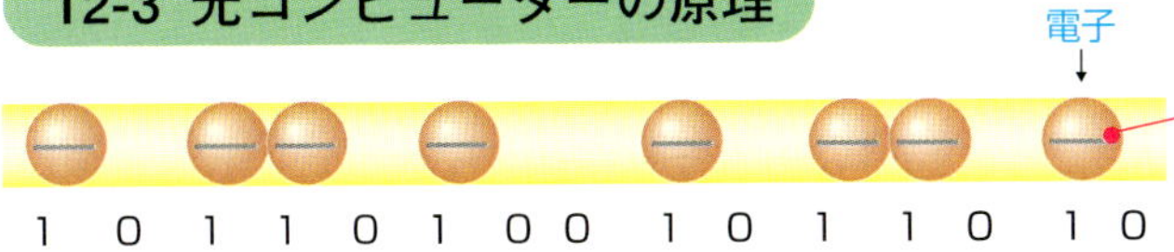

従来のコンピューター ← 電子
電子の「ある」「なし」で「1」か「0」のデジタル信号を表す。

1 0 1 1 0 1 0 0 1 0 1 1 0 1 0

光子　重ね合わせ

← 1
← 0
↑
光子

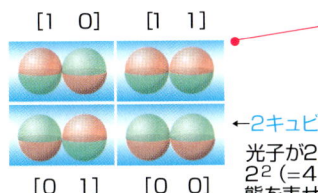

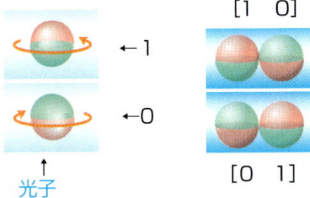

光子の回転方向(スピン)で「0」か「1」が決まる。

[1 0] [1 1]
[0 1] [0 0]
← 2キュビットの光子
光子が2つになると 2^2 (=4)通りの状態を表せる。

光コンピューター
1つの光子で「1」と「0」の状態を合わせ持つ。
光子の組み合わせを1つの集合体と考えたときにn個の光子の組み合わせで 2^n 通りの状態を表すことができる。

エンタングルメント

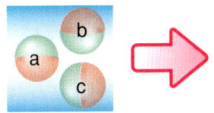

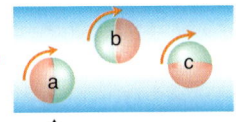

↑
エンタングルメント状態の複数の光子。

↑
1つの光子の状態が決まると、他の光子の状態も決まる。

フォトニクス結晶
三次元(立体)構造のフォトニクス結晶で、屈折率を変化させ、光の進む方向を制御する。

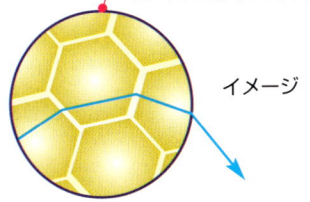

イメージ

12-4 光コンピューターの可能性

テレポーテーション
物質はすべての情報を送信することで、同じものを再現することができるといわれることから、瞬時に大量のデータを送信できれば、立体映像も瞬時に送信できる。

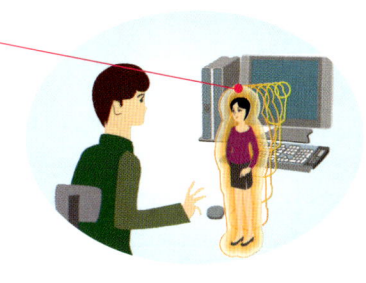

盗聴者

量子暗号化システム
仮に、暗号化キーを盗まれ、送信途中で盗聴者によって盗み見られ(観測され)ても、その時点で光子の状態が変化してしまうので、盗聴されたことがわかる。送信者が送ったデータと異なるデータが受信者に届くからだ。

送信者　　受信者

なるほど　量子コンピューターには光子の他に真空中のイオン、液体中で分子を核磁気共鳴するもの、半導体の性質を持つ微粒子や超伝導回路で作る量子ビットなどが研究されている。

電力線ネットワーク

> **Key word　電力線**　電気コンセントに接続され、電気を供給している銅線、いわゆる電線のことをいう。電力線を電灯線ということもある。

▶ 電力線ネットワークとは

　電気コンセントにつながっている**電力線**を使って家庭内の家電などをネットワークでつなぐことだ。

　なぜ、電気と電気信号を同じ電力線で送信することが可能なのだろうか？

　それは、電気が大きい低速な波で送られるのに対し、電気信号は小さい高速な波で送信されるからだ。同じ線を使っても速度が違うので混ざり合うことがない。

　しかも、光ファイバーのように引き込み工事を行ったり、ADSLのように回線を切り替えなくてもPLC(Power Line Communications)モデムを取り付ければ、コンセントから通信機能を備えた家電をインターネットに接続できる。

　なお、PLCは2003年より実証検証が行われ2006年には電波法の改正により屋内での利用は認められるようになった。現在は屋外での利用と具体的な利用に向けて実証実験が行われている段階である。

▶ 高速電力線通信（PLC）の可能性

　コンセントに差し込んでいる家庭内の家電は、すべてインターネットに接続できるようになるので、次のような使い方が期待される。

　①**日常的健康管理**、②**ホームセキュリティ**、③**配送サービス**、④**音楽、観劇、映画、ビデオ鑑賞**、⑤**外出先からの家電操作**などだ。

　①では健康機器や血圧測定機能付きトイレから、測定結果がインターネット経由で病院に転送され、健康管理ができる。離れた所に住む老いた両親や一人暮らしを始める子供の健康状態もわかる。

　②はドアや窓に取り付けた侵入監視センサーやWebカメラをホームセキュリティサービスに接続して監視してもらう。

また、ケータイからインターネット経由でアクセスして、留守宅の様子を見たり、ドアをロックすることもできる。

　③では家からテレビやパソコンを介して宅配サービスを依頼し、必要な品物を届けてもらう。モバイルと併用するなら、冷蔵庫の中をケータイで確認し（⑤）、足りないものを宅配サービスに依頼して、帰宅する頃を見計らって届けてもらうこともできるようになる。

　④ではレンタルCD/DVDショップに接続してディスクを借り出さずに映画を鑑賞したり音楽を聴けたりする。

　⑤ではインターネットに接続している給湯器やテレビ、DVDレコーダーなどを外出先からコントロールできる。

一口メモ　2011年現在、大手家電メーカーなどが会員となったPLC-J（高速通信電力線推進協議会）が電力線通信の推進活動をおこなっている。

12-5 電力線ネットワークの未来図

家電の制御
外出先から家電にアクセスする。ICチップを搭載した冷蔵庫の中身を確認してから買い物したり、テレビ録画をセットしたり、お風呂のタイマー予約ができる。
自宅で録画した映像を外出先に設置されている大型スクリーンで再生することも可能になるかもしれない。

遠隔医療
コンセントに接続した体温、脈拍、血圧、心拍などを測るバイオセンサーを使って、在宅で診察が受けられる。病院まで移動する体力の負担や待ち時間が軽減される。

有料配信サービス
パソコンで購入していた音楽やビデオもハードディスク付きオーディオ機器に直接ダウンロードして、高音質、高画質で視聴できる。
また、チャンネルを選択するだけで公演中の舞台中継が見られるようになる。

配送サービス
地域のスーパーなどの商店の品揃えを確認して必要なものを配送してもらう。店内の商品をICチップで管理していれば商品に関する生産地などの情報も確認できる。

防犯・防災
セキュリティ会社と接続した防犯カメラやドアロックセンサーで不審人物や侵入者を感知する。
あるいは、ケータイからアクセスして、ドアロックやスイッチのオン・オフの確認をする。屋内または、屋外に設定したWebカメラにアクセスして映像を受信する。

なるほど 日本では、2003年のPLCの屋内利用の許可以降、PLCの実現への進行が外国より遅れている。消費者に対するPLCの利便性のアピールが大きな課題となっている。

COLUMN

ひときわ注目!! RFIDで実現する未来

● RFID（アールエフアイディー）とは

非接触型自動認識技術の総称、RFID（Radio Frequency IDentification）の進歩はいつでもどこでもコンピューターを使える社会（ユビキタスコンピューティング）の実現につながっている。

RFIDを利用して非接触でデータの読み書きができるようにしたRFIDタグは**ICタグ**とも呼ばれ、情報を読み書きするゴマ粒程のICチップとアンテナでできている。

このタグは様々な商品や製品だけでなく動物や人にも装着でき、識別情報を記録し、無線通信で管理システムと情報をやり取りすることができる。現在よく使われているICタグは電源を内蔵せず、必要な電力はリーダ/ライタという読取装置が発射する電波をアンテナが受け取ると電力が発生し、ICチップを起動して通信を行うというしくみになっている。

● RFIDを利用すると

すでに使用されている一般的な例としてはRFIDタグを利用した**Suica（スイカ）**や**PASMO（パスモ）**などのICカードである。携帯していれば電車やバスの乗車や買い物もそれで決済できるようになった。この他、生産・製品管理や会計システム、パスポートにも組み込まれ入出国審査にも役立っている。

今後、RFIDタグの用途が広がれば社内や校内では、ハードディスクのないディスクレスパソコンやバイオメトリクスを用いて起動するパソコンが主流になり、盗難に遭っても個人情報やデータ流出の危険が回避される。セキュリティが強化されたパソコンでは、ICチップに書き込まれた個人情報や破られないパスワードを使ってどこからでもインターネット接続が可能になる。

また、家庭内の多くの家電がネットワークに接続され、どこからでも操作できるようになる。冷蔵庫内の食材は自動的にICチップに読み込まれ、必要な物は配送サービスに注文されて届けられる。ICチップ付き料理カードと材料をセットすれば、電子レンジが自動的に調理し、材質を設定すれば、洗濯機が乾燥まで行うという夢のような生活が実現する。

さくいん

数字

10進数 198
2進数 198
3Dディスプレイ 78
3MOS 120
3次キャッシュ 37
3層クライアントサーバーシステム 164

A,B,C

A/Dコンバータ 104
A/D変換 104
ADSL 150
AGP 62
ALTAIR 188
API 125
ARP 163
ATOK 132
B-CASカード 108,111
BD 86,92
BDXL 86,92
BIOS ROM 57
Bluetooth 210
C++ 202
CATV 152
CCD 118,120
CCDセンサー 83
CD 86
CDN 172
CGIプログラム 206
CMOS 118,120

COBOL 200
COPP 108
CPU 10,36
CPUソケット 57
CUI 126
C言語 202

D,E,F

D/Aコンバータ 104
D/A変換 104
DDR3 SDRAM 20,47
DHTML 205
DLNAサーバー機能 100
DMI 60
DNSサーバー 159,165
DRAM 45
DVD 86,88,90
EDSAC 184
EDVAC 184
ENIAC 184
Excel 139
FDI 60
FORTRAN 200
FSB 61

G,H,I

GIGAMO 94
Google日本語入力 132
GPU 112
GUI 126,128

217

HaaS	30
HDCP	108
HTML	203
I/O回路	46
I/O電圧	41
IaaS	30
IBM	186
Intel AVX	42
iOS	129
iPad	28
iPhone	26
iPod	116
iPod touch	117
IPv4	159
IPアドレス	157,158
iTunes	116
IX	146

J,L,M,N

Java	204
JavaScript	205
LAN	146
LANカード	146
Linux	124,130
LSI	188
Mac OS	124,128
MACアドレス	157,162
MACフレーム	157
Microsoft IME	132
MIDI音源	114
MIDIデータ	114
MO	94
MOS	120
NAS	100

NCQ	55

O,P,Q,R

OS	124
OSI参照モデル	155
PaaS	30
PC/AT互換機	126
PCH	57
PCI Express	57,62,112
Perl	206
PLC	214
POP3	168
QPI	60
qubit	212
RAID	100
RAM	44
RFID	216
ROM	44
Ruby	207

S,T,U

SaaS	30
SATA	53
SATA 6.0Gb/sコネクタ	57
SDRAM	20
SDメモリカード	97
Serial ATA	55
SMTP	168
SQL	208
SQLインジェクション	208
SSD	102
SSID	148
TCP/IP	154

UNIVAC	184
UNIX	124
USBメモリ	98

V,W,X,Y

Visual Basic	201
WAN	146
Webアクセス機能	100
Webページ	166
Webメール	168
WiDi	32
WiMAX	24
WiMAX Speed Wi-Fi	24
Windows	124,126
Word	138
WWW	166
xDピクチャーカード	97
XML	203

あ

アセンブリ言語	200
アドウェア	175
アドレスバス	59
アプリケーション	14,136
暗号化	148
イーサネット	146
一体型パソコン	9
イメージセンサー	68,118,120
インクジェットプリンター	80
インターフェース	107
インターネット	146
インターネットモデル	155
インタープリタ	196

ウイルス	174,176,178
ウェアラブルコンピューター	210
ウォブル	90
薄型球面収差補正機構	87
裏面照射型CMOSセンサー	119
液晶ディスプレイ	74
エグゼキュート	38
演算装置	14,34
親機	22
音楽管理サービス	122
音源	114
オンデマンド配信	172

か

カーネル	130
階差機関	180
解析機関	181
外部インターフェース	63
外部クロック	40
拡張子	144
拡張スロット	62
画素	118
仮想メモリ	50,125
かな入力	132
キーボード	66
キーボードコントローラー	66
キーボードマトリクス	67
キーロガー	175,178
記憶装置	14,34
起動	124
基本ソフト	124
キャッシュメモリ	48
キュビット	212
記録層	86

クアッドコア	42
クイック・シンク・ビデオ	18
クッキー	175
クライアント	164
クライアントサーバーシステム	164
クラウド・コンピューティング	30
グラフィックスカード	112
グラフィックスソフト	142
グルーブ	90
グローバルアドレス	158
クロック	40
クロック周波数	40
コア	36
コア電圧	41
光学式マウス	68
高級言語	200
ことえり	132
コントロールバス	59
コンパイラ	196
コンパクトフラッシュ	97

さ

サウスブリッジ	60
サウンドカード	104,106
サウンドチップ	104,106
撮像素子	118,120
サンプリング	105
サンプリング・ビット数	105
サンプリング・レート	105
サンプリング周波数	105
シーク	52
シークタイム	52
シープラスプラス	202
シープラブラ	202

シェアウェア	136
磁気ディスク	52
集積素子	87
終端抵抗	47
主記憶装置	44
受光素子	118
樹脂層	89
出力装置	14,34
常時接続	150
シリアル転送	59
シリアル転送方式	55
シリアルプリンター方式	80
シリンダ	52
垂直磁気記録方式	54
スーパースケーラー	39
スーパーパイプライン	38
スーパーマルチドライブ	90
スキャナ	82
スタイラスペン	73
ストリーミング	172
スパイウェア	175,176
スピンドルモーター	87
スプリッタ	150
スマートフォン	26
制御回路	46
制御装置	14,34
製造プロセス	43
静電容量方式	71
セクタ	52
全二重	58
ゾンビパソコン	174

た

- ターボ・ブースト 18,41
- ダイ 37
- 大規模集積回路 188
- ダイナミックルーティング 162
- 対物レンズ 87
- ダイヤルアップ接続 150
- タグ 141
- タッチパッド 70
- タッチパネル 70
- タブレット型端末 28
- 地上デジタル放送 108
- チップセット 56
- 地デジチューナー 110
- チャールズ・バベッジ 180
- 著作権保護技術 109
- ツイッター 170
- 低級言語 200
- 定記録密度方式 54
- 抵抗膜方式 71
- データバス 59
- データベース管理システム 140
- データベースソフト 140
- デコーダ 46
- デコード 38
- デジタルカメラ 118
- デジタルデータ 104
- デジタルビデオカメラ 120
- デスクトップパソコン 9
- デバイス 34
- デバイスドライバー 134
- デュアルコア 42
- デュアルチャネル 47
- テレビチューナー 110
- 電気式計算機 182
- 電気泳動方式 84
- 電子ペーパー 84
- 電磁誘導方式 72
- 電力線ネットワーク 214
- ドメイン名 159,166
- トラック 52
- トラックピッチ 93
- トリプルチャネル 20,47
- ドロー系 142

な

- 内部クロック 40
- 長手記録方式 54
- ナローバンド 150
- 日本語入力システム 132
- 入力装置 14,34
- ネットブック 12
- ネットワーク 146
- ネットワーク対応ハードディスク 100
- ノースブリッジ 60
- ノートパソコン 9,12

は

- ハードディスク 10,52
- ハイテク犯罪 178
- バイト 64
- ハイパー・スレッディング 18,39
- ハイパーパイプライン 38
- ハイパーリンク 166
- パイプライン処理 38
- パケット化 155

バス	59
ハブ	146
パララックス・バリア方式	79
パラレル転送方式	55
反射層	86,89
ハンディスキャナ	82
半導体レーザー	86
ビームスポット	93
光コンピューター	212
光集積回路	212
光センサー	86
光ディスク	86
光ファイバー	152
ピックアップ	87
ピッチ	89
ビット	64
ピット	86,89,90
表計算ソフト	139
ファイアウォール	161,177
ファイル	144
フェッチ	38
フォトニクス結晶	212
複合型シリコンチップ	212
復調	150
符号化	105
物理アドレス	50
浮動小数点数	42
プライベートアドレス	158,160
ブラウザー	141
プラズマディスプレイ	76
フラッシュメモリ	96,98
フラットベッドスキャナ	82
フリーウェア	136
プリピット	90
ブロードバンド	150
プログラミング言語	196
プログラム	14
プロトコル	146,154,156
プロバイダー	146
ペイント系	142
ページプリンター方式	80
ページイン/アウト	50
ヘッダー	156
ヘッドセット	115
ペンタブレット	72
変調	150
ポート番号	160
保護層	86,89
ボット	174

ま

マイクロスイッチ	68
マザーボード	10,56
マシン語	196
マルウェア	174,176
マルチコア	18
マルチセキュリティ	22
マルチタスク機能	125,126
マルチタッチディスプレイ	116
マルチユーザー機能	126
無線LAN	148
無線LANルーター	22,148
メール	168
メールソフト	141
メモリ	10,20,44
メモリカード	96
メモリコントローラ	37,61
メモリースティック	97

メモリチップ	47
メモリの階層構造	48
メモリマッピング	50
メモリモジュール	44
メンブレンスイッチシート	66
モジュラーデザイン	36
モデム	150
モバイルWiMAX	24

や／ら／わ

有機ELディスプレイ	76
ユニット	34,36
ライトスルー方式	48
ライトバック方式	48
ライブ配信	172
ランド	89
量子化	105
リレーショナルデータベースソフト	140
ルーター	146,162
ルーティング	162
レーザー光	86
レーザープリンター	80
レーン	59
レンチキュラーレンズ方式	79
ローマ字入力	132
論理アドレス	50
ワープロソフト	138
ワーム	174
ワイヤレス・ディスプレイ	32

■執筆・編集
株式会社 トリプルウイン（代表者 高作 義明　たかさくよしあき）
書籍の執筆及び、Macにて書籍の編集やデザイン、制作を行う。
「今さら聞けない iPhone&スマートフォン・Wi-Fiの常識」（新星出版社）、
「超速 エクセルの仕事術 エクセル仕事がはやくなる[光速技]」（新星出版社）など。
パソコン解説書を多数刊行。

■担当スタッフ
荻原 洋子　おぎはら・ようこ　　田中 眞由美　たなか・まゆみ　　加藤 多佳子　かとう・たかこ
瀬崎 利惠子　せざき・りえこ　　樋口 由美子　ひぐち・ゆみこ　　諏訪 真理子　すわ・まりこ

■イラスト
加藤 愛一　かとう・あいいち　　松本 章　まつもと・あきら　　樋口 由美子　ひぐち・ゆみこ

■本文デザイン
中濱 健治　なかはま・けんじ　　遊メーカー　　株式会社 トリプルウイン

■お問い合わせ
本書の内容に関するお問い合わせは、書名・発行年月日を明記の上、下記の宛先まで書面、FAX、電子メール等にてお願いいたします。電話によるお問い合わせはお受けしておりません。なお、本書の範囲をこえるご質問等につきましてはお答えできませんので、あらかじめご了承ください。

〒220-0011　横浜市西区高島2-19-12
　　　　　　横浜スカイビル20階
　　　　（株）トリプルウイン　読者質問係
FAX：045-440-6001
URL：http://www.k-support.gr.jp/
e-mail：question@k-support.gr.jp

徹底図解　パソコンのしくみ　改訂版

著　者　　トリプルウイン
発行者　　富 永 靖 弘
印刷所　　公和印刷株式会社

発行所　　東京都台東区台東4丁目7　株式会社 新星出版社
〒110-0016　☎03(3831)0743　振替00140-1-72233
URL　http://www.shin-sei.co.jp/

©Triple Win　　　　　　　　　　　Printed in Japan

ISBN978-4-405-10703-8